高职高专"十三五"建筑及工程管理类专业系列规划教材

建筑装饰设计·室内篇

主　编　孙来忠　金　玲　段晓伟

副主编　韦　莉

主　审　李君宏

西安交通大学出版社
XI'AN JIAOTONG UNIVERSITY PRESS

内 容 提 要

　　本教材在编写中力求概念准确清楚，理论简明扼要，重点突出，体现理论的连贯性和实用性，并切实结合相关工程案例，使广大读者更深刻地理解专业理论知识，更好地去指导工程实践。通过专题的解析模式，另加二维码多重设计素材（PPT+经典案例视频）和装饰设计实务指导篇章，着重培养学生的方案设计和实际操作能力，以便全面把握设计中的重点和思路。

　　本教材可作为高职院校建筑装饰工程技术和室内设计等相关专业的教学用书，也可作为建筑装饰行业相关人员的参考用书。

前 言

　　教材建设是高等职业院校基本建设的主要工作之一,是教学内容改革的重要基础。有关高职院校都十分重视教材建设,本教材就是根据高等职业院校的特点而编写的,适用于环境设计专业、建筑装饰工程技术专业、建筑室内设计专业等相关专业。

　　本教材在编写中力求概念准确清楚,理论简明扼要,突出重点,体现理论的连贯性和实用性,并切实结合相关工程案例,使广大读者更深刻地理解专业理论知识,更好地去指导工程实践。通过专题的解析模式,另加二维码多重设计素材(PPT+经典案例视频)和装饰设计实务指导篇章,着重培养大家的方案设计和实际操作能力,以及全面把握设计中的重点和思路。

　　编写《建筑装饰设计》教材的编写人员历年从事设计专业理论教学工作,以及参与过相关设计工程的实践。参加本教材编写工作的有:甘肃建筑职业技术学院韦莉(编写第1、2章)、段晓伟(编写第3、4、5章)、金玲(编写第6、7、8章)、孙来忠(编写第9、10、11章)。全书由孙来忠拟定教材大纲、统稿及整理;由孙来忠、金玲、段晓伟担任主编,韦莉担任副主编。

　　本教材由甘肃建筑职业技术学院田树涛主审。编者对审稿人及为本书做了各方面工作的同行们表示衷心感谢! 对网络素材的共享者一并表示感谢!

　　本书如有不妥之处,恳请使用本书的教师及读者不吝指教。

编者

二零一七年五月

目 录

第一篇　室内装饰理论

第二篇 家装空间设计实务

第三篇　公共空间设计实务

第一篇　室内装饰理论

第1章
建筑装饰概论

本章数字资源

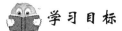 学习目标

通过本章的学习,使学生了解室内装饰设计的含义和分类;熟悉装饰设计的方法和程序步骤;掌握装饰设计的内容和要点。

学习要求

能力目标	知识要点	相关知识	权重
理解能力	装饰设计的含义和分类 装饰设计风格	装饰设计风格	30%
掌握能力	装饰设计的方法和程序步骤	装饰设计的方法	30%
应用能力	装饰设计的内容和要点	装饰设计的内容和要点	40%

引例

鲍豪斯学派的创始人 W·格罗皮乌斯对现代建筑的观点是非常鲜明的,他认为:"美的观念随着思想和技术的进步而改变。""建筑没有终极,只有不断的变革。""在建筑表现中不能抹杀现代建筑技术,建筑表现要应用前所未有的形象。"当时杰出的代表人物还有 Le·柯布西耶和斯·凡·德·罗等。现时,广义的现代风格也可泛指造型简洁新颖、具有当今时代感的建筑形象和室内环境。

"BauHaus"这个词是由德语动词"bauen"建筑和名词"haus"组合而成,粗略地理解为"为建筑而设的学校",反映了其创建者心中的理念:①确立建筑在设计论坛上的主导地位;②把工艺技术提高到与视觉艺术平等的位置,从而削弱传统的等级划分;③响应了 1907 年建于慕尼黑的"德国工业同盟的信条",即通过艺术家、工业家和手工业者的合作而改进工业制品。

1.1 概 述

1.1.1 基本概念

人的一生绝大部分时间是在室内度过的,因此,人们设计创造的室内环境,必然会直接关系到室内生活、生产活动的质量,关系到人们的安全、健康、效率、舒适等。

1. 室内装饰

室内装饰或装潢、室内装修、室内设计是几个通常为人们所认同的,但内在含义实际上是有所区别的词义。

(1)室内装饰或装潢。装饰和装潢原义是指器物或商品外表的"修饰",是着重从外表的、视觉艺术的角度来探讨和研究问题。例如对室内地面、墙面、顶棚等各界面的处理,装饰材料的选用,也可能包括对家具、灯具、陈设和小品的选用、配置和设计。

(2)室内装修。室内装修着重于工程技术、施工工艺和构造做法等方面,顾名思义主要是指土建工程施工完成之后,对室内各个界面,门窗、隔断等最终的装修工程。

2.建筑室内设计

建筑室内设计是综合的室内环境设计,它既包括视觉环境和工程技术方面的问题,也包括声、光、热等物理环境以及氛围、意境等心理环境和文化内涵等内容。

3.装修设计

装修设计主要是指以方案设计的形式,形成一整套的设计文件。家庭装修房主通过对方案设计的审查,最后确定家庭装修的用材、施工方法及达到的标准。室内装饰设计是根据建筑物的使用性质、所处环境和相应的标准,运用物质技术手段和建筑美学原理,创造功能合理、舒适优美、满足人的物质和精神生活需要的室内环境,是建筑物与人类之间、精神文明与物质文明之间起连接作用的纽带。

4.建筑装饰

所谓建筑装饰,是指以美化建筑及其空间为目的的行为。建筑装饰具有保护建筑结构构件,美化建筑及建筑空间,改善建筑室内外环境,营造建筑空间风格,满足人们物质和精神需求等多方面的功能。建筑装饰必须具有装饰建筑物、美化其环境的功能,建筑与装饰艺术之间是一个完整不可分割的统一体。

5.建筑装饰设计

装饰设计是根据建筑物的使用性质、所处环境和相应标准,运用物质技术手段和建筑美学原理,创造功能合理、舒适优美、满足人们物质和精神生活需要的空间环境。这一空间环境既具有使用价值,能满足相应的功能要求,同时也反映了历史文脉、建筑风格、环境气氛等精神因素。

在建筑装饰设计中,必须从整体把握设计对象,其依据因素是:①使用性质,即建筑功能要求及与之相适应的空间形式;②所处环境,即建筑物和室内空间的周围环境状况;③相应标准,即相应工程项目的总投资和单方造价标准的控制。

1.1.2　建筑装饰的特性、作用、任务和功能

1.建筑装饰的特性

建筑装饰艺术具有环境性、从属性、空间性、装饰性、工程性、综合性等特性。

(1)环境性。环境性主要体现在形态、造型结构、表情、气氛、质地、明暗、色彩等方面的关系上。

(2)从属性。从属性是指从属于建筑和建筑空间,它服务于建筑造型、建筑空间意境及气氛,并且起到强调重点、渲染效果的作用。

(3)空间性。空间性是就建筑装饰的空间关系而言的,建筑装饰艺术的主要目的和机能在

于装饰,在于创造理想的、具有审美意义的、与视觉特质有关的建筑空间形象。

(4)工程性。工程性是指装饰设计完成后,还必须经过施工才能实现,这就不可避免地受到技术、材料等客观因素的制约,也必然与它的施工工艺、材料的选择运用相联系。另外,还需要做结构计算、施工方案设计、编制经费预算等工作。

(5)综合性。建筑装饰是一门复杂的综合性学科,不仅涉及建筑学、社会学、民俗学、心理学、人体工程学、结构结构工程学、建筑物理学及建筑材料学等学科,还涉及家具陈设、装饰材料质地和性能、工艺美术、绿化、照明等领域。随着现代科技的发展,装饰设计将升华到全新的境界。

2.建筑装饰的作用

建筑装饰的作用在精神机能方面有重要表现。它参与建筑造型的塑造,深化建筑的精神内涵,使建筑具有与视觉特质直接相关的审美价值和慰藉心灵的精神价值。

建筑装饰的作用主要体现在以下几方面:

(1)强化建筑的空间性格,使不同造型的建筑具有独特的性格特征。

(2)强化建筑及建筑空间的意境和气氛,使其更具情感特性和艺术感染力。

(3)弥补结构的缺陷和不足,强化建筑的空间序列效果。

(4)美化建筑的视觉效果,给人以直观的视觉美的享受。

(5)保护建筑主体结构的牢固性,延长建筑的使用寿命,增强建筑的物理性能和设备的使用效果,提高建筑的综合效用。

3.建筑装饰的任务

建筑装饰设计的目的是以人为本,即为人的生活、生产活动创造美好的室内外环境,满足人们物质和精神生活的需要。

建筑装饰设计的基本任务是根据建筑物的使用性质和所处环境,综合运用物质技术手段,遵循形式美的法则,综合考虑使用功能、结构施工、材料设备、造价标准等多种因素,把建筑装饰的功能和艺术美有机地结合起来,创造出满足人们使用功能要求和精神功能要求的室内外环境,并使这个环境舒适化、科学化、艺术化和个性化。

4.建筑装饰的功能

为了区分功能和艺术两个概念,我们把功能分为物质功能、精神功能和技术功能三类。

(1)物质功能。人们建造建筑的首要目的就是要满足使用功能要求,因此建筑装饰设计应充分考虑使用者的功能要求。

①空间尺度。由于使用者的要求不同,即使同一功能的住房其空间尺度也会存在很大差异。如简易低标准的住宅和豪华的高标准别墅,其居室面积相差很大;另外,由于使用要求不同,面积随之变化。由此说明决定空间大小的首要因素是使用功能。

②空间形状。在装饰设计中空间形式要根据空间的使用特点来作出合理的选择,如普通教室平面形状选取 6m×6m 较适宜。另外还要注意,形状的选择标准将随着功能要求的不同而不同。如体育馆由于观看需要,平面形状一般为椭圆形或圆形。

③空间性质。所谓空间性质,是指房间的朝向及由此决定的通风、采光和日照条件。不同房间的功能要求不同,朝向及开窗处理也各不相同,而朝向的不同又决定了空间接口、天花、墙壁、地面的色彩和肌理的不同。

(2)精神功能。建筑装饰设计与人的生活息息相关,因而建筑装饰设计要考虑供人们居住和使用该建筑对人的精神感受产生的影响。在古代建筑中,宫殿、寺庙除了满足居住、生活等功能需要外,更注重创造庄重、威严、权力、神秘的空间气氛,因而使用超尺度的空间、绝对对称的中轴线布局和高于常人视觉习惯的尺度。而现代社会则要求装饰设计能给人以开阔的空间、愉悦的气氛、舒适的环境,精神功能已大不相同。因此可见,建筑装饰设计必须同时满足物质和精神两方面的要求。

在近现代公共建筑中,如坐落在天安门广场两侧的人民大会堂和历史博物馆,之所以采取对称的形式主要不在于物质方面的功能,而是取决于精神功能方面的要求——希望能获得庄严、雄伟的气氛。人民大会堂空间尺度巨大,不仅满足了使用功能的要求,更重要的是满足了精神方面的需求,使整个空间气氛庄严、宏伟、博大。

(3)技术功能。室内设计的技术功能主要包括通风、采光、声学、安全、消防等方面内容。自然通风是室内设计必须考虑的因素,尤其是在人员比较密集的公共建筑要求更高。声学问题是室内设计不可忽视的因素,要求装饰材料的选用和建筑造型的设计能够形成适宜的声音效果。

1.1.3　装饰设计的分类

根据建筑空间关系的不同,建筑装饰设计可分为建筑室外装饰设计和建筑室内装饰设计两大部分。其中,建筑室外装饰设计又可分为建筑外部装饰设计和建筑外部环境装饰设计;室内装饰设计可根据建筑类型及其功能的设计分为居住空间建筑室内装饰设计、公共建筑室内装饰设计、工业建筑室内装饰设计和农业建筑室内装饰设计等。室内装饰设计和建筑设计类同,从大的类别来分可分为居住建筑室内设计、公共建筑室内设计、工业建筑室内设计、农业建筑室内设计。

各类建筑中不同类型的建筑之间,还有一些使用功能相同的室内空间,如门厅、过厅、电梯厅、中庭、盥洗间、浴厕,以及一般功能的门卫室、办公室、会议室、接待室等。当然在具体工程项目的设计任务中,这些室内空间的规模、标准和相应的使用要求还会有不少差异,需要具体分析。各种类型建筑室内设计的分类以及主要房间的设计如下:由于室内空间使用功能的性质和特点不同,各类建筑主要房间的室内设计对文化艺术和工艺过程等方面的要求也各自有所侧重。例如,对纪念性建筑和宗教建筑等有特殊功能要求的主厅,对纪念性、艺术性、文化内涵等精神功能的设计方面的要求就比较突出;而工业、农业等生产性建筑的车间和用房,对生产工艺流程以及室内物理环境的创造方面的要求较为严密。

室内空间环境按建筑类型及其功能的设计分类,其意义主要在于:使设计者在接受室内设计任务时,首先应该明确所设计的室内空间的使用性质,也即所谓设计的"功能定位",这是由于室内设计造型风格的确定、色彩和照明的考虑以及装饰材质的选用,无不与所设计的室内空间的使用性质、设计对象的物质功能和精神功能紧密联系在一起。例如住宅建筑的室内,即使经济上有可能,也不适宜在造型、用色、用材方面使"居住装饰宾馆化",因为住宅的居室和宾馆大堂、游乐场所之间的基本功能和要求的环境氛围是截然不同的。

1.2　建筑装饰设计的内容、方法和步骤

1.2.1　建筑装饰设计的内容

建筑装饰设计的内容包括室外环境设计和室内装饰设计两个部分。根据专业和课程特

点,本册重点讲述室内装饰设计部分。

1.室外环境设计

室外环境设计主要包括建筑外部环境设计及建筑外部空间设计。它通过对建筑外部形体的再创作以及室外环境小品的处理,使该建筑能与外部空间环境气氛相协调,更好地体现室内功能特点。室外环境包括自然山林、城市乡村、街道广场、江湖海洋、蓝天穹宇等。

2.室内装饰设计

现代室内装饰设计,也称室内环境设计,其所包含的内容和传统的室内装饰相比,涉及的面更广,相关的因素更多,内容也更为深入。

(1)室内空间环境设计。室内空间环境设计是在建筑所提供的室内空间基础上的重新组织,紧紧围绕室内空间的使用要求,在保障安全和有利于人们身心健康的前提下,对室内的使用空间、视觉空间、心理空间、流动空间、封闭空间等作出合理的安排,确定空间的形态和序列,解决各个空间的衔接、过渡、分隔等问题,创造出符合人们精神文化生活氛围的室内空间环境,满足人们对物质功能和精神功能的要求。

①室内空间组织。室内设计的空间组织包括平面布置,首先需要对原有的建筑设计意图充分理解,对建筑物的总体布局、功能分析、人流动向以及结构体系等有深入的了解,在室内设计时对室内空间和平面布置予以完善、调整或再创造。由于现代社会生活的节奏加快,建筑功能发展或变换,也需要对室内空间进行改造或重新组织,这在当前对各类建筑的更新改建任务中是最为常见的。室内空间组织和平面布置,也必然包括对室内空间各界面围合方式的设计。

②室内空间界面设计。室内空间界面设计是根据空间的设计要求,对室内空间的围护面(即室内天花、墙面、地面)、建筑局部、建筑构件造型、纹样、色彩、肌理和质感等的处理,以及界面和结构构件的连接构造,界面和风、水、电等管线设施的协调配合等方面的设计。它们对于建筑风格的体现和空间艺术效果的实现起着至关重要的作用。

界面处理不一定要做"加法"。从建筑物的使用性质、功能特点方面考虑,一些建筑物的结构构件(如网架屋盖、混凝土柱身、清水砖墙等),也可以不加装饰,作为界面处理的手法之一,这正是单纯的装饰和室内设计在设计思路上的不同之处。

(2)家具与陈设设计。家具与陈设设计包括家具自身的设计和家具在室内空间的组织与布置两个方面。家具设计是室内装饰设计的重要组成部分,家具自身的设计必须以满足使用方便、舒适为目标,在造型风格上与室内空间环境相协调。家具在室内空间组织与布置方面能对室内空间环境起到重要的作用。室内陈设包括确定室内工艺品、艺术品以及相关的陈设品、装饰织物、绿化小品和水体、山石的选用与布置等。

(3)色彩设计。色彩设计是对整体环境色彩的综合考虑,色彩设计得当可提高设计作品的效果。但色彩设计一定要考虑其时效性,即使用者对色彩感容忍的时效,也就是愈短暂停留的场所愈可用大胆的配色,如商场、展览馆等。对于长期使用的场所如居室等则不宜采用强烈对比色彩配色。

(4)照明设计。照明除实际需要的照度外,添加照明气氛也是很重要的。照明设计主要包括确定照明方式,照度分配,光色、灯具的选用。

5.技术要素设计

技术要素设计是指在建筑装饰设计中充分运用当代科学技术的成果,包括新型的材料、结构构成和施工工艺,以及处理好通风、采暖、温湿调节、通信、消防、隔噪、视听等要素,使建筑空间环境具有安全性和舒适性。

室内装饰设计需要考虑的因素随着社会生活发展和科技的进步,还会有许多新的内容,对于从事室内设计的人员来说,虽然不可能对所有涉及的内容全部掌握,但是根据不同功能的室内设计,也应尽可能熟悉相应有关的基本内容,了解与该室内设计项目关系密切、影响最大的环境因素,使设计时能主动和自觉地考虑诸项因素,也能与有关工种专业人员相互协调、密切配合,有效地提高室内环境设计的内在质量。

1.2.2　室内环境的内容和感受

室内环境的内容,涉及由界面围成的空间形状、空间尺度的室内空间环境,室内声、光、热环境,室内空气环境(如空气质量、有害气体和粉尘含量、放射剂量等)等室内客观环境因素。由于人是室内环境设计服务的主体,从人们对室内环境身心感受的角度来分析,主要有室内视觉环境、听觉环境、触感环境、嗅觉环境等,即人们对环境的生理和心理的主观感受,其中又以视觉感受最为直接和强烈。客观环境因素和人们对环境的主观感受,是现代室内环境设计需要探讨和研究的主要问题。

室内环境设计需要考虑的方面,随着社会生活发展和科技的进步,还会有许多新的内容,对于从事室内设计的人员来说,虽然不可能对所有涉及的内容全部掌握,但是根据不同功能的室内设计,也应尽可能熟悉相应有关的基本内容,了解与该室内设计项目关系密切、影响最大的环境因素,使设计时能主动和自觉地考虑诸项因素,也能与有关工种专业人员相互协调、密切配合,有效地提高室内环境设计的内在质量。

例如现代影视厅,从室内声环境的质量考虑,对声音清晰度的要求极高。室内声音的清晰与否,主要决定于混响时间的长短,而混响时间与室内空间的大小、界面的表面处理和用材料关系最为密切。室内的混响时间越短,声音的清晰度越高,这就要求在室内设计时合理地降低平顶,刨去平面中的空隙面,使室内空间适当缩小,对墙面、地面以及座椅面料均选用高吸声的纺织面料,采用穿孔的吸声平顶等措施,以增大界面的吸声效果。上海新建影城中不少的影视厅,即采用了上述手法,室内混响时间 400HZ 高频仅在 0.7S 左右,影响演播时的音质效果较好。而音乐厅由于相应要求混响时间较长,因此厅内体积较大,装饰材料的吸声要求及布置方式也与影视厅不同。这说明对影视厅、音乐厅室内的艺术处理,必须要以室内声环境的要求为前提。又如近年来一些住宅的室内装修,在居室中过多地铺设陶瓷类地砖,也许是从美观和易于清洁的角度考虑而选用,但是从室内热环境来看,由于这类铺地材料的导热系数过大,会给较长时间停留于居室中的人体带来不适。

上述例子说明,室内舒适优美环境的创造,一方面需要富有激情,考虑文化的内涵,运用建筑美原理进行创作,同时又需要以相关的客观环境因素作为设计的基础。主观的视觉感受或环境气氛的创造,需要与客观环境因素紧密结合在一起;或者说,上述的客观环境因素是创造优美视觉环境时的"潜台词",因为通常这些因素需要从理性的角度去分析掌握,尽管它们并不那么显露,但对现代室内设计却是至关重要的。

1.2.3　室内装饰设计的相关因素

现代室内设计涉及的面很广,但是设计的主要内容可以归纳为以下三个方面,这些方面的内容,相互之间又有一定的内在联系。

1.室内空间组织和界面处理

室内设计的空间组织包括平面布置,首先需要对原有建筑设计的意图充分理解,对建筑物的总体布局、功能分析、人流动向以及结构体系等有深入的了解,在室内设计时对室内空间和平面布置予以完善、调整或再创造。由于现代社会生活的节奏加快,建筑功能发展或变换,也需要对室内空间进行改造或重新组织,这在当前对各类建筑的更新改建任务中是最为常见的。室内空间组织和平面布置,也必然包括对室内空间各界面围合方式的设计。

室内界面处理,是指对室内空间的各个围合——地面、墙面、隔断、平顶等各界的使用功能和特点的分析,界面的形状、图形线脚、肌理构成的设计,以及界面和结构的连接构造,界面和风、水、电等管线设施的协调配合等方面的设计。

室内空间组织和界面处理,是确定室内环境基本形体和线形的设计内容,设计时以物质功能和精神功能为依据,考虑相关的客观环境因素和主观的身心感受。

2.室内光照、色彩设计和材质选用

正是由于有了光,才使人眼能够分清不同的建筑形体和细部,光照是人们对外界视觉感受的前提。

室内光照是指室内环境的天然采光和人工照明,光照除了能满足正常的工作生活环境的采光、照明要求外,光照和光影效果还能有效地起到烘托室内环境气氛的作用。

色彩是室内设计中最为生动、最为活跃的因素,室内色彩往往给人们留下室内环境的第一印象。色彩最具表现力,通过人们的视觉感受产生的生理、心理和类似物理的效应,形成丰富的联想、深刻的寓意和象征。

光和色不能分离,除了色光以外,色彩还必须依附于界面、家具、室内织物、绿化等物体。室内色彩设计需要根据建筑物的风格、室内使用性质、工作活动特点、停留时间长短等因素,确定室内主色调,选择适当的色彩配置。

材料质地的选用,是室内设计中直接关系到使用效果和经济效益的重要环节,巧于用材是室内设计中的一大学问。饰面材料的选用,同时具有满足使用功能和人们身心感受这两方面的要求,如坚硬、平整的花岗石地面,平滑、精巧的镜面饰面,轻柔、细软的室内纺织品,以及自然、亲切的本质面材等。室内设计毕竟不能停留于一幅彩稿,设计中的形、色,最终必须和所选"载体"——材质,这一物质构成相统一,在光照下,室内的形、色、质融为一体,赋予人们综合的视觉心理感受。

3.室内陈设物品

家具、陈设、灯具、绿化等的设计和选用,相对可以脱离界面布置于室内空间里,在室内环境中,实用和观赏的作用都极为突出,通常它们都处于视觉中显著的位置,家具还直接与人体相接触,感受距离最为接近。家具、陈设、灯具、绿化等对烘托室内环境气氛,形成室内设计风格等方面起到举足轻重的作用。

室内绿化在现代室内设计中具有不能代替的特殊作用。室内绿化具有改革室内小气候和吸附粉尘的功能,更为主要的是,室内绿化使室内环境生机勃勃,给室内带来自然气息,令人赏心悦目,在高节奏的现代社会生活中起到柔化室内人工环境、协调人们心理的作用。

1.2.4 室内设计的方法

关于室内设计的方法,这里着重从设计者的思考方法来分析,主要有以下几点:

(1)大处着眼、细处着手,总体与细部深入推敲。大处着眼,即是指前面所叙述的室内设计应考虑的几个基本观点。这样,在设计时思考问题和着手设计的起点就高,有一个设计的全局观念。细处着手是指具体进行设计时,必须根据室内的使用性质,深入调查,收集信息,掌握必要的资料和数据,从最基本的人体尺度、人流动线、活动范围和特点、家具与设备等的尺寸和使用它们的空间等着手。

(2)从里到外、从外到里,局部与整体协调统一。建筑师 A·依可尼可夫曾说:"任何建筑创作,应是内部构成因素和外部联系之间相互作用的结果,也就是'从里到外''从外到里'。"室内环境的"里",以及和这一室内环境连接的其他室内环境,以至建筑室外环境的"外",它们之间有着相互依存的密切关系,设计时需要从里到外、从外到里多次反复协调,以使设计更趋完善合理。室内环境需要与建筑整体的性质、标准、风格及室外环境相协调统一。

1.2.5 室内设计的程序步骤

室内设计根据设计的进程,通常可以分为四个阶段,即设计准备阶段、方案设计阶段、施工图设计阶段和设计实施阶段。

1.设计准备阶段

设计准备阶段主要是接受委托任务书,签订合同,或者根据标书要求参加投标;明确设计期限并制订设计计划进度安排,考虑各有关工种的配合与协调;明确设计任务和要求,如室内设计任务的使用性质、功能特点、设计规模、等级标准、总造价,根据任务的使用性质所需创造的室内环境氛围、文化内涵或艺术风格等。

熟悉设计有关的规范和定额标准,收集分析必要的资料和信息,包括对现场的调查以及对同类型实例的参观等。在签订合同或制定投标文件时,还包括设计进度安排,设计费率标准,即室内设计收取业主设计费占室内装饰总投入资金的百分比。

2.方案设计阶段

方案设计阶段是在设计准备阶段的基础上,进一步收集、分析、运用与设计任务有关的资料与信息,构思立意,进行初步方案设计、深入设计、方案的分析与较。

确定初步设计方案,提供设计文件。室内初步方案的文件通常包括以下内容:①平面图,常用比例为 1:50,1:100;②室内立面展开图,常用比例 1:20,1:50;③平顶图或仰视图,常用比例 1:50,1:100;④室内透视图;⑤室内装饰材料实样版面;⑥设计意图说明和造价概算;

初步设计方案需经审定后,方可进行施工图设计。

3.施工图设计阶段

施工图设计阶段需要补充施工所必的有关平面布置、室内立面和平顶等图纸,还包括构造节点详细、细部大样图以及设备管线图,编制施工说明和造价预算。

4.设计实施阶段

设计实施阶段也即工程的施工阶段。室内工程在施工前,设计人员应向施工单位进行设计意图说明及图纸的技术交底；工程施工期间需按图纸要求核对施工实况，有时还需根据现场实况提出对图纸的局部修改或补充；施工结束时，会同质检部门和建单位进行工程验收。

为了使设计取得预期效果，室内设计人员必须抓好设计各阶段的环节，充分重视设计、施工、材料、设备等各个方面，并熟悉、重视与原建筑物的建筑设计、设施设计的衔接，同时还需协调好与建设单位和施工单位之间的相互关系，在设计意图和构思方面取得沟通，达成共识，以期取得理想的设计工程成果。

1.3 室内设计风格欣赏

室内设计风格，是指宏观上各主要国家和地区的室内设计风貌。它为从事建筑工程专业等相关人员提供某种参考资料，作为了解和认识世界各地区建筑风格的阶梯，从而打开一扇欣赏建筑美的窗户。其主要内容包括中国传统建筑的室内风格、西洋传统建筑的室内风格、现代建筑的室内风格。

不同室内风格的形成不是偶然的。它是受不同时代和地域的特殊条件，经过创造性的构想而逐渐形成的，是与各民族、各地区的自然条件和社会条件紧密相关的，特别是与民族特性、社会制度、生活方式、文化思潮、风俗习惯、宗教信仰条件等都有直接的关系。同时，人类文明的发展和进步是个连续不断的过程，所有新文化的出现和成长，都是与古代文明相缘的。因此分析和研究传统风格的主要演变过程和特点，对于欣赏者是大有裨益的。

1.3.1 中国传统的室内风格

从宏观上看，中国传统的室内风格在演变的过程中始终保持着一贯的作风，与西方世界迥异。数千年来，它无视外来影响而保持自己固有的色彩。图1-1所示为传统风格的餐饮空间。

图1-1 传统风格的餐饮空间

在门窗装修方面可以分为"框栏"和"格扇"两个部分。框栏是固定的，它是安装隔扇的架子。普通房子多在中栏与下栏之间安装门扇，上栏与中栏之间安装横披。门窗和横披统称为格扇，它们的不同之处就是门窗可开启，而横披则是固定不动的。中间有"棂子"，上面有花格图案，以菱花、方格、六角和八角等几何形为主。

中国室内设计风格的另一特点是色彩强烈,多用原色,色不混调,雕梁画柱十分富丽。它对建筑构件还具有保护作用。

彩画以梁枋为主。顶棚施彩画,分为"天花"和"藻井"两种形式。天花以木条相交成方格形,上覆木板,多用蓝或绿色为底色,圆尖和岔角部分使用鲜明颜色。藻井是以木块叠成,结构复杂,色彩斑烂,是顶棚的重要部分。图1-2所示为顶棚施彩的天花和藻井。

中国建筑的室内装修,从结构到装饰图案所表现的风格均为一种端庄的气度和丰华的文采。在格律构成的约束下,凡是间架的配置,图案的构成,家具的陈设,字画、玩器的摆设等均采用对称的形式和均衡的手法。这种格局是中国传统礼教精神的直接反映。另外,中国传统建筑设计常常巧妙地运用题字、字画、玩器和借景等手段,努力创造出一种含蓄而清雅的意境。这种室内设计的特质也是中国传统文化和生活修养的集中表现,是我们现代室内布置和设计可以借鉴的宝贵精神遗产。图1-3所示为中国传统风格装饰。

图1-2　天花和藻井

图1-3　传统风格装饰

1.3.2　西洋传统的室内风格

1. 古代风格

西洋古代风格当以古希腊和罗马为代表,可以说,它们是西方文化的主要源头。我们可以从少数柱上看到一点粗略的轮廓,如图1-4所示。

2. 文艺复兴风格

文艺复兴是指公元15世纪初期,以意大利为中心所展开的古希腊、罗马文化的复兴运动。它倡导人文主义,主张以"人"为中心,是对神权的一种反抗;它追求真理,促进了近代文明的发展,使得建筑、雕刻、绘画等艺术取得了光辉灿烂的伟大成就。

文艺复兴风格是以古希腊和古罗马风格为基础,用新的表现手法对山形墙、檐板、柱廊等建筑

图1-4 西洋传统风格

的细部重新进行组织,然后获得崭新的形式。它不仅表现出稳健的气势,同时又显示出华丽的装饰效果。但发展到后期有些过分堆砌,显得繁琐和杂乱,成为以后浪漫风格发展的前奏。

3.浪漫风格

浪漫风格的形式是以浪漫主义精神为基础的,在造型意识上与古典主义针锋相对、势不两立。古典主义倾向于理智,形式严肃、堂正、高雅,而浪漫主义风格则倾向于热情、华丽、柔美,表现出一种动态的美感。它在家具装饰上经常使用蚌壳镶嵌,装饰中融合了自然主义的影响,所以形成了纯粹的浪漫主义形式。

古罗马建筑的装饰风格,反映着罗马人追求奢华生活的欲望。室内的家具和帷幔等陈设无不表现出华丽的形式。图1-5所示体现的即是装饰的浪漫风格。

图1-5 浪漫风格

拜占庭风格,也叫东罗马风格。它在建筑上的最大特点就是方基圆顶结构,上面装饰几何形碎锦砖,风格上产生既庄严而又有纤致的效果。拜占庭式家具形式基本上继承了希腊后期风格。由于当时崇尚奢华生活,家具装饰形式更为华美。也由于丝织业的兴盛,使家具的衬垫装饰和室内壁挂以及帷幔等饰物得到了快速的发展,部分丝织品以动物图案为装饰,明显地表露出波斯王朝的特异风格。

仿罗马式建筑,以罗马传统形式为主体,同时在装饰上融合了拜占庭风格的特色。其初期多采用平顶,后期则流行十字交叉式拱顶,四角采用圆柱或方柱支撑,并以半圆拱作为两柱之间的联结。上端开设半圆拱形的窗户,柱型则以方柱最为普遍。内墙均以各色小石片镶嵌装饰,成为罗马式室内的另一主要特色。

哥特式建筑的特色表现在尖顶、尖塔等细部的灵巧结构上。

巴洛克风格的特点是豪华、富丽堂皇,主要用于宫廷,以装饰奢华为主要风格。室内墙面装饰多采用大理石、石膏灰泥和雕刻墙板制作,再装饰华丽多彩的织物、壁毯或大型油画。高大的天花板用精细的模塑装饰,宽敞的地面铺盖华贵的地毯。家具的造型体量很大,多采用高级的檀木、花梨木和胡桃木制作,并加以精工雕刻。路易十四式靠椅以豪华、堂皇而著称于世。椅背、扶手和椅腿部分均采用涡纹雕饰,配上优美的弯腿,整体上体现出优雅、柔和的效果。座位和背垫均饰以高贵的锦缎等织物,色彩强烈动人。图1-6所示为巴洛克装饰风格的体现。

洛可可风格,亦称“路易十五”风格。它的最大特点是住宅与家具的体量与巴洛克风格相比大大地缩小了,呈现出灵巧、亲切的效果。室内墙面的半圆柱或半方柱上改用花叶、尺禽、蚌纹和涡卷等雕刻所组成的玲珑框装饰。室内和家具常以对称的优美曲线做形体的结构,雕刻精致,装饰豪华。色调淡雅而柔和,并用黑色和金色增强其对比效果。典型的靠椅形体低矮而舒适,采用雕饰弯腿和包垫扶手。其他如长榻、沙发、床、写字台和衣橱等家具在风格上也极端精美和华丽。图1-7所示为洛可可装饰风格的体现。

图1-6　巴洛克风格　　　　　　　　图1-7　洛可可风格

1.3.3　现代风格

现代风格发端于工业革命。但实际上现代设计运动的进展也是很迟缓的。它的主要特色是以理性法则强调实用的功能因素,充分表现工业成就。然而现代风格的流派也是五花八门的。现代室内设计的主要流派有平淡派、繁琐派、超现实派和现实派等。

1.平淡派

平淡派主张在室内设计中,空间的组织和材料的本性是至关重要的。反对装饰,认为装饰是多余的。在色彩使用上,强调淡雅和清新的统一。平淡派在美国、日本和墨西哥等国盛行。有人批评平淡派,曾有一句典型的话就是:“除了没有东西,还是没有东西。”图1-8至图1-10所示为平淡派装饰风格。

图1-8 平淡派风格(1)

图1-9 平淡派风格(2)

图1-10 平淡派风格(3)

2. 繁琐派

繁琐派亦称新洛可可派,该流派追求丰富和夸张的手法,装饰富于戏剧性。他们主张利用科学技术和条件,利用现代材料和技术手段达到"洛可可"的理想目的。其特点就是大量地使用光质材料,重视灯光效果,多用反光灯槽和反射板,选用新式家具和艳丽的地毯,追求高贵华丽的动感气氛。图 1-11 所示即为繁琐派装饰风格。

图 1-11 繁琐派风格

3. 超现实派

超现实派竭力追求超现实主义的纯艺术。该流派利用虚幻的空间环境,创造室内气氛,以求猎奇;利用各种手段企图创造出现实世界中不存在的环境。其特点是空间形式奇形怪状,灯光跳动扑朔迷离,色彩浓重,图案抽象而跃动,常用树皮、毛皮装饰墙面。总之,以怪为美,出奇制胜。图 1-12 至图 1-15 所示为不同的超现实派风格体现。

图 1-12 超现实派风格(1)

图 1-13　超现实派风格(2)

图 1-14　超现实派风格(3)

图 1-15　超现实派风格(4)

4.现实派

现实派注重反映建筑空间语言,并且能塑造室内情景,使生活在其中的人们得到各自所需情趣的满足。同时,极大地满足人的活动方式和使用要求。图 1-16 至图 1-17 所示为现实派装饰风格的体现。

图 1-16 现实派风格(1)

图 1-17 现实派风格(2)

本章小结

　　本章要解决的是建筑装饰设计的含义,使大家熟悉建筑装饰设计的国内外风格,以及明确装饰设计的方法和程序步骤,掌握装饰设计的内容和要点。

本章数字资源

第2章
室内空间组织和界面处理

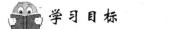 学习目标

通过本章的学习,使学生了解空间的分类,熟悉室内装饰设计的空间处理;掌握其室内各个界面的设计,熟知设计常用尺寸。

学习要求

能力目标	知识要点	相关知识	权重
理解能力	了解空间的分类	1. 空间的划分 2. 空间的功能	30%
掌握能力	室内装饰设计的空间处理、设计常用尺寸	1. 处理形式,分隔 2. 空间风格	30%
应用能力	室内各个界面的设计和艺术处理规律	界面设计手法	40%

引例

人民大会堂的万人大礼堂,巨大的空间使得天花板与墙面的交接成为难以解决的问题。界限过大明显地给人以不亲切感,像一个巨大的仓库。

为了解决这个难题,设计采用了水天一色、浑然一体的处理手法。吊顶中部成穹窿形,象征广阔无际的宇宙空间,中间用红色有机玻璃制成五角心灯具,四周以镏金向日葵花瓣,外围又有三环水波形暗槽灯照明,一环比一环大,加上纵横密布的满天星灯具和通风口,使天花的设计具有强烈的艺术性。

2.1 室内空间

2.1.1 室内空间

对于一个具有地面、墙面、顶盖的六面体的房间来说,室内外空间的区别容易区分,但对于不具备六面体的空间可以表现出多种形式的内外空间关系,有时确实难以在性质上加以区别。

2.1.2 室内空间特性

在室内有限的空间中,人在视距、视角、方位等方面受到一定的限制,并且由于室内的采光、照明、色彩、家具等因素造成的室内空间形象在人的心理上会产生比室外空间更强的感受力。

2.1.3　室内空间功能

室内空间的功能包括物质功能和精神功能。

（1）物质功能。物质功能满足人们使用上的要求。它包括空间的面积、适合的家具、设备布置、交通组织、疏散、消防等以及科学地创造良好的采光、照明、通风、隔声、隔热等的物理环境。

（2）精神功能。精神功能是在满足物质需求的同时，从人的文化、心理需求出发，去满足人的不同的愿望、审美情趣、民族风格等，使人们获得精神上的满足和美的享受。

2.1.4　室内空间组合

室内空间组合应根据物质功能和精神功能的要求进行构思，根据当时、当地的环境，结合建筑功能要求进行整体筹划，从单个空间到群体空间的序列组织，由外到内，由内到外，反复推敲，使空间组织达到理性与感性的完美结合。

2.1.5　空间形式与构成

建筑空间的形式与结构与材料有着不可分割的联系，空间的形状、尺度、比例以及室内装饰效果，很大程度上取决于结构组织形式及其所使用的材料质地。把建筑造型和结构造型统一起来的观点，越来越被广大建筑师所接受。

2.1.6　空间类型

空间的类型根据空间构成的特点来区分。具体可分为固定空间和可变空间、静态空间和动态空间、开敞空间和封闭空间、空间的肯定性和模糊性、虚拟空间和虚幻空间。

1. 固定空间和可变空间

（1）固定空间是用固定不变的界面围合而成。如居住建筑设计中的厨房、卫生间。

（2）可变空间是用可变的界面分隔而成的空间。如升降舞台、活动墙面等。

2. 静态空间和动态空间

（1）静态空间是指空间比较封闭，构成比较单一，视觉常被引导在一个方位或落在一个点上，空间限定得十分严谨。

（2）动态空间也称流动空间，具有空间的开敞性和视觉的导向性的特点，界面组织具有连续性和节奏性，空间构成形式富有变化性和多样性，常使视点从一点转向另一点。

3. 开敞空间和封闭空间

（1）开敞空间具有流动的、渗透的性质。其空间表现为更多的公共性和开放性。在景观关系上具有收纳性；在空间性格上具有开放性；在心理效果上，它表现为开朗的、活跃的。

（2）封闭空间具有静止的、凝滞的性质。其空间表现为更多的私密性和个体性，有利于隔绝外来的各种干扰，在心理效果上具有安全感，常表现为严肃的、安静的。

4.空间的肯定性和模糊性

(1)肯定空间是指界面清晰、范围明确、具有领域感的空间。一般私密性较强的封闭型空间常属于此类。

(2)模糊空间是指在建筑中凡属似是而非、模棱两可、无可名状的空间。其空间具有模糊性、不定性、多义性、灰色性等性质,富有含蓄性,耐人寻味。该空间类型常被设计师所喜爱,多用于空间的联系、过渡、引申等。

5.虚拟空间和虚幻空间

(1)虚拟空间是指在界定的空间内,通过界面的局部变化而再次限定的空间。如局部升高或降低地坪或顶棚,或以不同材质、色彩的平面变化来限定空间等。

(2)虚幻空间是指室内镜面反映的虚像,把人们的视线带到镜面背后的虚幻空间去,于是产生空间扩大的视觉效果。有时还能通过几个镜面的折射,造成空间的幻觉,紧靠镜面的物体还能把不完整的物体通过镜面折射成完整的物体的假象。

2.1.7 空间的分隔与联系

空间的分隔与联系应该处理好不同的空间关系和分隔的层次。

(1)室内外空间的分隔,如入口、天井、庭院,它们与室外既分又连,体现内外结合及室内空间与自然空间交融等。

(2)内部空间之间的关系主要表现如下:①空间的封闭和开敞的关系;②空间的静止和流动的关系;③空间之间过渡的关系;④空间序列的开合的组织关系;⑤空间的开放性与私密性的关系。

2.1.8 空间的过渡和引导

空间的过渡和过渡空间是根据人们日常生活的需要提出来的。过渡空间是前后空间、内外空间的媒介、桥梁、衔接体和转换点,在功能和艺术创作上有其独特的地位和作用。过渡的形式多种多样的,有一定的目的性和规律性。

2.1.9 空间的序列

人的每一项活动都有一定的规律性或行为模式,这就是空间序列设计的客观依据。对于更复杂的活动过程,建筑空间设计相应也要更复杂一些,在序列设计上,层次和过程也相应增多。

1.序列的全过程

(1)起始阶段。该阶段是序列的开端,开端的第一印象在任何时间艺术中无不给予充分的考虑,因它与预示着将要展开的心理推测有着习惯性的联系。一般来说,具有足够的吸引力是起始阶段考虑的主要核心。

(2)过渡阶段。它既是起始后的承接阶段,又是出现高潮的前奏,在序列中起到成前启后的作用,是序列中关键的一环。

(3)高潮阶段。该阶段是全序列的中心,从某种意义来讲,其他各个阶段都是为高潮的出现服务的,因此序列中的高潮常是精华和目的所在,也是序列艺术的最高体现。

(4)终结阶段。该阶段是由高潮回复到平静,它虽没有高潮阶段那么重要,但也是必不可少的组成部分,良好的结束又似余音缭绕,有利于对高潮的追思和联想,耐人寻味。

2.不同类型建筑对序列的要求

不同性质的建筑有不同的空间序列要求,但突破惯例有时反而能获得意想不到的效果。因此,我们既要掌握空间序列设计的普遍性外,还应注意不同情况下的特殊性。影响空间序列的关键因素如下:

(1)序列长短的选择。序列的长短即反映高潮出现的快慢。高潮出现愈晚,层次必须增多,通过时空效应对人心理的影响必然更加深刻。因此,长序列的设计往往运用于需要强调高潮的重要性、宏伟性与高贵性。

(2)序列布局类型的选择。采取何种序列布局,决定于建筑的性质、规模、地形环境等因素。空间序列线路一般可分为直线式、曲线式、循环式、迂回式和盘旋式等。

(3)高潮的选择。在某类建筑的所有房间中,总可以找出具有代表性的、反映该建筑性质特征的、集中一切精华所在的主体空间,常常把它作为选择高潮的对象,成为整个建筑的中心和来访者所向往的最后目的地。

3.空间序列的设计方法

(1)空间的导向性。空间的导向性是指指导人们行动方向的建筑处理,用建筑所特有的语言传递信息,与人对话。

(2)视觉中心。视觉中心是指在一定范围内引起人们注意的目的物。视觉中心的设置一般是以具有强烈装饰趣味的物件为标志,因此,它既有被欣赏的价值,又在空间上起到一定的注视和引导作用。

(3)空间构图的对比与统一。"统一对比"的建筑构图原则,在室内空间处理上广泛运用。在高潮出现以前,一切空间过渡的形式都是可能的,但是一般应以"统一"的手法为主。紧接高潮前的过渡空间又有采取"对比"的手法,诸如先收后放、先明后暗等,不如此不足以强调和突出高潮阶段的到来。

2.1.10　空间形态的构思和创造

随着社会的不断发展,人们对空间环境的要求也将愈来愈高,而空间形态是空间环境的基础,它决定空间总的效果,对空间环境的气氛、格调起着关键性的作用。室内空间的各种不同的处理手法和不同的目的要求,最终将凝结在各种形式的空间形态之中。但建筑室内空间的无限丰富性和多样性,尤其对于在不同方向、不同位置空间上的相互渗透和融合,要想找出恰当的临界范围而明确地划分出这一部分或那一部分空间,来进行室内空间形态分析是比较困难的,以下列举常见的基本空间形态。

1.常见的基本空间形态

(1)下沉式空间。下沉式空间室内地面局部下沉,在统一的室内的空间中就产生了一个界限明确、富有变化的独立空间。下沉地面标高低于周围的地面,有一种隐蔽感、保护感和宁静感,使其成为具有一定私密性的小天地。人们在其中休息、交谈也会倍感亲切,在其中工作或学习,也会较少受到干扰。同时随着视点的降低,空间感觉增大,并对室内外景观也会引起不同凡响的效果。

（2）地台式空间。地台式空间与下沉式空间相反,将室内地面局部升高也能在室内产生一个边界十分醒目明确的空间。其功能、作用几乎和下沉式空间相反,由于地面升高形成一个台座,和周围空间相比变得十分醒目突出,因此,它的用途适宜于惹人注目的展示和陈列或眺望。

（3）凹室与外凸室。凹室是在室内局部退进的一种室内空间形态。凹凸是一个相对概念,如凸室空间就是一种对内部空间而言是凹室,对外部空间而言是向外凸出的空间。

由于凹室通常只有一面开敞,因此在大空间中自然比较少受干扰,形成安静的一角,有时把天棚降低,形成具有清净、安全、亲密感的特点,是空间中私密性较高的一种空间形态。在公共建筑中常用凹室,避免人流穿越干扰,获得良好的休息空间。

一般楼梯间和电梯间为外凸式,大部分的外凸式空间希望将建筑更好地伸向自然、水面,达到三面临空,包揽风光,使室内外空间融合在一起。

（4）回廊与挑台。回廊与挑台是室内空间独具一格的空间形态。回廊常用于门厅和休息厅,以增强其入口宏伟、壮观的第一印象和丰富垂直方向的空间层次。结合回廊,有时还常利用扩大楼梯休息平台和不同标高的挑平台,布置一定数量的桌椅作休息交谈的独立空间,并造成高低错落、生动别致的室内空间环境。由于挑台居高临下,提供了丰富的俯视角环境。

（5）交错、穿插空间。在创作中常把室外的城市立交模式引进室内,在某些规模较大的公共空间中,人们上下活动交错川流,俯仰相望,静中有动,不但丰富了室内景观,也给室内环境增添了生气和活跃的气氛。赖特的流水别墅即在建筑的主体部分成功地塑造出的交错式空间,构图起到了极其关键性的作用。

（6）母子空间。母子空间采用大空间围隔出小空间,封闭与开敞相结合的办法。人们在大空间中一起工作、交流或进行其他活动,有时会感到彼此干扰,缺乏私密性,空旷而不够亲切,而在封闭的小房间虽避免了上述缺点,但又会产生工作上不便和空间沉闷、闭塞的感觉。

（7）共享空间。波特曼首创的共享空间在各国享有盛誉,它以其罕见的规模和内容,丰富多姿的环境,别出心裁的手法,将内院打扮得光怪陆离、五彩缤纷。可以说它是一个具有多种空间处理手法的综合体系。

2.室内空间设计手法

（1）结合功能需要提出新的设想。

（2）结合自然条件,因地制宜。

（3）结构形式的创新。

（4）建筑布局与结构系统的统一与变化。

以统一柱网的框架结构来讲,为了使结构体现简单、明确、合理,柱网系列是十分规则和简单的,如果完全地按照柱网的进深、开间来划分房间,即结构体系和建筑布局完全对应,那么空间将会非常单调。但如果不完全按照柱网来划分房间,则可以造成很多内部空间的变化。一般有方法有:①柱网和建筑布局平行而不对应。虽然房间的划分与纵横方向的柱网平行,但不一定正好在柱网的轴线位置上,这样在建筑内部空间上会形成许多既不受柱网开间进深变化的影响,可以产生许多生动有趣的空间。②柱网和建筑成角度布置。打破千篇一律的矩形平面空间。一般以与柱网成45度角者居多,相对方向的45度又形成90度直角,这样避免了更多的锐角房间的出现。③上下层空间的非对应关系。

2.1.11　室内空间构图

1.构图要素

(1)线条。任何物体都可以找出它的线条组成以及所表现的主要倾向。人们观察物体的时候总是要受到线条的驱使,并根据线条的不同形式,获得某些联想和某种感觉,并引起感情上的反应。

线条有两类,即直线(垂直线、水平线和斜线)和曲线,它们反映出不同的效果。

①垂直线。垂直线因其垂直向上,表示刚强有力,具有严肃的、刻板的男性效果,使人感到房间较高,尤其是当住宅层高偏低的情况,利用垂直线造成房间较高的感觉是比较恰当的。但垂直线用的过多,会显得单调,如果用上一些水平线和曲线,会使僵硬得到些软化。

②水平线。水平线使人感到宁静轻松,它有助于增加房间的宽度,使人产生随和、平静的感觉。水平线常由室内桌椅、沙发和床而形成的,或由于某些家具陈设处于统一水平高度而形成,使空间具有开阔和完整的感觉。

如果水平线用得过多,就要增加一些垂直线,形成一定的对比关系,显得更有生气。

③斜线。斜线最难用,它可以促使人的目光随其移动。但不宜过多使用。

④曲线。曲线的变化几乎是无限的,由于曲线的形成是不断改变方向,因此,富有动感。并且不同的曲线表现出不同的情绪和思想,如圆的或任何丰满的、动人的曲线,给人以轻快柔和的感觉,有时能体现出特有的文雅、活泼、轻柔的美感,但如果使用不当也可能造成软弱无力和繁琐或动荡不安的效果。并且曲线的起止是有一定的规律的,突然中断会造成不完整、不舒适的感觉,它和直线是不一样的。

(2)形状和形式。立方体是一种稳定的形式,但用得过多就会单调,球体和曲线组成的空间更能引人入胜。并且由于弧形没有终端,使空间似乎延长而显得大一些。

在一个房间中仅有一种形式是很少的,大多数室内表现为各种形式的综合,如曲线形的灯罩、直线构成的沙发、矩形的地毯等。虽然重复是达到韵律的一种方法,但过多地重复一种形式会变得无趣。

(3)图案纹样。墙纸、窗帘、地毯等,常以其图案纹样、色彩、质地而引人注目。图案纹样几乎是千变万化的,有时它们在室内占据很大的面积,比较引人注目,用得恰当可以增加趣味,起到装饰效果,所以采用什么样的图案纹样,其形状、大小、色彩、比例与整个空间尺度也有关系,应与室内总的效果和装饰目的结合起来考虑。

2.构图原则

在室内设计中追求个性是非常必要的,但同时有一些共性的原则还是要考虑的(即建筑美学原则)。

(1)协调。设计最基本的要求是协调,应将所有的设计因素和原则,结合在一起去创造协调。一个好的设计应既不单调又不混乱。在什么地方,怎样采取有趣的变化,且不会破坏各组成部分的协调是问题的关键,那么就要求变化应该是提高设计所要表现的主题和思想气氛,而不是与之相矛盾。

(2)比例。室内设计的各部分比例和尺度,局部和局部,局部和整体,在每天的生活中都会遇到,并且也在运用这些原则。

有些艺术家具有运用不同寻常比例的经验,并且在现代设计中发现一种希望背离传统的空间关系。某些建筑师在设师中使人产生了愉悦且鼓舞人心的效果,但也有些设计师对比例概念并不是真正熟悉和理解,常采用不恰当的比例,便得不到好的效果。

(3)平衡。当各部分的质量围绕一个中心而处于安定状态时称为平衡。平衡使人视觉感到愉快,室内的家具和其他的物体的"质量",是由其大小、形状、色彩、质地决定的。两个物体大小相同,一个为亮黄色,一个为灰色,则前者显得重;粗糙的表面比光滑的显得重。

当中心两边的物体各方面均相同,称为对称平面,这种平面具有静止和稳定性。但有时会显得呆板一些。而不对称的平面则会显得活泼生动。体量上的不对称,常会利用色彩和质地来达到平衡的效果。

(4)韵律。①连续的线条。一般房间的设计是由许多不同的线条组成的,连续线条具有流动的性质,在室内经常用于踢脚线、装饰线条等,如画框顶和窗楣的高度一致。

②重复。通过线条、色彩、形状、光、质地、图案或空间的重复,能控制人们的眼睛按指定的方向运动。在室内具有明显相同的色彩、质地、图案织物等,由于其重复使用,人的视线便能很快地被引导到这些物件上来。但应避免重复过多而产生单调,如果重复过多,可以通过不同的质地或图案的变化而使之不单调。

③放射。

④渐变。渐变可通过线条、大小、形状、明暗、图案、质地、色彩的渐次变化而达到。渐变比重复更为生动和有生气。

⑤交替。交替所创造的韵律是十分自然、生动的。在有规律的交替中,意外的变化也可造成一种不破坏整体的统一。它提供了有趣的变化而不影响统一。

(5)重点。室内的布置要想给人产生深刻的印象,就要根据房间的性质,围绕一种预期的目的,进行有意识地突出和强调,使整个室内主次分明、重点突出,形成一个趣味中心。在一个房间内重点可以多于一个,但太多必然引起混乱。

①趣味中心的选择。这要决定于房间的性质和风格,按主人的爱好来确定。此外,房间的结构常自然地成为注意的中心。另外,窗口也常成为焦点,如果窗外有良好的景色也可加以利用作为趣味中心。

②形成重点的手法。在不平常的位置,利用不平常的陈设物,采用不平常的布置手法,方能出其不意地成为室内的趣味中心。又如果室内大多数物件是光滑质地,在这种情况下,来一件粗糙的质地物件则会引起人的注意。

2.2 室内界面处理

室内界面即围合成室内空间的地面(楼、地面)、侧面(墙面、隔断)和顶面(平顶、天棚)。人们使用和感受室内空间,但通常直接看到甚至触摸到的则为界面实体。在室内空间组织、平面布局基本确定以后,对界面实体的设计就显得非常突出。

室内界面的设计,既有功能技术要求,也有造型和美观要求。作为材料实体的界面,有界面的线形和色彩设计,材质选用和构造问题。

2.2.1　界面的要求和功能特点

1.各类界面的共同要求

(1)耐久性及使用期限。

(2)耐燃及防火性能(现代室内装饰应尽量采用不燃及难燃性材料,避免采用燃烧时释放大量浓烟及有害气体的材料)。

(3)无毒(指散发气体和触摸时的有害物质底于核定剂量)。

(4)无害的核定放射计量(如某些地区所产的天然石材,具有一定的氡放射计量)。

(5)易于制作安装和施工,便于更新。

(6)必要的隔热保温,隔声吸声性能。

(7)装饰及美观要求。

(8)相应的经济要求。

2.各类界面的功能特点

(1)底面(楼、地面):耐磨、防滑、易清洁、防静电等。

(2)侧面(墙面、隔断):挡视线、较高的隔声、吸声、保暖、隔热要求。

(3)顶面(平顶、天棚):质轻,光反射率高,较高的隔声、吸声、保暖、隔热要求。

2.2.2　界面装饰材料的选用

界面装饰材料的选用,需要考虑下述几方面的要求:

1.适应室内使用空间的功能性质

对于不同功能性质的室内空间,需要由相应类别的界面装饰材料来烘托室内的环境氛围。

2.适合建筑装饰的相应部位

不同的建筑部位,相应地对装饰材料的物理性能、化学性能、观感等的要求也各不同。

3.符合更新,时尚的发展的需要

设计装饰后的室内环境,通常并非"一劳永逸",是需要更新。原有的装饰材料需要有更好性能的、更加新颖美观的装饰材料来取代。

注意,室内界面处理无论是铺或贴材料都是"加法",但一些结构体系和结构构件的建筑室内,是可以作"减法"的,如明露的结构构件,也是一种趋势。在当地就有材料的地区,选用当地材料,既减少运输、降低造价,又使室内装饰具有地方特点。

界面装饰材料的选用,还应考虑便于安装、施工和更新。

现代室内装饰的发展趋势是"回归自然",因此室内界面装饰常适量地选用天然材料。常用的木材、石材等天然材料的性能如下:木材具有质轻、强度高、韧性好、热工性能好且手感、触感好等特点,其纹理和色泽优美愉悦,易于着色和油漆,便于加工、连接和安装,但需注意作好放火和防蛀处理。石材浑实厚重,压强高,耐久、耐磨性能好,纹理和色泽极为美观。其表面根据装饰效果需要,可作凿毛、烧毛、亚光、磨光镜面等多种处理,但天然石材作装饰用材时应注意材料的色差,如施工工艺不当,湿作业时常留有明显的水渍或色斑,影响美观(如花岗石、大理石)。

2.2.3 室内界面处理及其感受

人们对室内环境气氛的感受,通常是综合的、整体的。既有空间形状,也有作为实体的界面。视觉感受界面的主要因素有室内采光、照明、材料的质地和色彩、界面本身的形状、线脚和面上的图案肌理等。

1.材料的质地

室内装饰材料的质地,根据其特性大致可分为:天然材料与人工材料;硬质材料与柔软材料;精致材料与粗犷材料。例如磨光的花岗石饰面板即为天然硬质精致材料,斩假石是人工硬质粗犷材料。

天然材料中的木、竹、藤、麻、棉等材料常给人以亲切感。不同质地和表面加工的界面材料,给人的感受如下:平整光滑的大理石——整洁、精密;纹理清晰的木材——自然、亲切;具有斧痕的假石——有力、粗犷;全反射的镜面不锈钢——精密、高科技;清水勾缝砖墙——传统、乡土情;大面积灰砂粉刷面——平易、整体感。

2.界面的线形

界面的线形是指界面上的图案、界面边缘、交接处的线脚以及界面本身的形状。

(1)界面上的图案与线脚。界面上的图案必须从属于室内环境整体的气氛要求,起到烘托、加强室内精神功能的作用。根据不同的场合,图案可能是具象的或抽象的,但要考虑到与室内装饰物的协调。界面的边缘、交接、不同材料的连接,它们的造型和构造处理,即所谓的"收头",是室内设计中的难点之一,通常用线脚处理。界面的图案与线脚,它的花饰和纹样,是室内设计艺术风格定位的重要表达语言。

(2)界面的形状。界面的形状在较多的情况下是以结构构件、承重墙柱等为依托,以结构体系构成轮廓,形成平面、拱形、折面等不同形状的界面;也可以根据室内使用功能对空间形状的需要,抛开结构层另行考虑。

(3)界面的不同处理与视觉感受。室内界面由于线形不同的划分、花饰大小的尺度各异、色彩深浅的各样配置以及采用各类材质,都会给人视觉上的不同的感受。

线形划分与视觉感受:①垂直划分使空间紧缩、增高;水平划分使空间开阔、降低。②色彩深浅与视觉感受:顶面深色使空间降低;顶面浅色使空间增高。③花饰大小与视觉感受:花饰大尺度使空间缩小;小尺度花饰使空间增大。

(4)材料质感与视觉感受:石材、面砖、玻璃在视觉上使人产生挺拔、冷峻感;木材、织物在视觉上使人产生亲切感。

2.3 室内设计的艺术规律

2.3.1 室内装修艺术

室内装修艺术主要包括室内空间的围护体、建筑局部、建筑构件造型、纹样、色彩、肌理质感等处理手法。

1.天花的处理

天花与地面是形成空间的两个水平面,天花在人的上方,对空间的影响比地面大,因此天花处理是否得当,对整个空间起决定性作用。天花不仅和结构的关系密切,而且又是灯具和通风口所依附的地方,所以设计天花时应全盘考虑各方面的因素。

(1)显露结构式。如果结构方式和结构本身都具有美的价值,那么天花应采用显露结构的处理手法。这样不加或少加也能取得良好的艺术效果。在图2-1中,该游泳池的天花就充分显露出建筑结构的结构美,加上它良好的自然采光,取得了较好的室内效果。中国古建筑的木结构由于本身往往有彩画等美的形式,所以大都采用显露结构式,创造了世界建筑史上独具风格的木结构建筑体系,如图2-2所示。

图2-1 显露结构式(1)

图2-2 显露结构式(2)

工人体育馆的天花是较为典型的显露结构形式,它巧妙地利用了悬索中心的环,设计成圆灯盘,形成了室内的中心装饰物,取得了令人满意的效果,如图2-3所示。

图2-3 工人体育馆的天花

在居室设计中,显露结构的手法也经常被采用。房屋的木构件具有质朴、粗犷自然、温暖亲切的特点,如图2-4、图2-5所示。

图 2-4　居室显露结构式(1)　　　　图 2-5　居室显露结构式(2)

(2)掩盖结构式。如果结构布局缺乏表现力,结构本身又缺少美感,再加上某些特殊功能的需要(音响效果或光照条件等),那么这种天花就应该局部或全部把结构遮盖起来。

①主题天花。人民大会堂的万人大礼堂,巨大的空间使得天花与墙面的交接成为难以解决的问题。界限过大明显给人以不亲切感,像一个巨大的仓库。为了解决这个难题,设计师采用了水天一色、浑然一体的处理手法。吊顶中部成穹窿形,象征广阔无际的宇宙空间,中间用红色有机玻璃制成五角星灯具,四周以镏金成向日葵花瓣,外围又有三环水波形暗槽灯照明,一环比一环大,加上纵横密布的满天星灯具和通风口,使天花的设计具有强烈的艺术性,如图2-6 所示。

图 2-6　人民大会堂掩盖结构式

②藻井式天花。藻井式天花是我国传统手法,会产生色彩明快、富丽堂皇的效果。如人民大会堂宴会厅的天花处理采用了渐近的手法,四周用简单的小藻井串联起来,重点衬托中部。在藻井内外以双层弧形串灯环抱中央,并用彩色底子和白石膏花装饰中央的大葵花灯。整个大厅显得高端大气、富丽堂皇,如图 2-7 所示。

图 2-7 藻井式天花

藻井虽是我国传统的装修手法,但在当今的室内装修中仍被广泛使用,也取得了良好的装饰效果。图 2-8 为现代室内装饰中采用藻井式装修手法的效果。

图 2-8 普通室内藻井式天花

(3)井口式天花。全国农业展览馆门厅的天花采用斗八藻井并装饰彩画的形式,使各部分空间界限分明,主从关系明确,大大加强了空间的完整性。其具体手法是提高主要空间的高度,压低次要空间的高度,以形成井口式天花,使主要部分突出。如图 2-9、图 2-10 为不同建筑室内装修所采用的井口式天花。

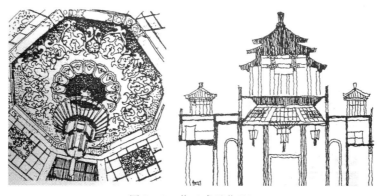

图 2-9 井口式天花(1)

图 2-10　井口式天花(2)

　　④落差式天花。这种手法往往用于那些面积过大的天花。由于天花面积过大，容易显得松散。如果把天花的一部分降低，就可以产生一种集中感。如图 2-11 至图 2-13 为不同室内装饰的落差式天花。

图 2-11　落差式天花(1)

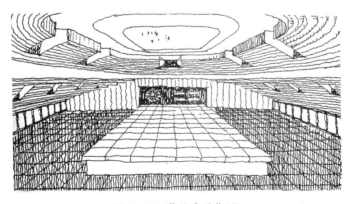

图 2-12　落差式天花(2)

图 2-13　落差式天花(3)

⑤天窗式。由于功能的要求,室内需要大面积采光,这样的天花可采用天窗式。采用天窗式的空间不仅明亮、开朗,还能节约能源,如图 2-14、图 2-15 所示。

图 2-14　天窗式(1)

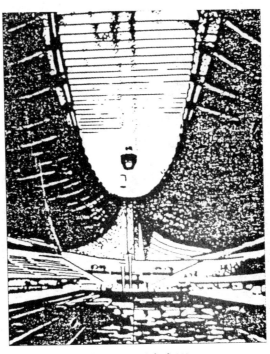

图 2-15　天窗式(2)

　　(3)天花平面的分隔形式。天花平面的分隔形式是多种多样的,不同的分隔形式可以产生不同的气氛。

　　①散点式天花。前苏联苏维埃宫的天花利用整齐的散点式和均匀分布的灯具,形成一种博大的气氛,如图 2-16 所示。

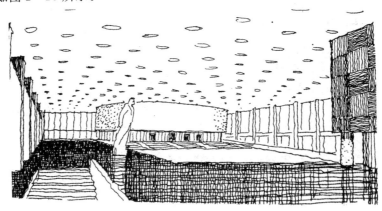

图 2-16　散点式天花

　　②条纹式天花。这种条纹式有一定的方向性,可以把人的视线引向某个确定的方向,如图 2-17 所示。

图 2-17 条纹式天花

③几何图形天花。几何图形天花的天花变化很多,如条形、平行四边形、弧形、六角形、八角形等,如图2-18、图2-19所示。

图 2-18 几何图形天花(1)

图 2-19　几何图形天花(2)

随着新材料的不断出现,天花的变化也越来越丰富,有金属薄板吊顶、木吊顶、塑料吊顶、石膏板吊顶以及矿棉吸音板、石膏吸音装饰板、矿棉装饰吸音板等。新材料的使用使得天花的形式越来越简洁,而几何形的图案更适合于新材料的装修手法。

2.墙面的处理

墙面是空间的垂直组成部分,也是构成室内空间的重要因素之一。墙面处理是否得当,这对空间的完整统一和艺术气氛的影响是非常大的。

(1)墙面的形状(比例、尺度)。

①横向处理手法。为了使空间获得一种开阔博大的气氛,室内墙面应采用横向处理手法,如图 2-20 所示。

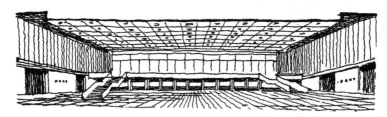

图 2-20　墙面横向处理手法

为使横向过长的空间不至于产生压抑感,在横向过长的墙上又进行了纵向分隔。为了不使人产生空旷感,对于过高的空间,把过高的墙面进行横向处理,这样能使空间产生一种亲切感,如图 2-21 所示。

图 2-21 墙面纵横向处理手法

②纵向处理手法。为了获得崇高雄伟的空间效果,对墙面采用纵向处理手法即竖线条的处理手法。对于比较低的空间应采用这种手法,如图 2-22 所示。

图 2-22 墙面纵向处理手法

③墙面的节奏和韵律。如图 2-23、图 2-24 所示在这个墙面上,有上下两段的横向处理,上实下虚,主次分明,并与天花有着良好的呼应。

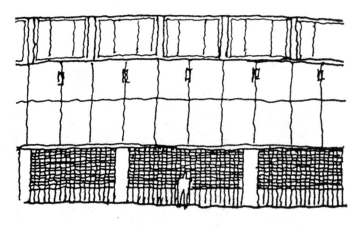

图 2-23　墙面的节奏和韵律

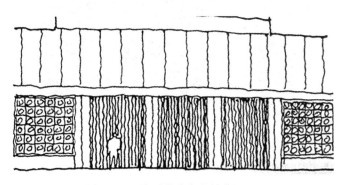

图 2-24　墙面的节奏和韵律(2)

　　图 2-25 是某国际俱乐部台球室墙面,该墙通过窗墙和壁灯的组合,形成了虚实对比,从而产生一种和谐统一的韵律感。

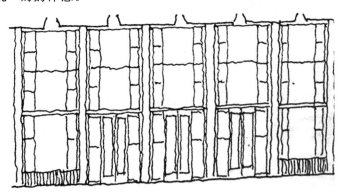

图 2-25　墙面的节奏和韵律(3)

　　图 2-26 是一座高直的教堂内墙片段。它由各种形式的尖旋窗组成,不仅有大小、虚实的对比变化,而且由于组织有条理而产生了优美的韵律感和空间的尺度感。

图 2-26　墙面的节奏和韵律(4)

图 2-27 是某侯机厅墙面,这是以虚为主的大面积开门开窗的墙面,主要利用实体的柱、眉线、窗棂和门扇等各种要素有机地组织在一起,从而形成一种韵律感。

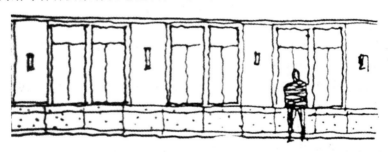

图 2-27　墙面的节奏和韵律(5)

(2)墙面的质感。室内墙面与人的关系十分密切。人可以用视觉去感知它,也可以用触觉去感知它。不同的材质给人的感觉不同。材料由于本身的孔隙率、紧密度和软硬度不同形成了不同的质感。如木材、织物具有明显的纤维结构,质地较疏松,导热性能低,有温暖的感觉;金属、玻璃质地紧密,表面光滑,有寒冷的感觉。粗糙的材料如砖、石、卵石等具有天然而质朴的表现力;光滑的玻璃、金属、水泥和塑料则处处表现出工业技术的力量。在材料的设计运用中应将其自然肌理充分体现出来。

(3)墙面的种类。

①抹灰墙。这是室内墙面处理最常用的方法。装饰效果较强的有拉毛灰墙、拉条灰墙、扫毛灰墙,这几种墙统称为装饰抹灰。

②贴面墙。这是用各种面料贴饰的墙面,常见的有瓷砖墙、面砖墙、大理石墙和琉璃墙。

瓷砖墙常用于厨房、卫生间等条件要求较高的房间。常用规格为 151mm×151mm、

110mm×110mm，厚度均为5mm。瓷砖又称为釉面砖，粘贴的方法是用5％的107胶的水泥浆即可。

面砖墙又称为陶瓷面墙砖，面砖可挂釉也可不挂釉。其规格为113mm×77mm、145mm×113mm、233mm×113mm、265mm×113mm，厚度均为17mm。面砖可烧制出各种图案，纹样十分丰富，还可以制作出不同的肌理效果。

大理石墙是一种装饰性很强的材料，常用于大型公共场合和比较重要的场所，其艺术效果庄重、大方，碎大理石可拼贴出各种活泼自然的园林风格的墙面。

琉璃墙是我国特有的传统的装修材料，主要颜色有金黄、绿、蓝等颜色，其装修效果古色古香。其规格为100mm×150mm，厚度均为10～20mm，装修时可用1：3的水泥砂浆粘贴。

③板条墙。这种墙的材料十分丰富，主要有竹条、木板条、胶合板、纤维板、石膏板、石棉水泥板、玻璃和金属薄板等。

竹、木板条墙这种墙面庄重、典雅，给人以亲切、温暖之感。此材料可做墙裙，又可装修到顶，其排列方法很多，如图2－28所示。

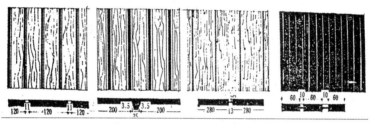

图2－28　墙面的质感(1)

各种质地粗糙的板材，如甘蔗板、刨花板等，具有一定的吸音性，常用于观众厅。胶合板、纤维板均可以打洞，作为装饰吸音板。

竹条拼镶墙面这种墙面清新素雅，富有浓郁的生活气息，常用于气氛活泼的场合。装修纹样的方向可一致，也可以纵横交错。竹面可涂桐油和清漆，如图2－29所示。

石膏板墙有轻质、防火和不受虫蛀等特点。表面可喷涂、刷漆，还可贴墙纸。石膏板可以直接贴在墙上，也可钉在或挂在龙骨上，构成轻体隔墙。

矿棉装饰吸音板墙的特点与石膏板墙一样，但其装饰效果优于石膏板墙，尤其是它的防火性能。

镜面玻璃墙主要采用金镜面和茶色镜面装修。金镜面华贵、富丽，茶镜面深沉高雅。其特点是能反射周围的景象，形成生动多变的空间效果，产生空间成倍增大的效果。

金属薄板墙墙面可用不同的金属薄板装修，如铅合金薄板、铜薄板、不锈钢薄板等。这些材料不仅坚固耐用，而且美观新颖，有很强的时代感。其装修形式可以是平面的，也可以是折线形式和波形的，还可以压出各种图案。

④涂刷类墙。涂刷类材料常用的有大白浆、可赛银、油漆、涂料等。涂料主要包括乳液涂料(乳胶漆)和水溶性涂料两类。在多雨地区要慎用乳胶漆，水溶性涂料的优点是不掉粉、价格低、施工方便、可用水擦。

106涂料的主要特点是表面光洁、价格低廉、工艺简单、施工方便、干燥快。

SJ—803涂料常用于内墙喷刷。其特点是色彩品种多样、施工方便、耐擦洗。但要注意，

图 2-29 墙面的质感(2)

该涂料黏度大,不可来回涂抹,否则很难平整光洁。

⑤卷材墙。卷材主要包括墙纸、塑料贴墙纸、塑料贴墙布、锦缎、丝绒、皮革、织物和人造革等。

纸基涂塑贴墙纸花色品种多、装饰效果好、透气性强、表面可轻擦,有一定的弹性和抗墙体轻微开裂地能力,且价格较便宜。

纸基复塑贴墙纸除了纸基涂塑贴墙纸的特点以外,它的装饰效果更好,必要时甚至可以贴在尚未干透的墙上。

玻璃纤维贴墙布经染色、印花等多种工艺制成,其特点是表面光滑、色彩柔和、坚韧牢固、耐水、耐火。不足是耐磨性较差。

丝绒锦缎给人以温暖、庄重、华贵的感觉,是一种高级装修材料,适用于高级客厅、接见厅、居室的装修。但要注意防腐,必要时裱在木基层上,并脱离墙面,作通风处理。用作锦缎包镶墙面时,锦缎与底板之间应加软质材料(如泡沫层等)。

皮革与人造革墙面柔软、消声、温暖,少量的运用可使环境更加高雅。用在会客室、起居室可使环境舒服。在装修时要作防潮处理,墙面要先涂抹防水砂浆,再贴油毡,在防潮层上立木筋,并用胶合板做衬板,革下应衬软材料或薄泡沫,整个墙面可分为若干块,透过衬板钉在木筋上。

⑥清水混凝土墙。这种墙面在国外用得较多。这种墙就是指拆下模板后,墙面不加任何装饰,主要表现为混凝土的本色与模板地纹理,体现一种质朴的美感。要选择纹理美观的模板,也可人工特制衬模,如图 2-30 所示。

图2-30　清水混凝土墙

　　⑦石墙(虎皮墙)。这种墙面常用于园林建筑中,如今室内装修也常用此手法,乱石墙被引入室内和绿化、叠山、池水相结合,造成室内的自然情趣,如图2-31所示。

图2-31　石墙

　　3.地面的处理

　　地面和天花是相对应的,也是室内空间的一个重要围护面。地面最先被人的视觉感知,所以它的色彩、质地和图案能直接影响室内的气氛。而且地面还要直接承载着家具,并起到衬托作用。下面介绍一下地面的处理方法。

　　(1)大理石地面。

　　大理石质地光洁、美观,公共建筑的厅、室督可以铺大理石。大理石地面的做法是用1:3水泥砂浆找平,厚20mm,上面铺大理石,对缝不超过1mm。大理石一般规格是300mm×500mm,厚为20～30mm。如下图

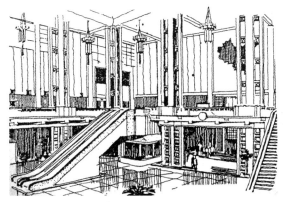

图 2-32 大理石地面(1)

图 2-33 大理石地面(2)

(2)美术水磨石地面。美术水磨石地面是用白水泥、颜料和大理石制成的。石渣的色彩、粒径、形状和配比直接影响地面的处理效果,分格方法的变化可组成各种各样的变化。水磨石地面分格施工,每格不要大于 $1m^2$。现浇施工做法应用 15mm 高的玻璃条或金属条镶嵌,层面也可预制 300mm×300mm 的水磨石板,用 1:2 水泥砂浆座浆和嵌缝。水磨石地面的特点是坚固、光滑、美观,不易起尘。一般用于大厅、走廊、厕所等处,居室中也可使用,如图 2-34 所示。

图 2-34 水磨石地面

(3)陶瓷锦砖地面(马赛克)。马赛克地面坚实、美观、不透水、耐腐蚀,是高级的地面装修材料。马赛克的规格分别为 19mm×19mm×4mm 和 39mm×39mm×4mm,产品预先贴在牛皮纸上。施工方法是在刚性垫层上做找平层,在该层上加素水泥浆与马赛克黏合,待凝结后浇水刷去表面的牛皮纸,最后用水泥浆补缝。为了美观,补缝水泥浆可用白色或彩色的,可以拼图案,如图 2-35 所示。

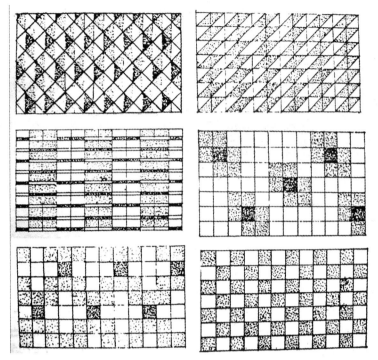

图 2-35　陶瓷锦砖地面

（4）塑料块材地面。塑料块材和卷材是一种新型的地面装修材料，其装饰效果好，耐磨无尘，表面光洁，色泽鲜艳、成本低、施工方便。规格有 300mm × 300mm × 2mm、200mm × 200mm×2mm 或 10000mm 宽的卷材。以专用黏合剂粘接（聚醋酸乙稀）。

（5）木地面。木地面是由木板铺钉或胶合而成的地面。其优点是有弹性、不反潮、易清扫、不起尘、蓄热系数小，因此，常用于高级住宅、宾馆、剧院舞台和体育馆的比赛场地等。

木地面有普通木地面、硬木地面、拼花木地面三种。从装修方法上讲，又可分为架空式和实铺式两种。

①架空式楼地面。这种楼面木料消耗大，防火性能差，除高级装饰必须使用外，一般场合尽量少用。

②空心板木地面。这种地面分为粘贴式木地面、单层木楼面和双层木楼面。

A.粘贴式木地面是将木板条企口用环氧树脂黏合剂直接粘在空心板上。

B.单层木楼面是在找平层上架搁栅，然后把硬木条板做在架搁栅上。

C.双层木楼面是在木企口地板下铺一层毛板，留 10mm 的空气层。这样的地面保温性能好，并有弹性，但加工较为复杂。

木地面的拼花是比较讲究的，利用木材的纹理、色泽可拼出变化丰富的图案。

6)内庭地面。内庭地面的处理手法比室内要灵活得多，使用的材料也更加丰富、自然。

①砖铺地。这种地面所用的砖有黏土砖、水泥砖、陶面砖，拼出的图案也较多，如图 2-36 所示。

图2-36 砖铺地

②乱石地、卵石地。用乱石地、卵石铺成的地面自然活泼,结合绿化则更富有园林情趣,具有朴素的自然美,如图2-37至图2-39所示。

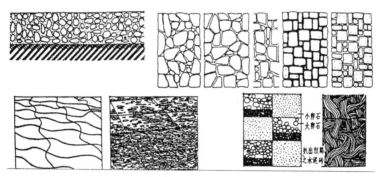

图2-37 乱石地、卵石地(1)

图2-38 乱石地、卵石地(2)

图 2-39　乱石地、卵石地(3)

③水泥板地。用水泥做成大小不同的板块,形状也有一定的变化。在处理上也可做成各种不同质感的纹理,也可仿照木料的纹理,如图 2-40 所示。

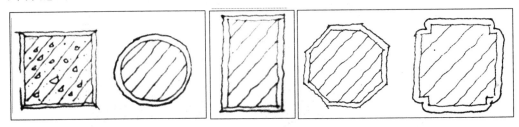

图 2-40　水泥板地

水泥板地可以大小块相间铺设,也可以做成各种几何形,也可以和草坪相间铺设,还可以和鹅卵石地面相间铺设等。

2.3.2　建筑构件的装修和装饰

1.柱的装修艺术

柱子是室内重要的建筑构件,它在室内设计中有着举足轻重的作用。设计得好,可有画龙点睛之妙。因此,对柱子的装修应新颖、简洁、大方,充分发挥它的装饰作用。

(1)柱的截面种类。柱的截面种类可分为方柱、圆柱、矩形柱、海棠角柱,还可根据空间的形状特点采用不同形式的柱子,如图 2-41 所示。

(2)柱的装修材料。从柱的装修材料来看,可分为大理石柱、花岗岩柱、汉白玉柱、水磨石柱、陶面砖柱、马赛克柱、木装修柱、大漆柱和沥粉描金柱等。

(3)传统柱式。传统柱式一般可分为柱头、柱身和柱基(础)三段。中国柱式一般只有柱身和柱础,因柱头部分与柱身没有什么区别,又和梁枋斗供相交,所以柱头不明确。欧洲柱式的三段分隔较明确,具有代表性的柱头有三种,即机爱奥尼式、科林斯式和陶立克式。埃及柱式也较有特色,但在现代建筑中已不用了。

(4)壁柱。壁柱一般是夹在墙中的承重柱,还有一种是非承重的假壁柱,其主要功能是划分墙面,并和室内的柱子相匹配,形成一个整体空间。

图 2-41 柱的截面种类

(5)装饰柱。一般室内不做装饰柱,除非有些承重柱的体量过大占据了室内的主要空间很不好看,严重地影响了室内效果。在这种情况下,该柱可做装饰柱,这样可收到化不利为神奇的特殊功效。

图 2-42 是墨西哥人类学博物馆庭院之中的一个悬挑式屋盖,该屋盖由一个巨大的承重柱支撑着,设计师对该柱进行了重点装饰,使之成为空间中的重要艺术构件,充分发挥了它的艺术作用。

图 2-42 装饰柱

2.隔断、门洞、窗洞的装修

(1)隔断的形式。隔断就是分隔室内空间或室外过渡空间的室内装饰构件,分为封闭式和半封闭式。封闭式的主要构件是隔扇、花格墙;半封闭式的主要构件是屏风、屏门、博古架、落地罩、挂落等。其特点是大多可随意拆装,有很大的灵活性,可组成各种不同的空间。

隔断的装修方法分为古典式和现代式。古典式装修多采用精质的硬质木雕,并配以纱绫字画。现代式装修更加多样化,材料的选用也更广泛,可用玻璃、金属格架和木格架以及钢筋混凝土花格、塑料等。隔断的安装形式又可分为折叠式、推拉式、卷升式和拆装式等。

（2）隔断的功能。增加空间层次，并使空间关系互相渗透。过长的空间当中加上一个完全通透的玻璃隔断，使得空间有了层次感，如图2-43所示。

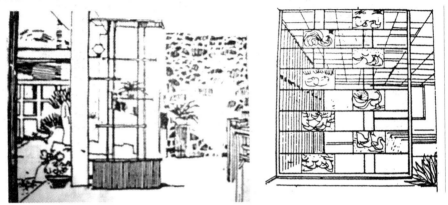

图2-43　隔断(1)

图2-44为锦江饭店中的中国式通透隔断，采用了传统式木结构手法，对过大的室内空间合理地进行了分隔，被分隔的空间仍保持着一定的连通关系，增加了空间的层次感。

图2-44　隔断(2)

2.4　室内设计美学的原则

2.4.1　比例与尺度

1.原则要点

圣·奥古斯丁说："美是各部分的适当比例，再加一种悦目的颜色。"比例是物与物的相比，表明各种相对面间的相对度量关系,在美学中,最经典的比例分配莫过于"黄金分割"了;尺度是物与人(或其他易识别的不变要素)之间相比,不需涉及具体尺寸,完全凭感觉上的印象来把握。

2.应用技巧

比例是理性的、具体的,尺度是感性的、抽象的。如果没有特别的偏好,不妨就用1∶0.618的完美比例来划分居室空间,这会是一个非常讨巧的办法。例如一间根据"比例与尺度"原则营建的院落,墙体、窗户的长宽比例符合黄金分割。梯形棚架与长条桌的相似,在一定尺度上改善了空间距离,让窗外的景色仿佛近了许多。

3.注意事项

即使整个家居布置采用的是同一种比例,也要有所变化才好,不然就会显得过于刻板。

2.4.2　稳定与技巧

1.原则要点

稳定与轻巧几乎是国人内心追求的写照,正统内敛、理性与感性兼容并蓄形成完美的生活方式。用这种心态来布置家居的话,与洛可可风格颇有不谋而合之处。以轻巧、自然、简洁、流畅为特点,将曲线运用发挥得淋漓尽致的洛可可式家具,在近年的复古风中极为时尚。

2.应用技巧

稳定是整体,轻巧是局部。在居室内应使用明快的色彩和纤巧的装饰,追求轻盈纤细的秀美。黄、绿、灰三色是客厅中的主要色彩。灰色向来给人稳重高雅的感觉,黄色冲淡了灰的沉闷,而绿色中和了黄的耀眼,所有的布置都是为了最终形成稳定与轻巧的完美统一。

3.注意事项

家居布置得过重会让人觉得压抑、沉闷;过轻又会让人觉得轻浮、毛躁。要注意色彩的轻重结合、家具饰物的形状大小分配协调、整体布局的合理完善等问题。

2.4.3　调和与对比

1.原则要点

"对比"是美的构成形式之一,在家居布置中,对比手法的运用无处不在,可以涉及空间的各个角落,通过光线的明暗对比、色彩的冷暖对比、材料的质地对比、传统与现代的对比等使家居风格产生更多层次、更多样式的变化,从而演绎出各种不同节奏的生活方式。调和则是将对比双方进行缓冲与融合的一种有效手段。

2.应用技巧

黑色与白色在视觉上的强烈反差对比,体现出房间主人特立独行的风格,同时也增加了空间中的趣味性;毛皮的华贵与纯棉的质朴是材料上的对比;长方形玻璃窗是形状、大小的对比。布置出这样一间居室,就是彰显个性的最佳途径。

3.注意事项

如果房间主人有坚强的神经系统、独特的品味且我行我素、向来不惧人言,那么尽管使用强烈的对比,否则还是柔和一点的好。

2.4.4 节奏与韵律

1.原则要点

节奏与韵律是密不可分的统一体,是美感的共同语言,是创作和感受的关键。人称"建筑是凝固的音乐",就是因为它们都是通过节奏与韵律的体现而造成美的感染力。成功的建筑总是以明确动人的节奏和韵律将无声的实体变为生动的语言和音乐,因而名扬于世。

2.应用技巧

节奏与韵律是通过体量大小的区分、空间虚实的交替、构件排列的疏密、长短的变化、曲柔刚直的穿插等变化来实现的,具体手法有连续式、渐变式、起伏式、交错式等。楼梯是居室中最能体现节奏与韵律的所在,或盘旋而上、或蜿蜒起伏、或柔媚动人、或刚直不阿,每一部楼梯都可以做成一曲乐章,在家居中轻歌曼舞。

3.注意事项

在整体居室中虽然可以采用不同的节奏和韵律,但同一个房间切忌使用两种以上的节奏,那会让人无所适从、心烦意乱。

2.4.5 对称与均衡

1.原则要点

对称是指以某一点为轴心,求得上下、左右的均衡。对称与均衡在一定程度上反映了处世哲学与中庸之道,因而在我国古典建筑中常会运用到这种方式。现代居室装饰中人们往往在基本对称的基础上进行变化,造成局部不对称或对比,这也是一种审美原则。另有一种方法是打破对称,或缩小对称在室内装饰的应用范围,使之产生一种有变化的对称美。

2.应用技巧

面对庭院的落地大观景窗被匀称地划分成"格",每一格中都是一幅风景。长方形的餐桌两边放着颜色相同,造型却截然不同的椅子、凳子,这是一种变化中的对称,在色彩和形式上达成视觉均衡。餐桌上的烛台和插花也是这种原则的体现。

3.注意问题

对称性的处理能充分满足人的稳定感,同时也具有一定的图案美感,但要尽量避免让人产生平淡甚至呆板的感觉。

2.4.6 主从与重点

1.原则要点

当主角和配角关系很明确时,人的心理也会安定下来。如果两者的关系模糊,便会令人无所适从,所以主从关系是家居布置中需要考虑的基本因素之一。在居室装饰中,视觉中心是极其重要的,人的注意范围一定要有一个中心点,这样才能造成主次分明的层次美感,这个视觉中心就是布置上的重点。

2.应用技巧

明确地表示出主从关系是很正统的布局方法;对某一部分的强调,可打破全局的单调感,使整个居室变得有朝气。但视觉中心有一个就足够了,就如一颗石子丢进平静的水面,产生一波一波的涟漪,自会惹人遐思。这间客厅的"石子"就是那个花枝招展、流光溢彩、独一无二的吊灯。如果多放一两盏的话,整体美感就会荡然无存。

3.注意事项

重点过多就会变成没有重点。配角的一切行为都是为了突出主角,切勿喧宾夺主。

2.4.7 过渡与呼应

1.原则要点

硬、软装修在色调、风格上的彼此和谐不难做到,难度就在于如何让二者产生"联系",这就需要运用"过渡"了。呼应属于均衡的形式美,是各种艺术常用的手法。在室内设计中,过渡与呼应总是形影相伴的,具体到顶棚与地面、桌面与墙面、各种家具之间等。形体与色彩层次过渡自然、巧妙呼应的话,往往能取得意想不到的效果。

2.应用技巧

吊灯与落地灯遥相呼应,都采用看似随意的曲线,这种亲近自然的舒适感,最适合用于硬冷的物体之上;茶几上的鲜花随形就势会给人的视觉一个过渡,使整个空间变得和谐。整体上将结构的力度和装饰的美感巧妙地结合起来,色彩和光影上的连接和过渡就会非常流畅、自然。

3.注意事项

"过渡与呼应"可以增加居室的丰富美感,但不宜太多或过分复杂,否则会给人造成杂乱无章及过于繁琐的感觉。

2.4.8 比拟与联想

1.原则要点

比拟是一种文学上的说法,在形式美学当中,它与联想密不可分。所谓联想,是指人们根据事物之间的某种联系由此及彼的心理思维过程。联想是联系眼前的事物与以往曾接触过的相似、相反或相关的事物之间的纽带和桥梁,它可以使人思路更开阔、视野更广远,从而引发审美情趣。

2.应用技巧

联想的内容都是已知的、客观存在的,运用比拟手法,通过联想使抽象的意识活动与具体形象相结合。例如一间卧室,选用红黄色调的布艺,再加上茂盛的绿色盆栽、立在窗边的长颈鹿摆饰,置身其中难免会从色彩、布景中产生热情洋溢、活力四射的非洲印象。

3.注意事项

运用这种原则布置家居时,一定要注意:比拟与联想从来都不是天马行空式的胡思乱想,它形成的空间应该是人们曾经有过或者非常向往的生活氛围。

2.4.9　统一与变化

1.原则要点

家居布置在整体设计上应遵循"寓多样于统一"的形式美原则,根据大小、色彩、位置使之与家具构成一个整体,成为室内一景,营造出自然和谐、极具生命力的"统一与变化";家具要有统一的艺术风格和整体韵味,最好成套定制或尽量挑选颜色、式样格调较为一致的,加上人文融合,进一步提升居住环境的品位。

2.应用技巧

不同的空间应选用不同的色彩基调。黄色有助于人的食欲,所以将它定为餐厅的主色;墙上一幅青绿色的装饰画,是整体色调中的变数,然而却非常和谐;桌面、墙面、隔断采用相同花纹、相同材质,于统一见变化的是纹理方向的不同。

3.注意事项

在家居布置的初始就应该有一个完整的计划和构思,这样才不会在进行过程中出现纰漏;在购买新家具时,应尽量与原有家具般配。

2.4.10　单纯与风格

1.原则要点

家居风格的成因是综合而复杂的,有意识形态的、有物质条件的、有传统的、有地域物产的,还有居住者个人的经历、才能及偏好和外来的影响等因素。无论成因如何,首先要考虑好居室的基本风格,一旦建立起一种气氛、一种风格、一种角度,就可以仔细地构建自己的风格,并且逐渐获得自信。

2.应用技巧

人若单纯会让人感动,让人留恋。用在家居上,是一种返璞归真,一种洁净,一种清极而郁的芬芳。以原木为基调的卧室,素雅的布艺和生机盎然的绿色植物,不知不觉让人爱上它的纯净、它的境界、它的风平浪静。或许在人们的潜意识里,生活潮流总是希望有一种单纯的气质。

2.5　室内设计常用尺寸

2.5.1　家具尺寸

室内设计常用家具尺寸如下(单位:mm):

(1)衣橱。深度:一般60~65;推拉门:70;衣橱门宽度:40~65。

(2)推拉门。宽度:75~150;高度:190~240。

(3)矮柜。深度:35~45;柜门宽度:30~60。

(4)电视柜。深度:45~60;高度:60~70。

(5)床。

①单人床。宽度:90,105,120;长度:180,186,200,210;

②双人床。宽度:135,150,180;长度 180,186,200,210;

③圆床。直径:186,212.5,242.4(常用);

(6)室内门。宽度:80~95,医院 120;高度:190,200,210,220,240。

(7)厕所、厨房门。宽度:80,90;高度:190,200,210。

(8)窗帘盒。高度:12~18;深度:单层布 12;双层布:16~18(实际尺寸)。

(9)沙发。

①单人式:长度:80~95;深度:85~90;坐垫高:35~42;背高:70~90;

②双人式:长度:126~150;深度:80~90;

③三人式:长度:175~196;深度:80~90;

④四人式:长度:232~252;深度:80~90。

(10)茶几。

①小型长方形。长度:60~75;宽度 45~60,高度 38~50(38 最佳);

②中型长方形。长度:120~135;宽度 38~50 或者 60~75;

③大型长方形。长度:150~180,宽度 60~80,高度 33~42(33 最佳);

④正方形:长度:75~90,高度:43~50;

⑤圆形:直径:75,90,105,120;高度:33~42;

⑥方形:宽度:90,105,120,135,150;高度:33~42;

(11)书桌。

①固定式。深度:45~70(60 最佳);高度:75;

②活动式。深度:65~80;高度 75~78;

书桌下缘离地至少 58;长度:最少 90(150~180 最佳)。

(12)餐桌。高度 75~78(一般),西式高度 68~72,一般方桌宽度 120,90,75;长方桌宽度 80,90,105,120;长度 150,165,180,210,240;圆桌直径 90,120,135,150,180。

(15)书架。深度 25~40(每一格),长度 60~120;下大上小型下方深度 35~45,高度 80~90;活动未及顶高柜深度 45,高度 180~200;木隔间墙厚 6~10;内角材排距长度(45~60)×90。

2.5.2　室内常用尺寸(单位:mm)

1.墙面尺寸

(1)踢脚板高:80~200。

(2)墙裙高:800~1500。

(3)挂镜线高:1600~1800(画中心距地面高度)。

2.餐厅

(1)餐桌高:750~790。

(2)餐椅高:450~500。

(3)圆桌直径:二人 500,三人 800,四人 900,五人 1100,六人 1100~1250,八人 1300,十人 1500,十二人 1800。

(4)方餐桌尺寸:二人 700×850,四人 1350×850,八人 2250×850,

(5)餐桌转盘直径:700~800。

(6)餐桌间距:(其中座椅占500)应大于500。

(7)主通道宽:1200～1300。

(8)内部工作道宽:600～900。

(9)酒吧台高:900～1050,宽500。

(10)酒吧凳高:600～750。

3.商场营业厅

(1)单边双人走道宽:1600。

(2)双边双人走道宽:2000。

(3)双边三人走道宽:2300。

(4)双边四人走道宽:3000。

(5)营业员柜台走道宽:800。

(6)营业员货柜台:厚600,高800～1000。

(7)单靠背立货架:厚300～500,高1800～2300。

(8)双靠背立货架:厚600～800,高1800～2300。

(9)小商品橱窗:厚500～800,高400～1200。

(10)陈列地台高:400～800。

(11)敞开式货架:400～600。

(12)放射式售货架:直径2000。

(13)收款台:长1600,宽600。

4.饭店客房

(1)标准面积:大:25平方米;中:16～18平方米;小:16平方米。

(2)床:高400～450,床靠高850～950。

(3)床头柜:高500～700;宽:500～800。

(4)写字台:长1100～1500;宽450～600,高700～750。

(5)行李台:长910～1070,宽500,高400。

(6)衣柜:宽800～1200,高1600～2000,深500。

(7)沙发:宽600～800,高:350～400,靠背高1000。

(8)衣架高:1700～1900。

5.卫生间

(1)卫生间面积:3～5平方米。

(2)浴缸长度:一般有三种:1220、1520、1680;宽720mm,高450mm。

(3)坐便:750×350。

(4)冲洗器:690×350。

(5)盟洗盆:550×410。

(6)淋浴器高:2100。

(7)化妆台:长1350;宽450。

6.会议室

(1)中心会议室客容量:会议桌边长600。

(2)环式高级会议室客容量:环形内线长 700～1000。

(3)环式会议室服务通道宽:600～800。

7.交通空间

(1)楼梯间休息平台净空:等于或大于 2100。

(2)楼梯跑道净空:等于或大于 2300。

(3)客房走廊高:等于或大于 2400。

(4)两侧设座的综合式走廊宽度:等于或大于 2500。

(5)楼梯扶手高:850～1100。

(6)门的常用尺寸:宽 850～1000。

(7)宙的常用尺寸:宽;400～1800(不包括组合式窗子)。

(8)窗台高;800～1200。

8.灯具

(1)大吊灯最小高度:2400。

(2)壁灯高:1500～1800。

(3)反光灯槽最小直径:等于或大于灯管直径两倍。

(4)壁式床头灯高:1200～1400。

(5)照明开关高:1000。

9.办公家具

(1)办公桌:长 1200～1600,宽 500～650,高 700～800。

(2)办公椅:高 400～450,长×宽:450×450。

(3)沙发:宽:600～800mm;高:350～400mm;靠背面:1000mm。

(4)茶几;前置型:900×400×400(高)(mm);中心型:900×900×400(mm)、

(5) 700×700×400(mm);左右型:600×400×400(mm)。

(6)书柜:高:1800mm,宽:1200～1500mm;深:450～500mm。

(7)书架:高:1800mm 6 宽:1000～1300mm;深:350～450mm

2.5.3 家电基本尺寸名称宽(mm) 高(mm) 深(mm)

1.电视

①29 寸:751 582 500;

②34 寸:850 600 670;

③背投:975 1219 571。

2.空调

窗式:690×432×510,1.5p;挂式:780×285×186,2p;柜机:500×1700×270。

3.其他家电

冰箱:600×1630×680;洗衣机:600×958×595;吸油烟机:745×450×410;吸尘器:278×468×230;冰柜:504×876×573;微波炉:550×440×315;榨汁机:325×185×405;烤面包机:390×190×150;DVD:430×55×310;洗碗机:495×540×440;消毒柜:600×400×325。

第3章
室内装饰造型

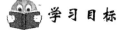**学习目标**

通过本章的学习,使学生了解室内装饰造型设计的相关内容;熟知造型设计要点及造型设计的运用。

学习要求

能力目标	知识要点	相关知识	权重
理解能力	造型要素	室内空间造型的设计 室内空间造型设计的体现 室内空间造型设计对人情绪的影响	30%
掌握能力	造型设计的方法	顶界面的装饰设计 侧界面的装饰设计 底界面的装饰设计 配套设施的装饰设计	30%
应用能力	造型设计的运用		40%

引例

图3-1是建筑大师安藤忠雄的代表作光之教堂,他的造型设计由于充分挖掘和体现日本人独特的环境心理及日本建筑的内在精神而使人倍感亲切,又因其对待环境所作出的匠心创意和对建筑要素的独到运用而新意迭出。

图3-1 安藤忠雄光之教堂

3.1　造型要素

室内空间设计即为满足人们生产、生活的要求而有意识地营造理想化、舒适化的内部环境。同时,将造型设计融入到室内设计当中,使得室内空间具有设计感、新颖感,更能表达出人们想要的室内环境,并且将空间造型的作用在设计中表现出来,应用于生活当中。

3.1.1　室内空间造型的设计

1.空间造型的创意设计

空间造型的创意设计是指在一定的空间中,物质实体按照规则改变其原有的形态,使形体本身构成具有美感,同时满足功能和审美的要求。在这个过程中,一些抽象思维可利用形体媒介具象地体现出来,使其具有新意和创造性,体现出设计中的创意。想改变原有空间的形态,就要求设计者具备一定的创意思维与设计基础,从生活当中发现各种美好的事物、形态,从而运用到设计当中。设计的思维需要通过物质实体来表现,即刺激思维从而产生创意,空间造型为创意设计的思维提供了一个良好的展示平台。所以,空间造型与设计既相互联系又相互影响,要善于发现美、感知美,将所发现的细枝末节大量元素联系在一起,得到新的东西、新的感受。

2.比例与尺度影响着空间造型的设计

比例和尺度在图表当中就是数据对设计的引导,使得所设计的空间造型合理化。在一个空间里,不同的比例和尺度给人的感觉不同、效果不同。因为空间的比例关系不但要合乎逻辑要求,还要满足我们的视觉感知。比如在设计期间会感受到,当相对的墙体之间很接近时,压迫感就会大,形成一种空间的紧张度,然而适当地调整墙面的比例、尺度与样式,就会减轻紧张度和压迫感。物体的远近、大小尺寸、造型等元素,都会影响人们的感官,也会对空间造型实用性起到很大的作用。合理、有效地把握好空间的比例关系和尺度对室内设计中的空间造型的起着十分重要的作用。

(1)比例。比例是指空间各要素之间的数量关系,是整体和局部间存在的关系。比例涉及局部与局部、局部与整体之间的关系。在室内设计中,比例一般是指空间、界面或陈设品本身的各部分尺寸间的关系,或者指家具与陈设等与其所处空间之间的尺度关系。不同的比例关系给人不同的心理感受。就一般常见的建筑空间,所谓空间的形状就是指长、宽、高三者的比例关系。窄而高的空间使人产生向上的感觉,如图3-2所示;低而宽的空间会使人产生侧向广延的感觉,利用这种空间可以营造出一种开阔、博大的气氛,但处理不当也可能产生压抑的感觉。细而长的空间会使人产生向前的感觉,利用这种空间可以营造一种无限深远的气氛,如图3-3、图3-4所示。

(2)尺度。尺度是指人与室内空间的比例关系所产生的心理感受。尺度则特指相对于某些已知标准或公认的常量的物体的大小。尺度与比例是时空概念的客观存在,对于设计者来讲,只有将它转换成主观的意识才具有实际的意义。这种将客观存在转换为主观意识的最终结果就是一个人尺度感的确立,其获得主要来自于人体本身尺度于客观世界物体的对比,当这种对比达到一定数量的积累时,就会使人产生对某种类型物体的固有尺度概念,从而形成某个人特有的尺度感。

视觉尺度是在在物体与近旁或四周部件尺寸比较后所作的判断。

人体尺度是物体相对于人身体大小给我们的感觉。如果室内空间或空间各部件的尺寸使我们感到自己很渺小,我们就说它们缺乏人体尺度感;反之,则合乎人体尺度要求。在某些特殊情况下,可以对某些部件采用夸大的尺度,以吸引人们的注意力,形成空间环境的焦点。

图 3-2　窄而高的空间

图 3-3　细而长的空间　　　　　　　　　　　　图 3-4　低而宽的空间

3.1.2　室内空间造型设计的体现

空间造型的设计是通过点、线、面不同的组合,色、质、光不同的搭配等展示的。当设计者运用点、线、面、色、质、光等进行造型时,应注意它们之间的关系和搭配,这样才能展现出在室内设计中空间造型的作用以及所表达的主题和新意。

1.点、线、面是室内空间造型设计的重要构成要素

(1)点。点是最简洁的几何形态,是视觉能感受到的最基本的元素,也是形态的基础。点作为造型要素的基础,起到形成节奏和强调的作用。在空间造型中,点的不同排列方式可以产生不同的视觉效果。往往会因为小小的点给整个空间带来意想不到的效果,起到画龙点睛的作用,将设计提升到相对较高的一个层次,如图 3-5、图 3-6 所示。

图 3-5 餐厅设计(点)(1)

图 3-6 餐厅设计(点)(2)

(2)线。

线是一个重要的基本元素,可以看成是点的轨迹、面的边界以及体的转折。在空间造型的构成上,直线的造型给人带来规整、简洁之美,富有现代气息。但过多地使用直线会使人感到呆板。曲线富有变化,可使空间设计变得丰富,在室内设计中巧妙地运用曲线,会给空间带来好的效果。在空间造型中运用曲线,会使整个空间更加柔美而又充满律动感,使空间整体不失灵活,如图 3-7、图 3-8 所示。

图3-7　喜来登酒店内景(线)　　　　图3-8　楼梯中空装饰(线)

平行线能够表达稳定与平衡,给人稳定、舒缓、安静与平和的感受;垂直线能表现一种与重力相均衡的状态,给人向上、崇高、坚韧和理想的感受;斜线可视为正在升起或下滑,暗示着一种运动,在视觉上更积极而能动地给人以动势和不安定感。

曲线表现出一种由侧向力所引起的弯曲运动,更倾向于表现柔和的运动。不同的曲线常给人带来不同的联想。如抛物线流畅悦目,有速度感;螺旋线有升腾感和生长感;圆弧线则有规整稳定、向心的力量感。一般而言,在室内空间中的曲线总是比较富有变化,可以打破因大量直线而造成的呆板感。

(3)面。面是通过线的移动形成的,是点的面积的扩大,具有长、宽两度空间,它在空间造型中所显示出的不同形态是设计中重要的因素。面能够带给人一种范围感,它是由形成面的边界线所确定的。面的质感、色彩等要素影响到人感受的稳定感和重量感。在造型设计中,适当运用,简单大方,实用性强如图3-9所示。

图3-9　美国亚特兰大美术馆(面)

(4)体。一个面沿着非自身表面的方向扩展时,即可形成体。在概念上和现实中,体量均存在于三维空间中。

体用来描绘一个体量的外貌和总体结构,一个体所特有的体形是由体量的边缘线和面的形状及内在关系决定的。

2.色、质、光是构成室内空间造型设计的重要组成部分

(1)色彩是室内空间造型设计的重要因素。在空间造型创意设计的过程中,始终离不开人的视觉感官和心灵参与,不同颜色代表着各种不同事物及感知,色彩具有灵魂,具有内涵,是精神的侧面表现。据统计,人在室内环境空间停留的总时间约为人生总时间的95%,室内环境空间承载了人们的生活,占据了人们的记忆。因而为了人的心理、生理健康,室内色彩设计起着重要的导向作用。

(2)不同材质在设计当中的运用。室内空间造型设计的特性很大程度上受到材质的制约,不同的材质给人不同的感受和影响。在空间造型的设计中,各种材料都有特定的光泽、颜色、粗细度、纹理、冷暖度等属性,不同的属性给人带来不同的心理感受。不同的心理感受从另外一个角度来看,也是生活品质的表现,所以材质在设计当中尤为重要,选择正确恰当的材质,可以使空间造型得到一定的升华,将其表现得更加完美。材质有光亮与灰暗、细致与粗糙、松软与紧密等都有着差别。

(3)光在室内空间造型设计中是不可或缺的。生活中存在两种光,一种是通过门窗等开放位置照射进来的自然光源。目前在我国,自然光的利用大多是满足空间明暗度及照明的需要,很少能体现出光与影的巧妙应用,这是我国当代室内设计中所欠缺的一部分。另一种是人工光源,是指运用各种灯具等发光体对室内环境进行照明的一种方法,可以人为地加以选用和调整,营造室内环境的氛围,从而表现出冷暖、远近等效果,为室内设计增加了许多亮点,让室内空间造型更具灵活性、创新性,更有视觉感官性。

3.1.3 室内空间造型设计对人情绪的影响

室内空间造型设计和人是密不可分的,两者相辅相成、互相作用。在设计中,我们一直提倡着以人为本的设计理念,将设计更加人性化,既美观又实用。空间造型的设计要达到人们理想的要求,就要充分考虑到造型样式、色彩等方面对人情绪的影响。在造型样式新颖的工作环境里,能够使人在工作的同时释放压力,可以加强人对生活的向往与追求,激发人的潜能,开阔人的创造性思维,从而使生活、工作都更加惬意、舒适,更有乐趣,使人们的心态积极向上。反之,若在空间造型比较乏味的环境中工作、生活,会使人感到枯燥,失去乐趣,久而久之心态消极,会产生一定的负面影响。不同的色彩会引起人不同的联想,从而产生不同的影响,进而会产生不同的心理效应。室内空间造型和色彩设计得恰当美观,会使室内氛围大增光彩,给人带来好的心情。

在室内设计中,设计师应研究和掌握人的心理,根据人的实际需求、生理特点、行为规律、心理变化等进行空间造型的设计。收集生活中的点滴,从生活中感受设计,从设计中体现生活,这样才能设计创造出符合人们心理需求的空间,满足人的情感和社会需求。总之,在设计中要将符合人们精神和物质的需求作为设计核心,将室内空间造型设计合理运用到生活当中。

室内设计作为一门艺术,与其他种类的艺术是息息相通的,空间造型不仅仅是室内设计的一个重要辅助点,还是生活当中精神层面的表现。在空间造型中,都是利用直观的方法或抽象的方法,通过艺术载体表达主题,对设计者同观者进行沟通。感染观者并引发其心灵的震撼,使其产生情感的共鸣,从而达到较高的造型艺术境界。要做到这一点,对于造型者来说一定要抓紧空间造型的特征,深刻理解社会,不断增强自身的修养,以娴熟的技巧,饱含浓厚的创作激情,用"造型语言"来进行空间造型,逐步提高创作水平。

3.2 造型设计方法

3.2.1 顶界面的装饰设计

顶界面即空间的顶部。在楼板下面直接用喷、涂等方法进行装饰的称为平顶,在楼板之下另作吊顶的称为吊顶或顶棚,平顶和吊顶又统称天花。

顶界面是三种界面中面积较大的界面,且几乎毫无遮挡地暴露在人们的视线之内,故能极大地影响环境的使用功能与视觉效果,必须从环境性质出发,综合各种要求,强化空间特色。它作为室内空间的一部分,其使用功能和艺术形态越来越受到人们的重视,对室内空间形象的创造有着重要的意义。

顶棚的主要功能:遮盖各种通风、照明、空调线路和管道;为灯具、标牌等提供一个可载实体;创造特定的使用空间和审美形式;起到吸声、隔热、通风的作用。

1.影响顶棚使用功能的因素

(1)顶棚作为一种功能,它表面的设计和材质都会影响到空间的使用效果。当顶棚平滑时,它能成为光线和声音有效的反射面。若光线自下面或侧面射来,顶棚本身就会成为一个广阔、柔和的照明表面。它的设计形状和质地不同,也影响着房间的音质效果。在大多数情况下,如大量采用光滑的装饰材料,会引起反射声和混响声,因而在公共场合,必须采用具有吸声效果的顶棚装饰材料。在办公室、商店、舞厅等场所,为了避免声音的反射,采用的办法是增加吸音表面,或是使顶棚倾斜或用更多的块面板材进行折面处理。

(2)顶棚的高度对于一个空间的尺度也有重要影响。较高的顶棚能产生庄重的气氛,特别是在整体设计规划时应给予足够的考虑,如可以高悬一些豪华的灯具和装饰物。低顶棚设计能给人一种亲切感,但过于低矮也会适得其反,使人感到压抑。低顶棚一般多用于走廊和过廊。在室内整体空间中,通过内外局部空间高低的变换,还有助于限定空间边界,划分使用范围,强化室内装饰的气氛。

(3)由于灯光控制有助于营造气氛和增加层次感,所以在设计顶棚时,灯光是一个不容忽视的因素。在注意美观与实用并重的同时,设计者往往较偏重于西方后现代派的简约主义手法,即采用简练、单纯、抽象、明快的处理手法,不但能达到顶棚本身要求的照明功能,而且能展现出室内的整体美感。

(4)此外,随着装饰设计和施工水平的提高,室内设计越来越强调构思新颖、独特,注重文化含量,树立以人为本的设计思想。在满足使用功能的前提下,同时也重视室内装饰新材料、新技术的开发和运用,尤其是对室内顶棚装饰的细部设计和施工,精益求精,一丝不苟,将室内装饰设计和施工质量提高到了一个新的高度。

2.顶棚的设计形态对空间环境的影响

顶棚的设计一般是在原结构形式的基础上对其进行适度的掩饰与表现,以展示结构的合理性与力度美,是对结构造型的再创造。由于室内顶棚阻挡较少,能够一览无余地进入人们的视线,因而它的空间组合形式、结构造型、材质、光影、色彩以及灯饰和边线等方面,能够使人得到强烈的直观形象,造就不同的环境氛围。顶棚的设计形态,构成了空间上部的变奏音符,为整体空间的旋律和气氛奠定了视觉美感基础。例如,线形表现形式能产生明确的方向感;格子形的设计形式和有聚焦点的放射形式能产生很好的凝聚感;单坡形顶棚设计可引导人的视线从下向上移动;双坡形顶棚设计可以使人的注意力集中到中间屋脊的高度和长度上,使人产生安全的心理感受;中心尖顶的顶棚设计给人的感觉崇高、神圣;多级形的顶棚设计会使顶棚平面与竖直墙面产生缓和过渡与连接,丰富层次感。在设计实践中,除上述的各种设计形式之外,还可以大胆采用直线、弧线、圆形、方形等点、线、面的结合,对同种材料和不同材料之间的搭配进行艺术处理,丰富了顶棚层次,达到新颖独特、富有现代感的装饰效果。

3.顶棚装饰设计的要求

(1)注意顶棚造型的轻快感。轻快感是一般室内顶棚装饰设计的基本要求。上轻下重是室内空间构图稳定感的基础,所以顶棚的形式、色彩、质地、明暗等处理都应充分考虑该原则。当然,特殊气氛要求的空间例外。

(2)满足结构和安全要求。顶棚的装饰设计应保证装饰部分结构与构造处理的合理性和可靠性,以确保使用的安全,避免意外事故的发生。

(3)满足设备布置的要求。顶棚上部各种设备布置集中,特别是高等级、大空间的顶棚上,通风空调、消防系统、强弱电错综复杂,设计中必须综合考虑,妥善处理。同时,还应协调通风口、烟感器、自动喷淋器、扬声器等与顶棚面的关系。

4.顶棚的造型

顶界面的装饰设计首先涉及顶棚的造型。从建筑设计和装饰设计的角度看,顶棚的造型可分以下几大类。

(1)平面式。平面式顶棚的特点是顶棚表现为一个较大的平面或曲面。这个平面可能是屋顶承重结构的下表面,其表面是用喷涂、粉刷、壁纸等装饰,也可能是用轻钢龙骨与纸面石膏板、矿棉吸声板等材料做成平面或曲面形式的吊顶。有时,顶棚由若干个相对独立的平面或曲面拼合而成,在拼接处布置灯具或通风口。平整式顶棚构造简单,外观简洁大方,适用于候机室、候车室、休息厅、教室、办公室、展览厅和卧室等气氛明快、安全舒适或高度较小的空间。平整式顶棚的艺术感染力主要来自色彩、质感、风格以及灯具等各种设备的配置,如图3-10所示。

(2)折面式。折面式顶棚表面有凸凹变化,可以与槽口照明相接合,能适应特殊的声学要求,多用于电影院、剧场及对声音有特殊要求的场所,如图3-11所示。

图3-10　平面式

图3-11　折面式

（3）曲面式。

曲面式顶棚包括筒拱顶及穹窿顶，其特色是空间高敞，跨度较大，多用于车站、机场等建筑的大厅等。如图 3-12 所示。

（4）网格式。由纵横交错的主梁、次梁形成的矩形格，以及由井字梁楼盖形成的井字格等，都可以形成很好的图案。在这种井格式顶棚的中间或交点，布置灯具、石膏花饰或绘彩画，可以使顶棚的外观生动美观，甚至表现出特定的气氛和主题。有些顶棚上的井格是由承重结构下面的吊顶形成的，这些井格的梁与板可以用木材制作，或雕或画，相当方便，如图 3-13 所示。井格式顶棚的外观很像我国古建筑的藻井。这种顶棚常用彩画来装饰，彩画的色调和图案应以空间的总体要求为依据，如餐厅可用龙凤作为图案。

图 3-12　曲面式　　　　　　　　　　图 3-13　网格式

（5）分层式。分层式也称叠落式，其特点是整个天花有几个不同的层次，形成层层叠落的态势。可以中间高，周围向下叠落，也可以周围高，中间向下叠落。叠落的级数可为一级、二级或更多，高差处往往设槽口，并采用槽口照明，如图 3-14 所示。

（6）悬吊式。在承重结构下面悬挂各种折板、格栅或饰物，就构成了悬浮顶棚。采用这种顶棚往往是为了满足声学、照明等方面的特殊要求，或者为了追求某种特殊的装饰效果。在影剧院的观众厅中，悬浮式顶棚的主要功能在于形成角度不同的反射面，以取得良好的声学效果。在餐厅、茶室、商店等建筑中，也常常采用不同形式的悬浮顶棚。很多商店的灯具均以木制格栅或钢板网格栅作为顶棚的悬浮物，既做内部空间的主要装饰，又是灯具的支承点。有些餐厅、茶座以竹子或木方为主要材料做成葡萄架，形象生动，气氛十分和谐，如图 3-15 所示。

图 3-14　分层式　　　　　　　　　　图 3-15　悬吊式

3.2.2 侧界面的装饰设计

墙面是室内外环境构成的重要部分,它不管用"加法"或"减法"进行处理,都是陈设艺术及景观展现的背景和舞台,对控制空间序列、创造空间形象具有十分重要的作用。

1.墙面装饰设计的作用

(1)保护墙体。墙体装饰能使墙体在室内湿度较高时不易受到破坏,从而延长使用寿命。

(2)装饰空间。墙面装饰能使空间美观、整洁、舒适,富有情趣,渲染气氛,增添文化气息。

(3)满足使用。墙面装饰具有隔热、保温和吸声作用,能满足人们的生理要求,保证人们在室内正常的工作、学习、生活和休息。

2.墙面装饰设计的类型

(1)抹灰类装饰。室内墙面抹灰,可分为抹水泥砂浆、白灰水泥砂浆、罩纸筋灰、麻刀灰、石灰膏或石膏,以及拉毛灰、拉条灰、扫毛灰、洒毛灰和喷涂等几种。石膏罩面的优点是颜色洁白、光滑细腻,但工艺要求较高。拉毛灰、拉条灰、扫毛灰、洒毛灰和喷涂等具有较强的装饰性,统称为"装饰抹灰",如图 3-16、图 3-17 所示。

图 3-16 抹灰类(住宅)　　　　　　　图 3-17 抹灰类(餐厅)

(2)贴面类装饰。室内墙面的贴面类装饰,可用天然石饰面板、人造石饰面板、饰面砖、镜面玻璃、金属饰面板、塑料饰面板、木材、竹条等材料。由于贴面使用的材料不同,其视觉效果也会有很大差异。如图 3-18 所示。

(3)涂刷类装饰。涂刷内墙面的材料有大白浆、可赛银、油漆和涂料等。

(4)卷材类装饰。此类装饰主要用于装饰的卷材,主要是指塑料墙纸、墙布、丝绒、锦缎、皮革和人造革等,如图 3-19、图 3-20 所示。

(5)原质类装饰。原质类是最简单、最朴素的装饰手段。它是利用墙体材料自身的质地不作任何粉饰的做法。原质类装饰的材料主要有砖、石、混凝土等种类,如图 3-21 所示。

图 3-18　贴面类(砖、镜子)

图 3-19　卷材类(壁纸)

图 3-20　卷材类(软包)

图 3-21　原质类(砖)

(6)综合类装饰。墙体的装饰在实际使用中不可能分得这么明确,有时同一墙面可能会出现几种不同的做法,但是应注意,在同一空间内的墙体做法不宜过多、过杂,且应有一种主导方法,否则容易造成空间效果的无法统一。

3.墙面设计形态对空间环境的影响

坚固、规整而对称的墙面设计,能够表达出一种规范的美感;不规则的墙面设计则具有动感和活泼性,尤其是当采用具有粗糙纹理的材料或将某种非规则的设计性格带到空间内时,表现得更为强烈。当墙面带有材质纹理并设计有活泼色彩时,就成了积极活跃的动点界面,成了展示空间个性的"屏幕",能够吸引住人们的注意力,成为视区的"主角"。

3.2.3　底界面的装饰设计

地面由于其视野开阔,功能区域划分明确,作为室内空间的平整基面,是室内环境设计的主要组成部分。因此,地面的设计在必须具备实用功能的同时,又应给人一定的审美感受和空间感受。

1.地面的材质对空间环境的影响

不同的地面材质给人不同的心理感受,木地板因自身色彩肌理特点给人淳朴、幽雅、自然的视觉感受;石材给人沉稳、豪放、踏实的感觉;各种地毯作为表层装饰材料,也能在保护装饰地面的同时起到改善与美化环境的作用。各种材质的综合运用、拼贴镶嵌,又可充分发挥设计者的才能,展示其独特的艺术性,体现室内居住者的性情、学识与品位,折射出个人或群体的特殊精神品质与内涵。

2. 地面装饰设计的要求

（1）必须保证坚固耐久和使用的可靠性。

（2）应满足耐磨、耐腐蚀、防潮湿、防水、防滑甚至防静电等基本要求。

（3）应具备一定的隔音、吸声性能和弹性、保温性能。

（4）应满足视觉要素，使室内地面设计与整体空间融为一体，并为之增色。

3. 常见的地面拼花图案类型

在地面造型上，运用拼花图案设计，暗示人们某种信息，或起标识作用，或活跃室内气氛，增加生活情趣，如图 3 - 22、图 3 - 23 所示。

图 3 - 22　地面设计（木地板、地毯）

图 3 - 23　地面设计（石材拼花）

3.2.4　配套设施的装饰设计

1. 门的装饰设计

门的艺术风格和开启形式是室内环境构成的一个重要组成部分，由于它具有疏散人流的主要使用功能，又是人们最频繁接触的部位，因而它的式样和结构能够影响整个空间环境的布局。在门的具体造型设计上，要注意人们对它会产生什么样的感受，在视觉上还要注意门的造型与周边墙壁及空间环境的协调关系，要有合适的大小与导向感，可用不同的材质来体现。门的使用功能有很多，如闭闭、通风、采光、隔热、隔音等，有的还需要具有防火、防盗、防弹等方面的特殊功能，在总体上要求结实、耐用、美观、大方。门的形式有滑动式、推拉式和旋转式等几种。

门按使用部位不同而分为外门和内门。外门有花园大门、庭院大门、房屋大门等。大门一般在建造时就已经同建筑一起统一设计了，而内门，则要室内设计人员重新设计定位。一个空间设计含有主要使用空间和辅助使用空间，两者都离不开其交通联系的部分，在门与门廊的设计中要尽可能使线条简单明朗，注意对人流的导向作用，认知感要强、要明确，不同的场合使用的门还要体现出一定的空间意境。比如大型饭店、会堂、剧院的门通常尺度较大，给人一种端庄、开阔的感受；而另一类诸如酒吧、舞厅、专卖店等场所的门及门厅通常又尺度较小，空间富于变化，注重亲切感。

2.窗户装饰设计

人们常说"眼睛是心灵的窗户",那么对一个房间来说,窗户就是它的眼睛。窗户在室内空间环境中起着采光、通风的作用,因为它的存在,人们在室内才能感觉到各种绚丽的色彩、美好的造型以及由此产生的各种情调。而对于室内设计来说,窗的造型风格以及制作材料是与室内装饰风格紧密关联的,它在室内环境设计中的作用主要有以下几点:

(1)引进自然光,使室内环境通过光的作用进一步升华。

(2)引进室外景观,即通过透明、半透明的玻璃及类似材料使窗外的景观形成一幅画面,也就是中国古典园林艺术中所讲究的借景。以此使人们能感受到环境的优雅,体味到艺术的魅力。

(3)通风、保暖,这是窗户的重要使用功能。为此,设计时必须满足其便于开闭、经久耐用的要求。窗户的设计还应考虑到其与墙面以及室内整体风格的统一。对材料和开启方式应精心选择,尽可能扩大窗户的采光面积,以便产生延伸室内空间的效果,设计出更加灵活、自如、富有情趣和想像力的窗形。

3.隔断装饰设计

隔断是空间结构划分的一种形式,也是能够带来新的空间个性语言的重要媒介。它对风格的形成,空间层次的营造,都有着其他空间环境媒介所不可替代的作用。在不同的使用场合,隔断具有不同的使用功能:阻隔视线、承重分割、灵活移动的区域分割、固定的秩序分割、定向界定的分割等。对于不同隔断的使用功能,其设计的大小、用材都有所不同,设计者要认真加以区分。图3-24、图3-25为餐厅隔断设计。

图 3-24 餐厅隔断设计(1)

图 3-25 餐厅隔断设计(2)

隔断分为虚隔和实隔。虚隔在中国的建筑美学里称为"借景"。它通过门、洞、窗向庭院借景,把室外的风光引入室内,以达到室内外的相互渗透;也可以利用台阶、灯具、花卉、色彩等象征性地将空间划分成不同的区域。实隔则是在室内利用各种形式的隔断进行区域性的使用功能划分,取得室内空间"围与透"的共同效果,实与虚是相对而言的,隔断真正的审美实质在于"似隔非隔,隔而不隔",它在室内空间装饰设计中非常重要,同时兼有使用功能和装饰美化的作用。如做成类似中国传统中的半透明隔断扇,以及做成隔墙的现代办公室中的百叶、玻璃窗等;也可设计成更具审美意味的博古架,它既可搁放古玩,又可在通透之中映出装饰的层次感、虚中有实的流动感。隔断的表现形式越来越多样化,使用的材质也更为广泛。现在常用的材料有木材、石材、金属、玻璃、竹子以及各种砖饰等。

4.楼梯装饰设计

楼梯作为室内空间的点缀部分,不仅具有使用功能,还兼具空间构成的作用,它在室内设计中具有很强的装饰作用。楼梯的设计发展到今天已不再单纯地起着上下空间流通媒介的作用。它的设计要在工程质量、艺术含量、人机工程学等方面,最大限度地满足使用者的需求。一个成功的楼梯设计,可以为整个环境的装饰起到画龙点睛的作用。楼梯的首要职能是充当建筑不同层次间的通道,因此它在人的居住、活动空间中起着极为重要的作用。它的设计形式可以多种多样,有单跑式、拐角式、田径式、旋转式等几种。楼梯的设计风格有许多不同的种类。在工程结构方面有许多建造形式,在装饰方面,栏杆、拦板、扶手与它们的装饰造型和用料则是楼梯设计中很重要的部分。尤其是随着材料品种的增多,处理与表现手法也层出不穷。一个小小的扶手设计,可采用各种优美的曲线造型,有的豪华气派,有的古朴典雅,能给人以视觉上的震撼,营造出不同的室内氛围。如图3-26所示。以下简单介绍几种楼梯的装饰形式。

图3-26　楼梯设计(2)

(1)木质楼梯。木质楼梯的外形可以采用简洁设计,也可采用仿古、仿欧式设计。栏杆多为木材制作,通常采用竖式带有造型的栏杆;也可在其上加以雕刻等,造型根据不同的设计风格而定;也可用板材制作成为不镂空的装饰栏板。扶手的造型有多种形式,主要以简洁大方为主流,在局部可以做一些精巧的装饰。木质楼梯给人稳重、古典、豪华的感觉。它多用于档次较高的室内装饰工程。

(2)钢质楼梯。多采用镜面不锈钢和亚光不锈钢制成,常用的材料还有铜、铝合金两种。它的栏杆材料与主体同为钢质,造型可以多变,但多采用简练的线条与块面为构成形式;也可以做成仿欧式的装饰花纹等造型。不同的栏杆造型会对整个楼梯风格有很大的影响。用亚光的不锈钢、铝合金制成的楼梯造价不算太高,因此适用于中档装饰工程。铜制的楼梯造价比前两者要高,但由于它的色彩呈黄色,给人一种辉煌的感觉,可以创造出很好的视觉效果,因此通常在中档偏高的装饰设计中采用。钢质楼梯给人以冷静可靠、简洁大方、坚固耐用的感觉,多适用于公共场所。

（3）钢、木、塑料、玻璃等多种材料制作的楼梯。它采用的钢制骨架,其他材料一般用于扶手和栏杆制作,适合在装饰风格较现代的环境中运用,给人新颖、温柔、现代的感觉,属中档制作形式。还有一种是单纯钢木结合制作的楼梯,这种楼梯的运用也很广泛,给人一种简洁、现代的感受。

（4）铁艺楼梯。铁艺设计在现代的楼梯栏杆制作中大有后来居上的势头,它制成的栏杆造型美观而典雅,是一种很好的表现形式。在楼梯的设计中除了要考虑上述因素外,还应力求楼梯的设计风格、色彩运用与整个环境设计风格相和谐。楼梯设计的原则根据层高、平面宽度限定、人员流量大小、造型的需要、投资限额和施工条件等因素而决定,既要讲究美观又要追求实用,且施工工艺要简单,造价要合理。

3.3　造型设计案例

3.3.1　光之教堂造型设计分析

1.建筑简介

光之教堂的概况位于大阪城郊茨木市,教堂规模约113平方米,能容纳约100人,其设计者为安藤忠雄,竣工时间为1989年,如图3-27所示。

图3-27　光之教堂

将安藤教堂的设计称之为经典一点也不为过。有了风之教堂和水之教堂的经验,经过提纯萃取——"光之十字"的诞生令世人倾倒、顶礼膜拜。光之教堂的区位不如风、水两教堂来的得天独厚,受到场地和周边建筑风格的影响,尺度缩减,以15度将墙体切入教堂的矩形体块,将入口与主体分离。其设计的重点转移到内部空间:以坚实的混凝土墙所围合,创造出绝对黑暗空间,阳光从墙体上留出的垂直和水平方向的开口渗透进来,从而形成著名的"光的十字架"——抽象、洗练和诚实的空间纯粹性,达成对神性的完全臣服。沉溺于安藤神话的想象与忏悔,置身其中浑然不觉时间的流逝。"光之十字"无时无刻不在提醒世人关注其超脱于建筑之上可怕的绝对力量,与风之教堂醍醐灌顶的清爽、水之教堂一问一答的入定状态。

2.结构分析

安藤忠雄认为单纯的几何是建筑的基础或框架,几何形相对于自然是纯理性产物,也是人类历史运用在建筑空间上最为基础的。光之教堂由简单的长方体和一道与之成15度角的贯墙体组成,简单的长方体因墙体的穿插形成了独特的空间转折,如图3-27、图3-28所示。

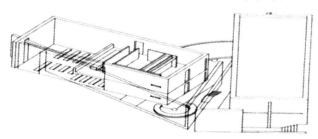

图3-28 纯净的几何形体

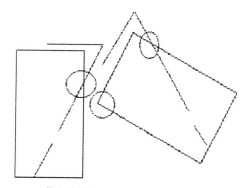

图3-28 黄金分割的组合体块15°穿插于黄金分割点

教堂内有一段向下的斜坡,信徒座位高于圣坛,牧师站着与坐着的人一样高,反映了人人平等的观念。安藤忠雄说:"其实大家都没懂光之教堂,很多人都说那十字形光很漂亮,我很在意人人平等,在梵蒂冈,教堂是高高在上的,牧师站的比观众高,而我希望光之教堂中牧师与观众人人平等,在光之教堂中,台阶是往下走的,这样牧师站着与坐着的观众一样高,这样就消除了不平等的心理。这才是光之教堂的精华。"如图3-29所示。

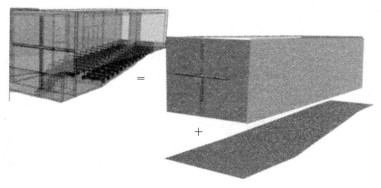

图3-29 教堂内部造型结构

光之教堂由混凝土作墙壁,除了那个置身于墙壁中的大十字架外,并没有放置任何多余的装饰物,如图 3-30 所示。

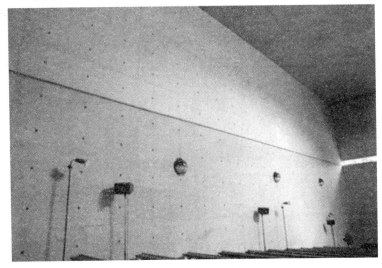

图 3-30　教堂混凝土墙面

3.建筑和自然的分析

安藤建筑作品的关键是其作品经常是有关建筑和自然的关系。对安藤来说,建筑是人与自然之间的中介,是一个脆弱的、理性的庇护所。安藤一直在有意地缩小其建筑词汇调色板,并在许多建筑中反复使用,从而形成安藤建筑空间的集合单纯性和可识别性。安藤的建筑语汇也并非创举,如来自柯布的方盒子,平屋顶和"阳光、空气、绿化"原则;来自赖特草原式住宅的空间回转、曲折入口;来自粗野主义的"素混凝土";等等。经过他的整合,形成了他自己独特的建筑认知和精神追求。安藤建筑的单纯并不是单调,它通过严谨的比例关系、严格有序的空间、形体的穿插来表现安藤建筑的内涵,如图 3-31、图 3-32 所示。

图 3-31　自然地理

图 3-32　人文自然

3.3.2　道格拉斯住宅

1. 建筑简介

道格拉斯住宅道宅位于美国密执安州,其设计者是理查德·迈耶,在基地的西向,面向密西根湖,基地东侧与乡村道路相接。整个基地的地势相当陡峭,整个坡度从道路以西,向密西根湖倾斜落下。而在陡峭的山壁上,长满了高耸翠绿的树丛,在树丛和清澈的湖水与澄蓝的天空呼应之下,它无疑又是大自然的另一项杰作。

从公路望向住宅时,能够望见的仅仅是住宅顶楼部分和一座窄小斜坡通道,需沿着坡度道的引导而进入屋内,如图 3-33、图 3-34 所示。

图 3-33　住宅顶楼

图 3-34　小斜坡通道

此时,硕大的房子仿佛作一艘游艇,而建筑师刻意安排的屋顶平台,也有如船上的甲板,令人有如遨游于密西根湖上的畅快,如图 3-35、图 3-36 所示。

图 3-35 房子的屋顶平台

图 3-36 房子的侧照效果

　　将视线转向屋内,起居室的挑空,而使整个视线也能在楼层之间游走,如图 3-37 所示。三楼部分则是作为主要的卧室空间,而透过卧房外的走廊平台,也可俯视那挑高两层的起居室,如图 3-38 所示。

图 3-37 起居室

图 3-38 卧室空间

　　顺楼梯而下,到达宽阔的起居室,在此除了可以接待友人,透过大片的玻璃望向户外的美景,可悠闲地喝着下午茶,享受生活,如图 3-39 所示。到了一楼的部分,则作为餐厅、厨房等服务性空间。

图 3-39 宽阔的起居室

　　在屋外的部分设置了一座以金属栏杆扶手构成的悬臂式的楼梯,而它也清楚连接了起居室和餐厅层的户外平台,而形成一套流畅的垂直动线系统,如图 3-40 所示。

　　在住宅的外面有一个金属烟囱,使整幢房子看起来更具有现代感,如图 3-41 所示。整幢房子因楼板和框架玻璃所分割的水平轴线,则在垂直方向,以金属烟囱来清楚的确立垂直向度的方向感,而使整幢房子的外观立面更为流畅而完整。

图 3-40 悬臂式楼梯

图 3-41 金属烟囱

3.4 造型设计练习

制作图3-42所示的户型的顶棚、立面、地面的布置图,标注各种部位的详细尺寸及材料。

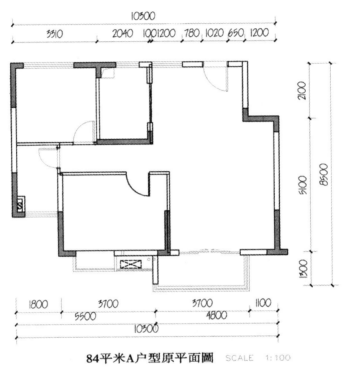

84平米A户型原平面圖 SCALE 1:100

图3-42 某户型平面图

第4章
室内装饰色彩

学习目标

通过本章的学习,使学生了解室内装饰设计色彩的相关内容;熟知色彩设计要点及设计色彩的运用。

学习要求

能力目标	知识要点	相关知识	权重
理解能力	色彩要素	色彩来源 色彩的三要素 色彩的混合 色彩表现力 色彩对人的影响和作用	30%
掌握能力	色彩设计的方法	弱对比色搭配 中对比色搭配 强对比色搭配 纯度色彩搭配 明度色彩搭配	30%
应用能力	色彩设计的运用		40%

引例

找出图4-1和图4-2家具红色的微妙区别。

图4-1 家具色彩(1)

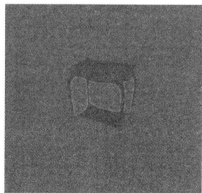

图4-2 家具色彩(2)

从以上两图我们可以得出以下结论:①一切色彩设计的根本在于人对于色彩的感知。

②不存在纯粹独立的色彩,色彩会随着人的生理、心理因素以及受形、色、光线等外界因素而产生不断变化。③成功的配色是在结合人的生理因素、心理因素、色彩性质、形式、材质等多重设计因素的结果。

本章将详细介绍室内色彩的基本要素、设计方法及案例分析等相关知识。

4.1 色彩要素

4.1.1 色彩来源

色彩是光的一种表现形式。光(这里指"可见光")是指能影响视觉感受的电磁波,它的波长在 380～780nm。物体表面色彩的形成取决于三方面因素,即光源的照射、物体接受光线所反映的色光及空间环境对物体色彩的影响。

我们所见到的颜色分为光源色和物体色两种。光源色是指由各种光源发出的光,光波的长短、强弱、比例性质的不同形成不同的色光,它的三原色是红、绿、蓝。物体色是指本身不发光,呈现出对光源色的吸收、反射得来的色光。

4.1.2 色彩的三要素

1.色相

色相,即色彩的相貌。如图 4-3 所示,几乎所有运用于表现的色彩都能通过红、黄、蓝三个颜色混合出来,色彩学上称之为三原色。为了能够帮助人们有秩序地认识色彩,我们将光谱的色彩顺序组成环形来体现,并称之为色环。

2.明度

明度,即色彩的明暗程度。各种有色物体由于它们反射光量的差别,因而就产生了色彩的明暗强弱。色彩明度有两种:一是同一色彩不同的明度。如同一色彩在强弱不等的光照射下,呈现出的不同明度变化;同一色彩加入无彩色体系的黑白之后也能产生各种不同的明暗层次。一是各种颜色存在不同明度的差异,比如我们将光谱上的色彩用黑白照片拍下后,就能发现,黄色是这些色彩中明度最高的色,紫色最暗。其明暗顺序为黄、橙、红、绿、青、蓝、紫。

3.纯度

纯度,即色彩的鲜艳程度。任何色彩在纯净程度或强度上都有所差别。当某色彩所含色素的成分为 100% 时,就称为该色相的纯色。色彩中,红色是纯度最高的色相,橙、黄、紫是色彩纯度偏中的色相,蓝、绿是纯度偏低的色相。任何一个色彩加白、加黑或加灰都会由此而降低色彩的纯度,高纯度的色相加白或加黑,降低了该色相的纯度的序列,最后使该色相明度与补色明度相接近,纯度变化将由高向低,再由低向高,如图 4-4 所示。

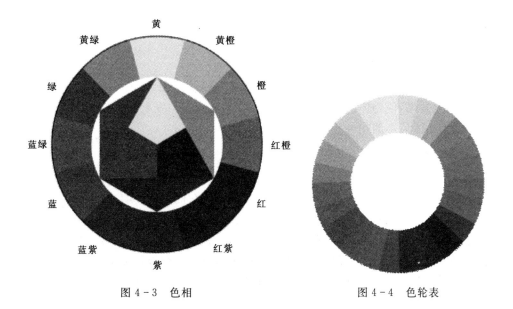

图 4-3 色相　　　　　　　　　　图 4-4 色轮表

4.1.3　色彩的混合

(1)原色。原色是不能用其他色混合而成的色彩,如图 4-5 所示。颜料的三原色是红、黄、蓝。

(2)间色。间色是由两种不同的原色混合而成的颜色,如图 4-6 所示。如:红+黄=橙色,黄+蓝=绿色,蓝+红=紫色,橙、绿、紫称为间色。

(3)复色。复色是原色与间色或间色与间色的混合,如图 4-7 所示。

(4)补色。三原色中的两原色混合成的间色与另一个原色之间的关系为互补色关系。主要补色关系有:红与绿、黄与紫、蓝与橙。

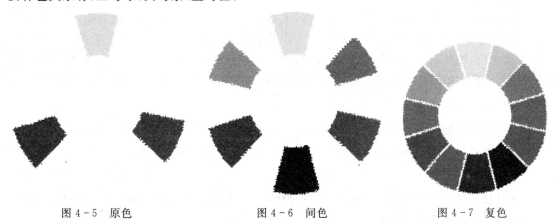

图 4-5 原色　　　　　　图 4-6 间色　　　　　　图 4-7 复色

4.1.4 色彩表现力

1.色彩功能

色彩视觉效应会影响人们心理感受。室内界面、家具、陈设等物体的色彩相互作用,可以影响人们的视觉效果,使物体的尺度、远近、冷暖在主观感觉中发生一定的变化,这种感觉上的微妙变化,就是物体色彩的物理作用效果。

2.色彩的轻重感

色彩的轻重感是通过色彩的明度、纯度确定的。决定色彩轻重感觉的主要因素是明度,明度高的色彩感觉轻,明度低的色彩感觉重。其次是纯度,在同明度、同色相的条件下,纯度高的色彩感觉轻,纯度低的色彩感觉重。轻和重在室内色彩设计过程中要搭配协调,既不能轻重不均,也不能平均对待,白色和各种浅色色彩都被称为轻感色,其中白色最轻。一般情况下,明度高的色彩和色相暖的色彩属于轻感色。黑色和各种深色色彩都被称为重感色,其中黑色最重。一般情况下,明度低的暗色和色相冷的色彩属于重感色。轻、重感不明显的色彩有红色、绿色等。

3.色彩的涨缩感

明度高的色彩面积显得比较大,明度低的色彩面积则显得较小;冷色会产生收缩感,暖色会产生膨胀感。

4.色彩的距离感

暖色近,冷色远,明度高的近,明度低的远,纯度高的近,纯度低的远,鲜明的近,模糊的远。人类在长时间的生活实践中体验到太阳和火能够带来温暖,所以在看到与此相近的色彩如红色、橙色、黄色的时候就相应地产生了温暖感,后来在色彩学中统称红、橙、黄类颜色为暖色系,青蓝等颜色为冷色系。

色彩的温度感不是绝对的,而是相对的,无彩色和有彩色比较,后者比前者暖;色彩的温度感和明度有关系,含白的明色具有凉爽感,含黑的暗色具有温暖感;色彩的温度感与纯度有关系,在暖色中,纯度越高越具有温暖感,在冷色中,纯度越高越具有凉爽感。在室内设计中,设计者常利用色彩的物理作用去达到设计的目的,如利用色彩的冷暖来调节室内的温度感等。

5.色彩的软硬感

色彩的软硬感取决于色彩的明度和纯度。明度高、纯度低的色彩有柔软感,而明度低、纯度高的色彩有坚硬感。无色彩系的灰色有柔软感,白色与黑色都有坚硬感。

6.色彩的质感

家具造型是形状、色彩和材料质地的综合体现,质感是家具表面材料质地具有的特性。色彩的质地感觉与色彩三要素有关。

7.色彩的知觉感

色彩的知觉感是指由于色彩作用而引起人兴奋与沉静、轻松与压抑、华丽与朴实的感觉。

4.1.5 色彩对人的影响和作用

室内设计色彩是最具情感的设计元素,也是室内设计中的重要环节。色彩与人的心理感觉与情绪有着千丝万缕的关系,人生活在色彩之中,离不开色彩。当人通过视觉感受到色彩的时候,视觉经验与视觉刺激产生共鸣,从而激发色彩情感。

1. 红色

红色是所有色彩中对视觉感觉最强烈和最有生机的色彩,它具有促使人们注意和似乎凌驾于一切色彩之上的力量。运用到室内设计中会产生强烈的视觉冲击,传达给人热烈、温暖、喜庆、自由奔放的感觉,如图4-8所示。

深红色和带有紫味的给人感觉是庄严、稳重而又热情的色彩,常用于欢迎贵宾的场合。

含白的高明度粉红色,则有柔美、甜蜜、梦幻、愉快、幸福、温雅的感觉,几乎成为女性的专用色彩。

图4-8 红色

2. 黄色

黄色是在室内设计中运用较多的色彩,它可以让人产生温馨、柔美的感觉,同时也带有明朗、愉快、高贵和希望,如图4-9所示。

图4-9 黄色

黄色在色相环上是明度最高的色彩,它光芒四射,轻盈明快,具有愉悦、提神的效果,常作为积极、进步、文明和光明的象征。浑浊的黄色则会显出一种病态。

3. 绿色

绿色运用到室内设计中能产生清新、舒适、平静的感觉,如图4-10所示。绿色是大自然中植物生长、生机勃勃、清新宁静的生命力量和自然力量的象征,代表和平、柔和、安逸。

图4-10 绿色

从心理学的角度来说,绿色能令人平静、松弛而得到休息。从生理上来说,人眼的晶体能把绿色波长恰好集中在视网膜上,因此它是最能使眼睛得到休息的色彩。绿色是崇尚健康环保的现代室内设计中最常用的色彩。

4. 紫色

紫色是红、青色的混合色,是一种冷红色。精致而富丽,高贵而迷人,运用到室内设计中会产生浪漫柔情的效果,如图4-11所示。紫色代表优雅、高贵、魅力、自傲。偏红的紫色,华贵艳丽;偏蓝的紫色,沉着高雅,象征尊严。

图4-11 紫色

5. 白、灰、黑色

白色运用到室内设计,能让人产生理智、宽敞、明亮的感觉,代表纯洁、朴素、明快,可以衬托其他色彩,使之显得更加艳丽。

灰色在室内设计中产生宁静柔和的气氛,代表谦虚、沉默、中庸和寂寞,常作为背景色,任何色彩都能和灰色混合。

黑色在室内设计中产生安定、平稳的室内气氛。黑色的组合适应性广,各种色彩与之搭配都能起到良好的效果,但是不能大面积地使用。

4.1.6 五行与色彩

我国古代先哲将宇宙生命万物分类为五种基本构成要素,这是一种伟大而朴素的哲学观。此学说经历数千年考验直至今日愈发受到各国学术界重视。古人将这构成宇宙万物的五种要素(亦是五种精微之气)称为"五行",即木、火、土、金、水。五行亦各有与之相应的形状、质地、声音与颜色等。

五行就其所表征的如下:木:青、碧、绿色系列;火:红、紫色系列;土:黄、土黄色系列;金:白、乳白色系列;水:黑、蓝色系列。

五行观念在上古三代以前即已形成,而阴阳五行学说作为哲学思想则源于我国春秋战国时代。它在我国古代曾被广泛应用于诸多领域,在经历了无数的历史变迁之后,西方发达国家如日本及欧美等国均在研究我国的五行学说及易经文化,并将其运用在许多领域。在家居领域,我们不难发现中国人经典的审美观都是契合五行理论的,而即便是西方优秀的设计师,其在色彩搭配方面的成功案例也莫不契合五行相生的和谐理念。

其他的中间色可依主色系分别归类,但该颜色会在主色所具的属性之外,兼具辅色所具的属性。

知道了五行所属的颜色,需要对五行相互间的基本关系作一些基本的了解,从而创造良好的视觉效果以构建舒适通畅的居室氛围。

其实,有关五行的颜色运用与搭配自古以来便展现在我们的生活中。有"风水活化石"之美称的故宫紫禁城的五行色彩搭配就绝妙地体现了五行相生的原则——紫禁城的城墙是红色的,而上面的琉璃瓦及故宫众多殿宇的金顶为黄色,体现了五行中火(红色)土(黄色)相生的原理。历经数百年沧桑,紫禁城在今日更显其独步天下的王者风范。而这恰恰印证了我国古代哲学思想与建筑艺术的完美结合。中山公园(社稷坛)内的五色土,涵盖了中华大地东南西北中,这更是五行观念的集中体现。

纳粹的标志被设计成与佛家的印记正好相反的形状,而颜色则为红、白、黑三色。若以五行原理检视之,马上就会发现它其实是一个五行气机驳杂、乱冲乱克的矛盾体——五行之火(红色)克五行之金(白色),而五行之水(黑色)又克五行之火(红色)。纳粹党倒行逆施、凶残暴戾,也亦可由其标识上探一究竟。

五行间相生相克的基本关系如下:相生——木生火、火生土、土生金、金生水、水生木;相克——木克土、土克水、水克火、火克金、金克木。

4.1.7 材质、色彩与照明

室内装修材质特性的表达,室内色彩设计效果的最终取得以及人在室内环境中特别的心里感受和室内照明的灵活运用都有着密切的联系。

材料与质感是室内设计中不可缺少的重要元素,如何将材料的质感和色彩充分地体流出来并融入整个室内环境,还需要借助照明来体现,光线对于材质很少影响,细腻质感的材料常用均匀的漫射光来充分展现其细腻的质感变化,而粗犷的材料则常需借侧射光来突出其体感和粗放感,充分利用各种不同材料的自然特性(如质感、纹路、色彩等),再与照明巧妙结合,就能体现不同的环境气氛,通过对不同材质的巧妙处理和运用,有时可以产生出一些特殊的神奇效果。在室内设计中掌握好各种材质的质感,并结合室内照明加以巧妙运用,是取得良好设计效果的捷径,对材料的分块大小、线条横竖、明缝暗槽、纹路走向、色彩均衡等进行恰当处理,可以给室内空间带来亲切宜人的细部与整体景观。

在室内各界面陈设色彩组织时,还应考虑它们的材质感,因为色调往往由材质的特性所决定,不同的材质及颜色在不同光线照射下所呈现出来的景象也是不同的,光滑发亮表面的色彩比粗糙表面的色彩显得更为明亮。而室内的色彩多采用综合材料的表现方式,它可以兼收两者之长而舍两者之短,但在组织上必须善于和谐地处理材质色彩的统一问题。

色彩是室内设计中最为生动、活跃的因素,空间的色调与光照密不可分,色调需要光照来诠释与充实。除了色光以外,色彩还必须依附于界面、材质、家具、室内织物、绿化等物体,材料的质感变化作为室内界面处理最基本的手法,利用采光和照明投射于界面的不同光影,成为营造空间氛围的主要手段,室内设计中的形、色、质应在光照下融为一体,赋予人以综合的视觉心理感受。

4.2　色彩设计方法

色彩设计在室内设计中占有很重要的位置,而色彩设计的关键就是处理好色彩的对比与协调关系。无论是色彩围护面的色彩设计,还是室内陈设品的色彩选择,都要考虑其协调关系。辩证法告诉我们,统一中要有变化,变化中要有统一,只有这样才能取得完美的艺术效果。过分强调统一会显得平淡无奇和毫无生气,过分强调对比会显得杂乱无章和烦躁不安。因此,室内色彩设计的原则应是在大统一中求变化。

4.2.1　弱对比色搭配

弱对比色搭配有三种情况,即单纯色搭配、同类色搭配、近似色搭配。

1.单纯色搭配

单纯色搭配是指单一的一种颜色由其本身的深浅变化而求得协调效果,这种搭配朴素淡雅,但会产生平淡无奇的单调感,如图4-12、图4-13所示。

图4-12　单纯色搭配(1)　　　　　　　　图4-13　单纯色搭配(2)

2.同类色搭配

如图4-14所示,同类色搭配是指色环上相临近的几种颜色在一起使用,因为它们的色调较接近,所以很容易使室内气氛取得统一的效果。同类色中可以有冷暖、明暗和浓淡的差别,所以室内色彩能体现出较细微的变化。

同类色的处理手法适合于较为庄重、高雅的空间,也可以用于平和安静的卧房、起居室。小而杂乱的空间可用同类色的处理手法使其空间气氛统一起来。

3. 弱对比色搭配的方法

由于同类色色调较为接近,所以容易出现过于朴素的单调感,可用以下方法得到补救:①加强明度差及纯度差。②丰富空间的造型元素。③丰富空间的材质元素。④插入协调色(黑、白、灰、金、银)。

4. 近似色搭配

近似色又称类似色,它在色环上的差距大于同类色而小于对比色,如图4-15所示。

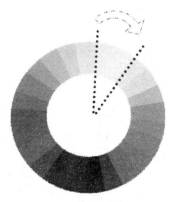 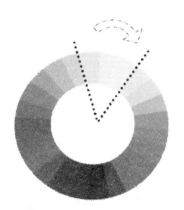

图4-14 同类色   图4-15 近似色

如图4-16所示,该室内空间由蓝—紫—红—橙几种颜色构成,而蓝—橙已近似于对比色,所以室内色彩效果比较强烈。但如果认为色彩对比太强烈,可分别在蓝和橙中适量加入一些红色,它们之间的关系就协调了。

一般室内大面积部位应用色距较近的浅色作主调,再用两个色距较远而纯度较高的色彩来装饰家具及陈设物,这样就可以取得较好的效果,如图4-17所示。

图4-16 近似色搭配(1)   图4-17 近似色搭配(2)

4.2.2 中对比色搭配

1. 类似色搭配法（60°左右）

类似色搭配法属于中度色彩搭配方法，类似于红与黄橙色的对比。其效果较为丰富、明快，但因色相之间的对比不是过于强烈，使其既统一又不失变化。

2. 中差色搭配法（90°左右）

相对于类似色搭配，中差色搭配效果更为响亮。如黄与绿色搭配，明快、活泼、饱满，对比既有相当力度，但又不失协调之感，如图4-18所示。

图4-18 中对比色搭配

4.2.3 强对比色搭配

1. 对比色搭配法（120°左右）

对比色搭配法属效果较为强烈的搭配方式，如黄绿与红紫色对比，效果强烈、醒目、有力、刺激，因色相效果反差过大，使其不易统一，容易出现杂乱的效果、造成视觉疲劳。如图4-19所示。

2. 互补色搭配法（180°左右）

互补色搭配法属于色彩搭配当中对比效果最为强烈的搭配方式，如红与蓝绿、黄与蓝紫色的对比搭配。如图4-20所示。其效果眩目、极其有力，如搭配不当，易使人产生焦躁、不安、肤浅、粗俗等不良感觉，如图4-21所示。

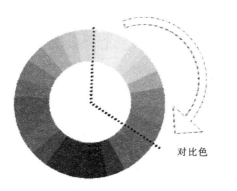

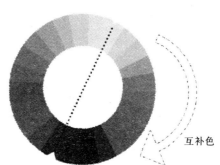

图 4 - 19　对比色　　　　　　　　　　　图 4 - 20　互补色

图 4 - 21　强对比色搭配

3. 强对比色搭配法

（1）通过空间元素色彩明度及纯度的变化进行协调。

（2）加强空间元素颜色的面积比。

（3）插入协调色彩，柔化色彩对立。

4.2.4　纯度色彩搭配

因空间色彩的鲜、浊之分而形成对比，从而产生的通过不同纯度色彩配置而形成的搭配方法。

（1）鲜调色彩搭配法（其空间面积约占 70%）。在室内空间当中，应用高纯度色为主的高纯度色彩配置，其效果积极、刺激、明快、活泼，如图 4 - 22 所示。

（2）中调色彩搭配法（其空间面积约占 70%）。中国色彩搭配法是以中纯度色为主构成中纯度搭配方法，属于较为稳定的搭配，其效果低调、中庸、内敛、温和，如图 4 - 23 所示。

（3）灰调色彩搭配法（其空间面积约占 70%）。灰调色彩搭配法是空间色彩纯度极低的搭配方法，有淡雅、自然、朴素的配置效果，如图 4 - 24 所示。

图 4-22　鲜调色彩搭配

图 4-23　中调色彩搭配

图 4-24　灰调色彩搭配

(4)浊调色彩搭配法(其空间面积约占70%)。浊调色彩搭配法是色彩纯度搭配法中最为低调的搭配方法,是内敛、深沉的色彩配置。但也易产生消极、陈旧的效果,如图4-25所示。

图4-25 浊调色彩搭配

4.2.4 明度色彩搭配

明度色彩搭配因空间色彩的明度之分而形成对比,从而产生的通过不同明度色彩配置而形成的搭配方法。

(1)低明度色彩搭配法(其空间面积约占70%)。低明度色彩搭配法是以低明度色彩为主的色彩搭配方式,整体空间明度偏低,给人以神秘、低沉、厚重的感觉。但如配色不当,也易产生恐惧、压抑的不良心理影响,如图4-26所示。

图4-26 低明度色彩搭配

(2)中明度色彩搭配法(其空间面积约占70%)。中明度色彩搭配法是以中明度色彩为主的搭配方法,因其整体明度效果较为柔和,易于给人以素雅、温和、平凡的感觉,如图4-27所示。

图 4 - 27　中明度色彩搭配

（3）高明度色彩搭配法（其空间面积约占 70%）。高明度色彩搭配法是以高明度色彩为主的色彩搭配方式，其效果轻快、明朗、亮丽，如图 4 - 28 所示。

图 4 - 28　高明度色彩搭配

4.3　色彩设计案例

4.3.1　不同居室空间室内色彩设计方案

1.客厅

客厅的颜色搭配必须要考虑客厅的朝向和家具配置，客厅朝向主要是以客厅窗户的面向而定。

客厅的颜色搭配主要取决于客厅窗户的朝向，如南向的客厅应以白色作为主色调，而西向客厅应以绿色作为主色调。这是因为，南方五行属火，按五行生克理论，火克金为财，要保证南向客厅的财气，选用的油漆、墙纸及沙发均宜以白色为首选，因为白色是"金"的代表色，是迎财之色。西方五行属金，金克木为财，即是说木乃金之财，而绿色是"木"的代表色，并且向西的客厅下午西照的阳光甚为强烈，不但酷热而且刺眼，所以用较清淡而又可护目养眼的绿色，方为适宜。

2. 卧室

卧室是休息、放松的空间,怎样提高睡眠是卧室色彩搭配的关键。卧室顶部多用白色,白色和光滑的墙面可使光的反射率达到60%,更加明亮。墙壁可用明亮并且宁静的色彩,黄、黄灰色等浅色能够增加房间的开阔感。室内地面一般采用深色,地面的色彩不要和家具的色彩太接近,否则影响家庭的立体感和明快的线条感。

如果选择壁纸来装饰的话,炎热的夏天宜用冷色调、浅褐、浅紫罗兰、浅苹果绿、湖蓝色、蓝色,有宁静、凉爽、恬适之感;而寒冷的冬季宜用红栗、奶黄、米黄色、咖啡色等暖色系,给人以温暖、开朗、活泼、充实的感觉。

3. 书房

书房的色调力求雅致。书房是人们用于阅读、书写和学习的一种静态工作空间,人们要求头脑冷静、注意力集中、安宁。室内色调要求以雅致、庄重、和谐为主色调,因此选用灰色、褐灰色、褐绿色、浅蓝色、浅绿色等为宜,地面选用深色、褐色等色彩的衬料,同时可用少量字画的点缀来增加室内色彩的对比度。

4. 厨房

通常厨房中能够表现出干净的色相主要有灰度较小、明度较高的色彩,如白、乳白、淡黄等,而能够刺激食欲的色彩主要是与好吃食品较接近或在日常生活中能够强烈刺激食欲的色彩,如橙红、橙黄、棕褐等。能够使人愉悦的色彩就复杂多了,不同的人、不同的生活环境对色彩的喜好有很大的变化,但并不是所有的人都在厨房操作。

5. 卫生间

由于卫生间通常都不是很大,而各种盥洗用具复杂、色彩多样,因此,为避免视觉的疲劳和空间的拥挤感,应选择清洁而明快的色彩为主要背景色,对缺乏透明度与纯净感的色彩要敬而远之。

室内照明设计在一定程度上也对居室具有装饰效果,不同空间应有不同的照明设计方案。不同的室内环境要配备不同数量、不同种类的灯具,以满足人们对光质、视觉卫生、光源利用等要求。室内的环境包括空间大小、形状、比例、功能,采用与之相适应的照明灯具和照明方式,才能体现其独特风格,满足其使用要求。

4.3.2 优秀色彩设计案例分析

1. 黑白搭配家居设计解析

对于有一定经济实力的中青年家庭来说,时尚的他们更爱追求黑白搭配的另类格调。如图4-29平面布置图所示,设计师通过吧台的布置巧妙地将门厅玄关显现出来,入户即可感受到不同的生活氛围。开放式厨房的布局虽然让餐厅偏安一处,但可以让家庭在一起吃个安稳又不受干扰的饭菜。书房的"L"行书柜和窗前低柜让业主有尽可能大的存储书籍的空间,同时巧妙地运用书桌和书柜分割了主卧室与书房,既可以保证采光的需求也不会在读书时受到干扰。

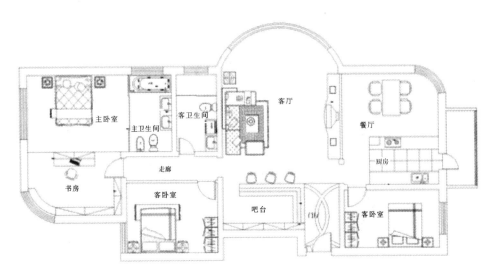

图 4-29　平面布置图

如图 4-30 所示，入户一侧通过立面造型和材料色彩分割，形成入口放置物品的平台。运用银镜折射酒吧和客厅沙发区，使空间相互辉映。另外，在墙角处安装造型壁灯，烘托气氛十足，是玄关设计的一处亮点。

如图 4-31 所示，通过不同尺寸的墙砖和马赛克形成多变多彩的吧台立面，让人入户后有放松和愉悦的感觉。黑色光泽的顶面造型在筒灯的照射下显得格外闪亮。

图 4-30　门厅效果图（1）

图 4-31　门厅效果图（2）

如图 4-32 所示，简单的吊顶和以圆形为设计元素的黑色镜子背景墙，在宽大的客厅中展现了些许的灵动，精致和高雅的家具展现了业主的地位和生活品质。

在与酒吧和地面方形地砖相对应的墙面造型中，圆形成为墙面的设计元素。通过黑、白、灰三色的搭配，在没有其他色彩的环境下也有很多的变化，如图 4-33 所示。

图4-32　客厅效果图(1)　　　　　　　图4-33　客厅效果图(2)

如图4-34所示,开放式厨房需要将灶台放置在墙面一侧,以避免危险的发生,如果业主主要以西餐为主,也可以考虑放置其他位置,米色的灯具给黑白色调的家居环境带来温暖。

如图4-35所示,运用书柜分割空间并与书桌成为一体,合理地运用了空间又不相互干扰。另外,运用地面材料来辅助划分空间,形成宁静和轻松的不同氛围。

图4-34　餐厅效果图　　　　　　　　图4-35　书房效果图

如图4-36所示,圆形装饰镜在不同空间里扮演着不同的角色和地位,在通透的空间中有着相同形态上的联系。纱幔和宽厚的床沿让卧室更加舒适,更加具有生活情趣。

如图4-37所示,黑色的瓷砖映衬着白色的洁具和装饰墙,让卫生间显得格外干净和整洁。不过灯具和吊顶的类型以及通风方面需要斟酌和改变。

图4-36　主卧室效果图　　　　　　　图4-37　主卫生间效果图

2.样板间搭配家居设计解析

业主要求营造整个布局大气,格局新颖和开阔,具备满足聚会的大尺度空间,主要人群是多媒体发烧友,喜爱电影、音乐等,比较时尚与年轻。

设计师根据业主要求进行设计(见图4-38原始平面图,图4-39平面图布置图),三室两厅的室内空间基本满足现代居住条件,空间合理的搭配能够使家居显得殷实和紧凑。通过空间改造,厨房采取半通透处理,避免油烟,增加视觉通透性,小的餐厅浓缩着小家庭的快乐和温馨。将主卧邻近房间的分隔利用,使业主增添了更衣间和开放式书房。书房与客厅的融合使客厅面积增大,满足了聚会中的就坐区域,使空间通透宽敞。主、次卧室的布局给了青年夫妻和小孩子各自独立的空间,在130平方米的空间中有了更多的索求。

图4-38 原始平面图　　　　　　图4-39 平面图布置图

如图4-40所示,客厅布置简单大方,空间上呈现半开放格局,地中海式拱梁增加室内的亮度和通透感。色彩主要以暖色调为主,利用米黄色墙面、棕色窗帘、原木色材料与白色脚线、门窗套以及黑色复古灯饰、黑色镜子电视背景墙,形成鲜明对比,层次分明,满足了业主喜爱时尚色彩的愿望,并且扩大了空间感受。

图4-40 半开放式客厅

餐厅空间设计简洁,色彩延续家居的整体格调,暖色的灯光重点照射在餐桌上,营造温馨浪漫的气氛,如图4-41所示。

整面白色书柜最大限度地营造出储物空间,并且它可作为书房与更衣间的隔墙,充分利用了空间。书房的电脑直接与客厅的电视连通,业主在制作音乐视频后,可以直接通过电视观看制作效果,如图4-42所示。

图4-41 餐厅   图4-42 开放式书房

主卧室的设计采用暖色基调,以米色和褐色为主,白色和黑色起协调作用,如图4-43所示。不同尺寸的白色相框规整地装饰在棕色墙面上,清晰明快,使卧室增添生活情趣,如图4-44所示。

图4-43 主卧室   图4-44 主卧墙面装饰

卫生间运用深灰色和棕色仿古砖搭配,形成鲜明的对比,突出功能分区。顶面采用直接板,体现出生活融入自然,提高了生活品质。洗手台下设置栅格支架,增加了储物空间,如图4-45所示。

图 4-45　主卫生间

4.4　色彩设计练习

制作如图 4-46 所示的家装户型的彩色平面布置图及效果图。

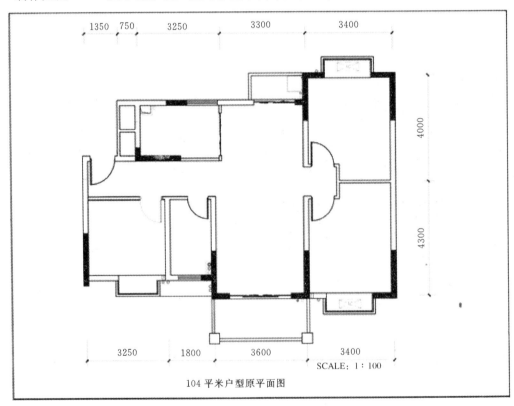

104 平米户型原平面图

图 4-46　104 平方米户型原平面图

第5章 室内装饰材料

本章数字资源

 学习目标

通过本章的学习,使学生了解室内装饰设计材料的相关内容;熟知材料设计要点及设计材料的运用。

 学习要求

能力目标	知识要点	相关知识	权重
理解能力	材料要素	材料的分类 材料的基本功能 材料的特性	30%
掌握能力	材料设计的方法	材料的组配 材料分格与转角处理 材料的光影设计 相同的材料不同的用法	30%
应用能力	材料设计的运用		40%

引例

图5-1表现的是某房间的装饰效果,看上去很漂亮,那么这房间在装饰中到底用了什么材料?是什么级别的装修?遵循了哪些原则?通过本章的学习就可以找到答案。

图5-1　某房间装饰效果图

5.1 材料要素

材料又称为原料,是可供制成成品的东西,是人类用于制造物品、器件、构件、机器或其他产品的那些物质,是人类赖以生存和发展的物质基础。20 世纪 70 年代,信息、材料和能源被誉为当代文明的三大支柱。这说明了材料对未来发展的重要性。

材料既是设计的物质基础和条件,也为提供了丰富的创造灵感。材料不仅存在于现实生活中,而且也扎根于我们的文化和思想中。从某种意义上看,设计活动中物化的过程,也就是材料被文化的过程,设计师借助于不同的材料进行精神创造,形成了丰富多彩的空间环境。

如今已能够看到一些设计在材料形式语言的表现上出现了重大突破,在运用传统材料语言时开始与新的技术手段及形式语言相结合,打破了传统单一的材料语言模式,不再单纯满足建筑及室内空间本体意义上的需要,而是更多地体现出独立意义上的材料魅力。

本章就材料的美感方面和材料所代表的不同文化内涵进行描述,同时也对材料未来的发展方向进行预测,使读者从感官上对材料有初步的了解。

5.1.1 材料的概念

"我们握在手中,看在眼里的一切东西,之所以能够成形,都要归功于材料的存在。材料就在我们身边,环视四周,我们平常已经习以为常的世界是由各种材料组成的。"材料几乎在所设计的每个项目中扮演了非常重要的角色,为我们看周围的世界提供了一种基本途径,是方案、构思等概念得以实现的物质基础和手段。材料不仅仅是结构的外在表现,作为设计本身的骨骼和皮肤,体现环境特征,而且材料的本身拥有自身的设计语言,包含某种含义,表达出某种思想,材料与设计的结合有时会是成功的关键。谁也不能否认材料的创新和运用又是另一种独特而巧妙的设计。单就材料应用的不同变化就能给人带来不小的精神震撼,不能轻视这些材料,它是我们设计升华的物质保障。

人类是在发掘和认识材料中提高设计意识的,我们希望通过对材料的认识过程,发现更多的可利用材料,了解到以前未知和熟悉的材料,从根本上改变以往传统上对材料的运用手法,从而达到提高设计意识的根本目的。

过去人们往往习惯通过对设计语言的分析来阐释设计的演进,然而这其中材料及其观念的变革起着至关重要的作用,因为材料使设计得以存在和彰显,并且得以物质呈现。

当前设计领域的弊病是相互雷同,少有创新和个性,设计构思局限封闭,从而使设计陷于一般的水平,这里也和材料选用的雷同不无关联,不同的空间而相同的材料表现也会给人似曾相识的感觉。所以,在设计创作范畴,要探索新构造、新技术,开拓新的材料来源,以期在室内装饰设计中能出现不同形式的空间界面。其实,材料选择的优劣及呈现与设计师的自身修养有着很大关系,设计师之间的层次差别也会在其设计的空间中体现出来。

一般来讲,提起材料,不同生活背景的人会有着不同的反映,比如同样是花岗石,一位工程师所关心的是材料的技术性能(密度、吸水性、抗冻性、抗压强度、耐磨性)及化学成分;一位家庭主妇最关心的是此材料是否含有放射性元素,是否对家人产生伤害及其价格因素;一名工人对材料的反应首先是其加工特性、规格和等级;一位设计师会首先关注材料能给人带来什么样的视觉效果和对于空间的塑造能力、艺术表现力以及人的视觉、心理反应等。

5.1.2　材料的分类

人们生活在空间环境中,随时随地都会接触到各种材料,材料对任何人来讲都不会陌生,而设计材料学却是一门非常广博而难于精通的学问。一方面,自然材料种类繁多,人工材料日新月异。另一方面,材料的结构奇巧莫测,材料的处理变化万端。

材料由于多种多样,分类方法也就没有一个统一标准。按化学性质来分,材料可分为无机材料和有机材料。无机材料又可分为金属材料和非金属材料等;有机材料又可分天然与人造材料等。按材料的状态来分,材料可分为固体材料和液体材料。按材料的硬度性质来分,材料又可分为硬质材料,半硬质材料及软质材料。最常用的分类是以材质、状态、作用等使用范围来命名。建筑装饰材料可分为实材、板材、片材、型材线材等。实材也就是原材,主要是指原木及原木制成的规方,以立方米为单位。板材主要是指把由各种木材或石膏加工成块的产品,统一规格为 1220mm×2440mm,板材以块为单位。片材主要是指把石材及陶瓷、木材、竹材加工成块的产品,在预算中以平方米为单位。型材主要是指钢、铝合金和塑料制品,在装修预算中型材以根为单位。线材主要是指木材、石膏或金属加工而成的产品,在装修预算中,线材以米为单位。建筑装饰材料按装饰部位分类,则有墙面装饰材料、顶棚装饰材料、地面装饰材料;按材质分类,有塑料、金属、陶瓷,玻璃、木材、涂料、纺织品、石材等种类。按功能分类,有吸声、隔热、防水、防潮、防火、防霉、耐酸碱、耐污染等种类。

1.材料的基本功能

形象地说,建筑装饰材料类似与服饰,只不过服饰是给人穿的,而装饰材料是给建筑穿的。服饰在满足了人的保暖,遮羞的基础上还有美观修饰,体现穿者品位、身份的作用。装饰材料也是一样的,它首先要有一些基础的功能,例如隔声、防潮、耐腐等。在满足这些基础的功能后,它的装饰性就显得格外重要了。

(1)保护功能。现代建筑装饰材料,不仅能改善建筑与室内的艺术环境,使人们得到美的享受,同时还兼有绝热、防潮、防火、吸声、隔声等多种功能,起着保护建筑物主体结构,防止建筑结构暴露在外部空气中,延长其使用寿命以及满足某些特殊要求的作用。装饰材料使主体结构表面形成一层保护层,不受空气中的水分、氧气、酸碱物质及阳光酚菲用而遭受侵蚀,起到防渗透、隔绝撞击的作用,达到延长使用年限的目的。建筑外墙材料可有效避免内部结构材料遭虫蛀、因氧化而引起的松散老化等问题。室内的卫生间顶棚、墙面、地面材料,则可以有效防止水气对墙体、地面的侵蚀。

(2)美化功能。利用材料本身的一些特性可以让空间环境变相更符合人的审美要求,为人们提供美好的感官体验一些建筑本身的结构和形式是平淡的,但是由于外立面使用了恰当的材料,可使整个建筑焕然一新如德国的 GSW 大楼本身的造型就是两个方盒子,但是它的外表皮应用了双层的玻璃幕墙,并且在内、外层间设置了涂有橙色、红色、粉白色等各种鲜艳色彩的可折叠穿孔铝板,透过外层的透明钢化玻璃看过去,给人带来优美而独特的视觉体验。

(3)情感功能。材料具有颜色、形状、质感等方面的独特表现力,在空间中恰当地加以运用往上的共鸣,使原本无趣的空间变的生机盎然,使人们的情绪向积极的方向发生转变。建筑装饰材料能够传达不同的情感信息,视觉上的、一听觉上的、触觉上的等,人的感知活动和材料的运用有着密切的关系。恰当的材料应用方式是表达建筑与环境意义的重要手段。设计师应该在不同的项目中选用最恰当的材料,把当时当地的场所精神传达给环境中的人们,让人们能够体会材料带来的情感内容。

2.材料的特性

材料的个性特征是人们通过长期的生活积累形成的抽象概念。铜、石、陶瓷钢等硬质材料彰显着勇敢、永恒、阳刚气概,丝、毛、棉、纸等软质材料透射出飘逸、内敛的特点。

由于人类多少年来的生活经验的积累,材料本质的抽象的性格已深入人心。至于材料的任何形态,只要我们提及它们,便会得到某种感受。

材料的个性特征可以直接影响到建筑与室内空间的风格取向,而且每一种材料都有自己的表情。有时完全相同的建筑造型,材料不同时会产生完全不同的效果。利用材料的特性,充分展示设计语言中的象征意义,赋予它特定的精神内涵,表现出极强的形式感,同时,贴近生活,以人为本,才能创造真正舒适宜人的环境。只有把人放在第一位,才能使材料设计人性化。

(1)材料的文化性。文化本身是一种庞杂的概念,其广义是指人类在实践中所获得物质精神生存能力和创造物质、精神财富的总和;其狭义是指精神生产能力和精神产品的一切意识形式。

一些材料应用于建筑装饰中往往给人们带来历史文化上的联想,如竹子让人想到古代东方文人墨客的高洁品格,剁斧面的石材效果会带来沧桑的历史感,陶瓷锦砖马赛克材料的大量使用会给人伊斯兰文化的联想等。

成功的设计不仅要满足其使用功能的需要,还应具备其不同的地域性和文化性。世界之所以多姿多彩,正是由于不同的民族背景、不同的地域特征、不同的自然条件、不同历史时期所遗留的文化而形成世界的多样性。故而从这一点上来讲,越具有地域性也就越具有世界性。而地域建筑装饰材料对地区的文脉具有承载作用,能够很好地将一个地区的传统文化凝结其中,利用建筑本身相对的永恒性把本地区的文化传承下去。因此,设计应就地取材,充分利用材料的特性,建成具有当地文化意义的空间环境。

(2)材料的艺术性。材料的色彩、质感、肌理等各种艺术美感都是可以为人所感知的,在建筑与环境艺术设计中,设计师通过对不同材料的配比选用,营造出符合人们视觉、触觉审美要求的空间环境。另外,也可以形成不同的艺术表现风格,满足不同使用者的心理需求。

在目前的设计实践中,材料的艺术感染力主要集中于人的视觉和触觉两种感官范围,听觉和嗅觉方面的艺术性实践还比较少,设计师应该努力探索更多的艺术表现手法,丰富材料的艺术性语言。

5.1.5　装饰木材

木质室内装饰材料是指包括木、竹材以及以木、竹材为主要原料加工而成的一类适合于家具和室内装饰装修的材料。

木材和竹材是人类最早应用于建筑以及装饰装修的材料之一。由于木、竹材具有许多不可由其他材料所替代的优良特性,它们至今在建筑装饰装修中仍然占有极其重要的地位。虽然其他种类的新材料不断出现,但木、竹材料仍然是家具和建筑领域不可缺少的材料。

人造板工业的发展极大地推动了木质装饰材料的发展,中密度纤维板、刨花板、细木工板、竹质板等基材的迅猛发展,以及新的表面装饰材料和新的表面装饰工艺与设备的不断出现,使木质装饰材料从品种、花色、质地到产量都大大向前推动了一步。

1.木材的常识

(1)原条(见图5-2)。原条是树木去除根、树皮但未按标定的规格尺寸加工的原始材。

(2)原木(见图5-3)。原木是在原条的基础上,按一定的直径和规格尺寸加工而成的木材。原木可直接用作房梁、柱等。

图5-2　原条　　　　　　　　　　　　图5-3　原木

(3)锯材。锯材是指可将锯材加工成板材和木方。

2.木材的分类

(1)按外观形状划分。

①针叶树(见图5-4):如红松、马尾松、衫木、银杏等(树叶细长如针,多为长绿树)。

A.特点:树干通直而且高大,易得大材,纹理直且粗犷、清晰,价格较廉材质均匀且软,易加工,属软质木材。材质强度高,表面密度和胀缩变形小,耐腐蚀性强。

B.用途:板、方材可做基材(家具),承重构件(楼板、隔墙、踏板);用作饰面。

②阔叶树(见图5-5):树叶宽大,叶脉成网状,属落叶树。如水曲柳、樟木、胡桃木、樱桃木、柚木、紫檀、白杨、黄杨木、红榉、白榉木等。

图5-4　针叶树　　　　　　　　　　　图5-5　阔叶树

A.特点:树干通直部分较短,材质较硬,加工较难,属硬质木材。表观密度大,其胀缩变形较大,易于开裂。经过加工处理后,性能得到提高。但其色泽丰富,大多树种纹理细而直,自然美丽。

B.用途:广泛用于地板材料和墙面、柱面、门窗、家具等主要饰面用材以及各种装饰线材。

（2）按原木加工方式划分。按原木加工方式划分,木材可分为由锯切而得的板材、方材和刨切而得的微薄木片。板材、方材以截面边长的比与相对厚度的大小进行区别,微薄木片以厚度（mm）为表示单元。

3.常用的木材种类

（1）彰显华贵的木材。

①紫檀（见图5-6）。紫檀产自印度、菲律宾、泰国以及中国的广东省。树干多弯曲,可取之材很少,材质致密坚硬,入水即沉,心材呈鲜红或橘红色。紫檀也是名贵的药材,还适合雕刻。

②楠木（见图5-7）。楠木是国家二级保护野生植物,是一种极高档木材,主要产于中国四川、云南等地。

图5-6　紫檀　　　　　　　　　　　　　　图5-7　楠木

③鸡翅木（见图5-8、图5-9）。鸡翅木产于缅甸、泰国、印度、越南等东南亚国家,它分新、老两种。老鸡翅木肌理致密,紫褐色深浅相间成纹,酷似鸡翅膀。

 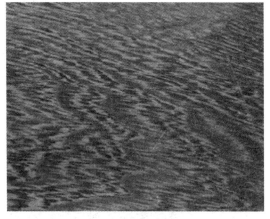

图5-8　新鸡翅木　　　　　　　　　　　　图5-9　老鸡翅木

④黄花梨（见图5-10）。黄花梨又称降香黄檀,颜色从浅黄到紫赤,木质坚实,花纹美好,有香味,是明及清前期考究家具的主要材料。

⑤红木（见图5-11）。红木是现在最常见的一种硬木,在清中期后被广泛使用。广东称之为"酸枝",产于印度、缅甸、越南等东南亚国家,其材质坚硬耐磨、沉于水。

图 5-10 黄花梨

图 5-11 红木

（2）较为大众的饰面用木材。

①水曲柳（图 5-12）。水曲柳材质略硬，花纹美丽，结构粗，易加工、韧性大，涂饰、胶合性好。

②樱桃木（图 5-13）。樱桃木是一种非常受人钟爱的木材，产自南美，常被打造成各种家具、乐器和胶合板的贴面。

图 5-12 水曲柳

图 5-13 樱桃木

③胡桃木。胡桃木分为黑胡桃木、灰胡桃木、红胡桃木，略硬，密度中等，耐腐耐用，产自北美北欧。中等密度的坚韧木材，易于手工工具和机械加工。

④椴木。椴木材质略轻软，结构略细，不易开裂。

4. 人造板材（胶合板类）

（1）细木工板（又称大芯板，见图 5-14）。

A. 概念：用木材的边角废料，经整形、刨光、施胶、拼接、贴面而制成的一种人造板材。

B. 用途：是装修中最主要的材料之一，家具、门窗及套、隔断、假墙、暖气罩、窗帘盒等（见图 5-15）。

图5-14 细木工板

图5-15 细木工板的应用

C.用法:表面木纹粗糙,通常要贴饰面三合板再刷漆。

E.规格:1220mm×2440mm ×18mm(12mm 或 20mm)。

E.价格:120～260元/张。

(2)纤维板(又称密度板,见图5-16)。

A.概念:将树皮、刨花、树枝等废料经破碎、浸泡、研磨成木浆,再经加压成型、干燥处理而制成的板材。

B.分类:因成型时温度和压力不同,其密度的不同,分为高密度板、中密度板、低密度板三种。

C.特点:纤维板构造均匀、不易变形、翘曲和开裂。

D.用途:硬质纤维板可代替木材用于室内墙面、顶棚等;软质纤维板可用作保温、吸声材料、不需承重的屏风、柜体基材和墙面装修。

E.规格:1220mm×2440mm,有八厘、十二厘、十五厘、十八厘称呼。

(3)刨花板(见图5-17)。

图5-16 纤维板

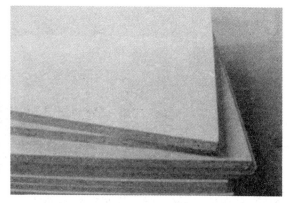

图5-17 刨花板

A.概念:刨花板是利用施加或未施加胶料的木刨花碎屑压制的板材。

B.特点:密度小,材质均匀,但易吸湿,强度不高。

C.用途:是目前橱柜、板式家具的主要基材。

D. 规格：1220mm×2440mm，有十五厘、十六厘、十八厘、二十厘、三十厘米。

(4)三夹板(见图5-18)。三甲板又叫三合板，即将三层很薄的原木交错叠压而成，也有五合板、多层板。其层数成奇数，一般为3~13层，分别称为三层板、五层板等。用来制作胶合板的树种有椴木、桦木、水曲柳、榉木等。

A. 特性：变形小、收缩率小、没有木结、裂纹等缺陷，而且表面平整，有美丽花纹，富装饰性。

B. 用途：表层纹理多样美观，主要饰面材料，一般是贴在细木工板外面。

C. 规格：1220 mm×2440mm，三厘米。

(5)集成板。集成板是一种新兴的实木材料，采用优质原木交错拼接的木板(竖向木板间采用锯齿状接口，类似两手手指交叉对接，也称指接板)。它一般采用优质木材(目前较多的是用杉木，所以俗称杉木板)作为基材，经过干燥、指接、拼板、砂光等工艺制作而成。

A. 特点：环保，是细木工板允许含甲醛量的1/8；可以直接上色、刷漆。美观性，集成板是原质原味天然板材，木纹清晰，自然大方，经济性。集成板表面经过砂光处理，平整光滑，制作家具时表面无须再贴面板，省工省料，经济实惠。

B. 规格：1220 mm×2440mm，十二厘米、十五厘米、十八厘米。

(6)三聚氰胺贴面板—标准板(见图5-19)。三聚氰胺层压板是以厚纸为骨架，三聚氰胺热固性树脂，多层叠合经热压固化而成的薄型材料。

A. 特点：阻燃、耐水、耐热、耐老化、耐电弧、耐化学腐蚀，有良好的绝缘性能、光泽度和机械强度，广泛用于多种行业。标准板是以刨花板为基材，表面经"三聚氰胺"贴面，具有耐磨、抗刻划、耐高温、易清洁、耐酸碱等优点。

B. 用途：板式家具、办公家具及厨房家具的主要用材，以及墙面、柱面、台面。

图5-18　三夹板　　　　　　　　　图5-19　三聚氰胺贴面板

5.1.6　装饰石材

装饰石材包括天然石材和人工石材两类。天然石材是一种有悠久历史的建筑材料，河北赵州桥和江苏洪泽湖的洪湖大桥均为著名的古代石材建筑结构。天然石材作为结构材料来说，具有较高的强度、硬度和耐磨、耐久等优良性能；而且天然石材经表面处理可以获得优良的装饰性，对建筑物起保护和装饰作用。以结构与装饰两方面相比，天然石材作为装饰材料的发展前景更好。近年来发展起来的人造石材无论在材料加工生产、装饰效果和产品价格等方面都显示了其优越性,成为一种有发展前途的建筑装饰材料。

1.石材的基本知识

石材来自岩石,岩石按形成条件可分为火成岩、沉积岩和变质岩三大类。

(1)火成岩(岩浆岩)。火成岩是地壳内部岩浆冷却凝固而成的岩石,是组成地壳的主要岩石,按地壳质量计量,火成岩占89%。由于岩浆冷却条件不同,所形成的岩石具有不同的结构性质,根据岩浆冷却条件,火成岩分为三类,即深成岩、喷出岩和火山岩。

①深成岩(见图5-20)。深成岩是岩浆在地壳深处凝成的岩石。由于冷却过程缓慢且较均匀,同时覆盖层的压力又相当大,因此有利于组成岩石矿物的结晶,形成较明显的晶粒,不通过其他胶结物质而结成紧密的大块。深成岩的抗压强度高,吸水率小,表观密度及导热性大;由于孔隙率小,因此可以磨光,但坚硬难以加工。建筑上常用的深成岩有花岗岩、正长岩和橄榄岩等。

②喷出岩(见图5-21)。喷出岩是岩浆在喷出地表时,经受了急剧降低的压力和快速冷却而形成的。在这种条件的影响下,岩浆来不及完全形成结晶体,而且也不可能完全形成粗大的结晶体。所以,喷出岩常呈非结晶的玻璃质结构、细小结晶的隐晶质结构,以及当岩浆上升时即已形成的粗大晶体嵌入在上述两种结构中的斑状结构。这种结构的岩石易于风化。当喷出岩形成很厚时,则其结构与性质接近深成岩;当形成较薄的岩层时,由于冷却快,多数形成玻璃质结构及多孔结构。工程中常用的喷出岩有辉绿岩、玄武岩及安山岩等。

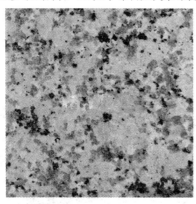 

图5-20　深成岩　　　　　　　　　图5-21　喷出岩

③火山岩(见图5-22)。火山爆发时岩浆喷入空气中,由于冷却极快,压力急剧降低,落下时形成的具有松散多孔、表观密度小的玻璃质物质称为散粒火山岩。当散粒火山岩堆积在一起,受到覆盖层压力作用及岩石中的天然胶结物质的胶结,即形成胶结的火山岩,如浮石。

(2)沉积岩(旧称水成岩,见图5-23)。沉积岩是露出地表的各种岩石(火成岩、变质岩及早期形成的沉积岩)在外力作用下,经风化、搬运、沉积、成岩四个阶段,在地表及地下不太深的地方形成的岩石。其主要特征是呈层状,外观多层理和含有动、植物化石。沉积岩中的所含矿产极为丰富,有煤、石油、锰、铁、铝、磷、石灰石和盐岩等。

图5-22　火山岩　　　　　　　　　　　图5-23　沉积岩

　　沉积岩仅占地壳质量的5%,但其分布极广,约占地壳表面积的75%,因此,它是一种重要的岩石。建筑中常用的沉积岩有石灰岩、砂岩和碎屑石等。

　　(3)变质岩。变质岩是地壳中原有的岩石(包括火成岩、沉积岩和早先生成的变质岩),由于岩浆活动和构造运动的影响,原岩变质(再结晶,使矿物成分、结构等发生改变)而形成的新岩石。一般由火成岩变成的称为正变质岩,由沉积岩变质成的称副变质岩。按地壳质量计,变质岩占65%。建筑中常用的变质岩有大理岩、石英岩和片麻岩等。

　　2.装饰石材的一般加工

　　由采石场采出的天然石材荒料,或大型工厂生产出的大块人造石基料,需要按用户要求加工成各类板材或特殊形状的产品。石材的加工一般有锯切和表面加工。

　　(1)锯切。锯切是将天然石材荒料或大块人造石基料用锯石机锯成板材的作业。锯切设备主要有框架锯(排锯)、盘式锯、钢丝绳锯等。锯切花岗石等坚硬石材或较大规格石料时,常用框架锯,锯切中等硬度以下的小规格石料时,则可以采用盘式锯。框架锯的锯石原理是把加水的铁砂或硅砂浇入锯条下部,受一定压力的锯条(带形扁钢条)带着铁砂在石块上往复运动,产生磨擦而锯制石块。圆盘锯由框架、锯片固定架及起落装置和锯片等组成。大型锯片直径有1.25～2.50m,可加工1.0～1.2m高的石料。锯片为硬质合金或金刚石刃,后者使用较广泛。锯片的切石机理是,锯齿对岩石冲击磨擦,将结晶矿物破碎成小碎块而实现切割。

　　(2)表面加工。锯切的板材表面质量不高,需进行表面加工。表面加工要求有各种形式,如粗磨、细磨、抛光、火焰烘毛和凿毛等。

　　①研磨工序一般分为粗磨、细磨、半细磨、精磨、抛光等五道工序。研磨设备有摇臂式手扶研磨机和桥式自动研磨机。前者通常用于小件加工,后者加工1m²以上的板材。磨料多用碳化硅加结合剂(树脂和高铝水泥等),或用60～1000网的金刚砂。

　　②抛光是石材研磨加工的最后一道工序。进行这道工序后,将使石材表面具有最大的反射光线的能力以及良好的光滑度,并使石材固有的花纹色泽最大限度地显示出来。

　　③烧毛加工是将锯切后的花岗板材,利用火焰喷射器进行表面烧毛,使其恢复天然表面。烧毛后的石板先用钢丝刷刷掉岩石碎片,再用玻璃渣和水的混合液高压喷吹,或者用尼龙纤维团的手动研磨机研磨,以使表面色彩和触感都满足要求。

3.装修装饰常用的天然石材

(1)装饰用大理石(见图5-24)。天然装饰石材中应用最多的是大理石,它因云南大理盛产而得名。大理石是由石灰岩和白云岩在高温、高压下矿物重新结晶变质而成。它的结晶主要由方解石或白云石组成,具有致密的隐晶结构。纯大理石为白色,称汉白玉,如在变质过程中混进其他杂质,就会出现不同的颜色与花纹、斑点。如含碳呈黑色;含氧化铁呈玫瑰色、桔红色;含氧化亚铁、铜、镍呈绿色;含锰呈紫色等。

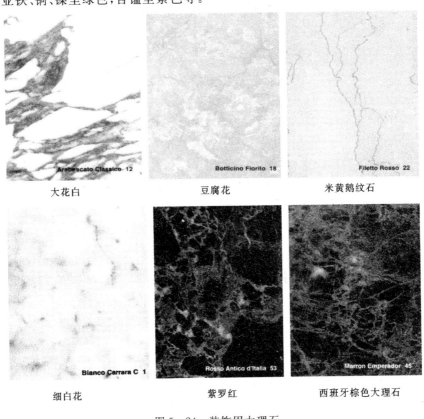

大花白　　　　　　　　　　豆腐花　　　　　　　　　　米黄鹅纹石

细白花　　　　　　　　　　紫罗红　　　　　　　西班牙棕色大理石

图5-24　装饰用大理石

大理石的主要成分为氧化钙,空气和雨中所含酸性物质及盐类对它有腐蚀作用。除个别品种(如汉白玉、艾叶青等)外,它一般只用于室内。采石场开采的大理石块称为荒料,经锯切、磨光后,制成大理石装饰板材。大理石天然生成的致密结构和色彩、斑纹、斑块可以形成光洁细腻的天然纹理。

①天然大理石的品种。天然大理石石质细腻、光泽柔润、有很高的装饰性。目前应用较多的有以下品种:

A.单色大理石。如纯白的汉白玉、雪花白;纯黑的墨玉、中国黑等,是高级墙面装饰和浮雕装饰的重要材料,也用作各种台面。

B.云灰大理石。云灰大理石底色为灰色,灰色底面上常有天然云彩状纹理,带有水波纹的称做水花石。云灰大理石纹理美观大方、加工性能好,是饰面板材中使用最多的品种。

C.彩花大理石。彩花大理石是薄层状结构,经过抛光后,呈现出各种色彩斑斓的天然图画。经过精心挑选和研磨,可以制成由天然纹理构成的山水、花木、禽兽虫鱼等大理石画屏,是大理石中的极品。

②天然大理石结构特征与规格。大理石的产地很多,世界上以意大利生产的大理石最为名贵。国内几乎每个省、市、自治区都产大理石。大理石板材对强度、容重、吸水率和耐磨性等不做要求,以外观质量、光泽度和颜色花纹作为评价指标。天然大理石板材根据花色、特征、原料产地来命名。大理石的结构及大理石板材的规格。

③天然大理石的性能与应用。各种大理石自然条件差别较大,其物理力学性能有较大差异。天然大理石质地致密但硬度不大,容易加工、雕琢和磨平、抛光等。大理石抛光后光洁细腻,纹理自然流畅,有很高的装饰性。大理石吸水率小,耐久性高,可以使用40~100年。

天然大理石板材及异型材制品是室内及家具制作的重要材料,用于大型公共建筑如宾馆、展厅、商场、机场、车站等室内墙面、地面、楼梯踏板、栏板、台面、窗台板、踏脚板等,也用于家具台面和室内外家具。

(2)装饰用花岗石。花岗石以石英、长石和云母为主要成分。其中长石含量为40%~60%,石英含量为20%~40%,其颜色决定于所含成分的种类和数量。花岗石为全结晶结构的岩石,优质花岗石晶粒细而均匀、构造紧密、石英含量多、长石光泽明亮。花岗石的二氧化硅含量较高,属于酸性岩石。某些花岗石含有微量放射性元素,这类花岗石应避免用于室内。花岗石结构致密、质地坚硬、耐酸碱、耐气候性好,可以在室外长期使用。

①花岗石制品的种类。天然花岗石制品根据加工方式不同可分为如下几类:

A.剁斧板材。石材表面经手工剁斧加工,表面粗糙,具有规则的条状斧纹。表面质感粗犷,用于防滑地面、台阶、基座等。

B.机刨板材。石材表面机械刨平,表面平整,有相互平行的刨切纹,用于与剁斧板材类似用途,但表面质感比较细腻。

C.粗磨板材。石材表面经过粗磨,平滑无光泽,主要用于需要柔光效果的墙面、柱面、台阶、基座等。

D.磨光板材。石材表面经过精磨和抛光加工,表面平整光亮,花岗岩晶体结构纹理清晰,颜色绚丽多彩,用于需要高光泽平滑表面效果的墙面、地面和柱面。

②花岗岩的性能与应用。花岗岩结构致密,抗压强度高,吸水率低,表面硬度大,化学稳定性好,耐久性强,但耐火性差。

③天然大理石的性能与应用。花岗岩是一种优良的建筑石材,它常用于基础、桥墩、台阶、路面,也可用于砌筑房屋、围墙,尤其适用于修建有纪念性的建筑物,天安门前的人民英雄纪念碑就是由一整块100t的花岗岩琢磨而成的。在我国各大城市的大型建筑中,曾广泛采用花岗岩作为建筑物立面的主要材料,也可用于室内地面和立柱装饰,耐磨性要求高的台面和台阶踏步等。由于修琢和铺贴费工,因此是一种价格较高的装饰材料。

(3)人造石材。人造石材一般指人造大理石和人造花岗岩,以人造大理石的应用较为广泛。由于天然石材的加工成本高,现代建筑装饰业常采用人造石材。它具有重量轻、强度高、装饰性强、耐腐蚀、耐污染、生产工艺简单以及施工方便等优点,因而得到了广泛应用。

人造大理石在国外已有40年历史,意大利1948年即已生产水泥基人造大理石花砖,德国、日本、前苏联等国在人造大理石的研究、生产和应用方面也取得了较大成绩。由于人造大理石生产工艺与设备简单,很多发展中国家也已生产人造大理石。我国20世纪70年代末期才开始由国外引进人造大理石技术与设备,但发展极其迅速,质量、产量与花色品种上升很快。

①人造大理石之所以能得到较快发展,是因为具有如下一些特点:

A. 容量较天然石材小,一般为天然大理石和花岗石的80%。因此,其厚一般仅为天然石材的40%,从而可大幅度降低建筑物重量,方便了运输与施工。

B. 耐酸。天然大理石一般不耐酸,而人造大理石可广泛用于酸性介质场所。

C. 制造容易。人造石生产工艺与设备不复杂,原料易得,色调与花纹可按需要设计,也可比较容易地制成形状复杂的制品。

②人造石材按照使用的原材料分为四类,即水泥型人造石材、树脂型人造石材、复合型人造石材及烧结型人造石材。

A. 水泥型人造石材。它是以水泥为黏结剂,砂为细骨料,碎大理石、花岗岩、工业废渣等为粗骨料,经配料、搅拌、成型、加压蒸养、磨光、抛光等工序而制成。通常所用的水泥是硅酸盐水泥,现在也用铝酸盐水泥作黏结剂,用它制成的人造大理石具有表面光泽度高、花纹耐久、抗风化、耐火性、防潮性都优于一般的人造大理石。这是因为铝酸盐水泥的主要矿物成分——铝酸一钙水化生成了氢氧化铝胶体,在凝结过程中,与光滑的模板表面接触,形成氢氧化铝凝胶层;与此同时,氢氧化铝胶体在硬化过程中不断填塞水泥石的毛细孔隙,形成致密结构。所以制品表面光滑,具有光泽且呈半透明状。

B. 树脂型人造石材。这种人造石材多是以不饱和聚酯为黏结剂,与石英砂、大理石、方解石粉等搅拌混合,浇铸成型,经固化、脱模、烘干、抛光等工序制成。目前,国内外人造大理石以聚脂型为多。这种树脂的黏度低,易成型,常温固化。其产品光泽性好,颜色鲜亮,可以调节。

C. 复合型人造石材。这种石材的黏结剂中既有无机材料,又有有机高分子材料。先将无机填料用无机胶黏剂胶结成型。养护后,再将坯体浸渍于有机单体中,使其在一定条件下聚合。板材制品的底材要采用无机材料,其性能稳定且价格较低;面层可采用聚酯和大理石粉制作,以获得最佳的装饰效果。无机胶结材料可用快硬水泥、白水泥、铝酸盐水泥以及半水石膏等。有机单体可以采用苯乙烯、甲基丙烯酸甲酯、醋酸乙烯、丙烯腈、二氯乙烯、丁二烯等,这些树脂可单独使用或组合起来使用,也可以与聚合物混合使用。

D. 烧结型人造石材。这种类型的人造石材的生产工艺与陶瓷的生产工艺相似,是将斜长石、石英、辉石、石粉及赤铁矿粉和高岭土等混合,一般用40%的黏土和60%的矿粉制成泥浆后,采用注浆法制成坯料,再用半干压法成型,经1000℃左右的高温焙烧而成。

5.1.7 装饰陶瓷

在建筑装饰工程中,陶瓷是最古老的装饰材料之一。随着现代科学技术的发展,陶瓷在花色、品种、性能等方面都有了巨大的变化,为现代建筑装饰装修工程带来了越来越多兼具实用性、装饰性的材料,在建筑工程中应用十分普遍。

全世界装饰陶瓷的消费量十分巨大,主要消费地区在欧洲,约占53%,其次是美洲。在美国装饰陶瓷已走出厨房和浴室,成为豪华住宅常用的装饰材料。

近10年来,我国建筑卫生陶瓷行业有了长足的发展。建筑陶瓷砖和卫生陶瓷的年平均增长率分别为41.7%和19.2%。自1993年建筑陶瓷砖和卫生陶瓷产量双双名列世界第一以来,中国已成为世界卫生陶瓷生产头号大国。2001年,建筑陶瓷砖产量占世界总产量的41%左右,卫生陶瓷产量占世界总产量的25%左右,稳居世界第一位。

陶瓷,或称烧土制品,是指以黏土为主要原料,经成型、焙烧而成的材料。陶瓷强度高、耐火、耐久、耐酸碱腐蚀、耐水、耐磨,易于清洗,加之生产简单,故而用途极为广泛,几乎应用于从家庭到航天的各个领域。

我国的陶瓷生产有着悠久的历史和光辉的成就。尤其是瓷器,是我国的伟大发明之一。唐代的赵窑青瓷和刑窑白瓷、唐三彩;宋代的高温色釉、铁系花釉,如兔毫、油滴玳瑁斑等;明清时期的青花、粉彩、祭红、郎窑红等产品都是我国陶瓷史上光彩夺目的明珠。我国的陶瓷制品无论在材质、造型或装饰方面都有很高的工艺和艺术造诣。

在现代建筑装饰陶瓷中,应用最多的是釉面砖、地砖和锦砖。它们的品种和色彩多达数百余种,而且还在不断涌现新的品种,如日本的浮雕面砖、德国的吸音面砖、澳大利亚的轻质发泡面砖、我国的结晶面砖等。

1.陶瓷的基本知识

(1)陶瓷的分类及制品特点。从产品种类分,陶瓷可以分为陶器与瓷器两大类。陶器通常有较大的吸水率(大于10%),断面粗糙无光,不透明,敲之声音粗哑,可施釉或不施釉。瓷器坯体致密,基本上不吸水,强度高,耐磨,半透明,通常施釉。另外还有一类产品介于陶器与瓷器之间,称为炻器,也称半瓷。炻器与陶器的区别在于陶器坯体是多孔的,而炻器坯体孔隙率很低;而它与瓷器的主要区别是炻器多数带有颜色且无半透明性。

陶器(见图5-25)分为粗陶和精陶两种。粗陶的坯料由含杂质较多的砂黏土组成,建筑上常用的砖、瓦及陶管等均属于这一类产品。精陶指坯体呈白色或象牙色的多孔制品,多以塑性黏土、高岭土、长石和石英等为原料。精陶通常要由素烧和釉烧两次烧成。建筑上常用的釉面砖就属于精陶。

炻器(见图5-26)按其坯体的细密性、均匀程度及粗糙程度分为粗炻器和细炻器两大类。建筑装饰用的外墙砖、地砖以及耐酸化工陶瓷等均属于粗炻器。日用炻器及陈设品,我国著名的宜兴紫砂陶即是一种无釉细炻器。炻器的机械强度和热稳定性均优于瓷器,且成本较低。

图5-25 陶器

图5-26 炻器

(2)陶瓷原料。

①黏土(见图5-27)。黏土是由多种矿物组成的混合物。具可塑性,是陶瓷坯体生产的的主要原料。黏土按习惯分类有四种并具有如下一些性质:

A.高岭土(见图5-28):是最纯的黏土,可塑性低,烧后颜色从灰到白色。

B.黏性土:为次生黏土,颗粒较细,可塑性好,含杂质较多。

C.瘠性黏土:较坚硬,遇水不松散,可塑性小,不易成可塑泥团。

D.页岩:性质与瘠性黏土相仿,但杂质较多,烧后呈灰、黄、棕、红等色。

图5-27 黏土

图5-28 高岭土

②石英(见图5-29)。石英主要成分为 SiO_2。石英在高温时发生晶型转变并产生体积膨胀,可以部分抵消坯体烧成时产生的收缩,同时,石英可提高釉面的耐磨性、硬度、透明度及化学稳定性。

③长石(见图5-30)。长石在陶瓷生产中可作助熔剂,以降低陶瓷制品的烧成温度。它与石英等一起在高温熔化后形成的玻璃态物质是釉彩层的主要成分。

④滑石。滑石的加入可改善釉层的弹性、热稳定性,加宽熔融的范围,也可使坯体中形成含镁玻璃,这种玻璃湿膨胀小,能防止后期龟裂。

⑤硅灰石。硅灰石在陶瓷中使用较广,加入制品后,能明显地改善坯体收缩、提高坯体强度和降低烧结温度。此外,它还可使釉面不会因气体析出而产生釉泡和气孔。

图5-29 石英

图5-30 长石

(3)陶瓷的表面装饰。陶瓷坯体表面粗糙,易沾污,装饰效果差。除紫砂地砖等产品外,大多数陶瓷制品都要表面装饰加工。最常见的陶瓷表面装饰工艺是施釉面层、彩绘、饰金等。

①施釉。釉面层是由高质量的石英、长石、高岭土等为主要原料制成浆体,涂于陶瓷坯体表面二次烧成的连续玻璃质层,具有类似于玻璃的某些性质,但釉并不等于玻璃,二者是有区别的。

釉面层可以改善陶瓷制品的表面性能并提高其力学强度。施釉面层的陶瓷制品表面平滑、光亮、不吸湿、不透气,易于清洗。

釉的种类繁多,组成也很复杂。按外表特征分类有透明釉、乳浊釉、有色釉、光亮釉、无光釉、结晶釉、砂金釉、光泽釉、碎纹釉、珠光釉、花釉、流动釉等。

施釉的方法有涂釉、浇釉、浸釉、喷釉、筛釉等。

②彩绘。在陶瓷制品表面用彩料绘制图案花纹是陶瓷的传统装饰方法。彩绘有釉下彩绘和釉上彩绘之分。

A. 釉下彩绘(见图5-31)。在陶瓷坯体或素烧釉坯表面进行彩绘,然后覆盖一层透明釉,烧制而成的即为釉下彩。

彩料受到表面透明釉层的隔离保护,使彩绘图案不会磨损,彩料中对人体有害的金属盐类也不会溶出。现在国内商品釉下彩料的颜色种类有限,基本上用手工彩画,限制了它在陶瓷制品中的广泛应用。

B. 釉上彩绘(见图5-32)。釉上彩绘是在烧好的陶瓷釉上用低温彩料绘制图案花纹,然后在较低温度下(600~900℃)二次烧成的。由于彩烧温度低,故使用颜料比釉下彩绘多,色调极其丰富。同时,釉上彩绘在高强度陶瓷体上进行,因此除手工绘画外,还可以用贴花、喷花、刷花等方法绘制,生产效率高,成本低廉,能工业化大批量生产。但釉上彩易磨损,表面有彩绘凸出感觉,光滑性差,且易发生彩料中的铅被酸所溶出而引起铅中毒。

图5-31 釉下彩绘

图5-32 釉上彩绘

③饰金。用金、银、铂或钯等贵金属装饰在陶瓷表面釉上,这种方法仅限于一些高级精细制品。饰金较为常见,其他贵金属装饰较少。金装饰陶瓷有亮金、磨光金和腐蚀金等,亮金装饰金膜厚度只有0.5μm,这种金膜容易磨损。磨光金的厚度远高于亮金装饰,比较耐用。腐蚀金装饰是在釉面用稀氢氟酸溶液涂刷无柏油的釉面部分,使之表面釉层腐蚀。表面涂一层磨光金彩料,烧制后抛光,腐蚀面无光,未腐蚀面光亮,形成亮暗不一的金色图案花纹。

(4)常用的建筑装饰陶瓷。建筑装饰陶瓷是用于建筑物墙面、地面及卫生设备的陶瓷材料。主要产品分为陶瓷面砖、卫生陶瓷、大型陶瓷饰面板、装饰琉璃制品等。其中,陶瓷面砖又包括外墙面砖、内墙面砖(釉面砖)和地砖。

①釉面砖。釉面砖又称内墙面砖,是用于内墙装饰的薄片精陶建筑制品。它不能用于室外,否则经日晒、雨淋、风吹、冰冻将导致破裂损坏。釉面砖不仅品种多,而且有白色、彩色、图案、无光、石光等多种色彩并可拼接成各种图案、字画,装饰性较强,多用于厨房、卫生间、浴室、理发室、内墙裙等处的装修及大型公共场所的墙面装饰。

墙地砖是陶瓷锦砖、地砖、墙面砖的总称,其强度高,耐磨性、耐腐蚀性、耐火性、耐水性均好,又容易清洗,不褪色,因此广泛用于墙面与地面的装饰。

大型陶瓷饰面板是一种大面积的装饰陶瓷制品,它克服了釉面砖及墙地砖面积小、施工中拼接麻烦等缺陷,装饰更逼真,施工效率更高,是一种有发展前途的新型装饰陶瓷。

卫生陶瓷是以磨细的石英粉、长石粉和黏土为主要原料,注浆成型后一次烧制,然后表面施乳浊釉的卫生洁具。它具有结构致密、气孔率小、强度大、吸水率小、抗无机酸腐蚀(氢氟酸除外)、热稳定性好等特点,可分为洗面器、大便器、小便器、洗涤器、水箱、返水弯和小型零件等。产品有白色和彩色两种,可用于厨房、卫生间、实验室等。

建筑琉璃制品是一种低温彩釉建筑陶瓷制品,既可用于屋面、屋檐和墙面装饰,又可作为建筑构件使用,主要包括琉璃瓦(板瓦、筒瓦、沟头瓦等)、琉璃砖(用于照壁、牌楼、古塔等贴面装饰)、建筑琉璃构件等。具有浓厚的民族艺术特色,融装饰与结构件于一体,集釉质美、釉色美和造型美于一身。

②外墙面砖(见图5-33、图5-34)。铺贴于建筑外表面的陶瓷材料称为外墙面砖。按表面是否施釉分为彩釉砖和无釉砖两大类。

图5-33 悉尼歌剧院外墙面砖(1)　　图5-34 悉尼歌剧院外墙面砖图(2)

A.彩釉砖。彩釉砖是彩色陶瓷墙地砖的简称,多用于外墙与室内地面的装饰。

B.无釉外墙贴面砖。无釉外墙贴面砖又称墙面砖,是作为建筑物外墙装饰的一类建筑材料,有时也可用于建筑物地面装饰。釉面砖是用于建筑物内墙装饰的薄板状精陶制品,又称为墙面砖。用釉面砖装饰建筑物内墙,可使建筑产生独特的卫生、易清洗和装饰美观的效果。近年来,国内外的釉面砖产品正向大而薄的方向发展,并大力发展彩色图案砖。

③地砖。地砖是装饰地面用的陶瓷材料。按其尺寸分为两类,尺寸较大的称为铺地砖,尺寸较小而且较薄的称为锦砖(马赛克)。

A.铺地砖的种类及规格。铺地砖规格花色多样,有红、白、浅黄、深黄等色,分正方形、矩形、六角形三种;光泽性差,有一定粗糙度,表面平整或压有凹凸花纹;并有带釉和无釉两类。常见尺寸为:150mm×150mm,100mm×200mm,200mm×300mm,300mm×300mm,300mm×400mm,厚度为8~20mm。

B.地砖的应用及发展趋势。地砖常用于人流较密集的建筑物内部地面,如住宅、商店、宾馆、医院及学校等建筑的厨房、卫生间和走廊的地面。地砖还可用作内外墙的保护、装饰。

近几年来,陶瓷地砖产品正向着大尺寸、多功能、豪华型的方向发展。从产品规格角度看,近年出现了许多边长在500mm左右,甚至大到1000mm的大规格地板砖,使陶瓷地砖的产品规格靠近或符合铺地石材的常用规格。从功能方面看,在其传统功能之上又增加了防滑等功能。从装饰效果看变化就更大了,产品脱离了无釉单色的传统模式,出现了仿石型地砖、仿瓷型地砖、玻化地砖等不同装饰效果的陶瓷铺地砖。

④陶瓷锦砖。陶瓷锦砖俗称马赛克,是以优质瓷土烧制成的小块瓷砖。按表面性质分为有釉和无釉两种,目前各地的产品多无釉。产品边长小于40mm,又因其有多种颜色和多种形状,拼成的图案似织锦,故称作锦砖(什锦砖的简称)。锦砖按一定图案反贴在牛皮纸上,组成1ft2($0.092m^2$)为一联。陶瓷锦砖具有抗腐蚀、耐磨、耐火、吸水率小、强度高以及易清洗、不褪色等特点,可用于工业与民用建筑的清洁车间、门厅、走廊、卫生间、餐厅及居室的内墙和地面装修,并可用来装饰外墙面或横竖线条等处。施工时可以不同花纹和不同色彩拼成多种美丽的图案。

(5)建筑陶瓷的新产品及发展趋势。近20年来,建筑陶瓷的应用范围及用量迅速增加,从厨房、卫生间的小规模使用到大面积的室内外装修,建筑陶瓷已成为一种重要的建筑装饰材料。陶瓷面砖产品总的发展趋势是:增大尺寸,提高精度,品种多样,色彩丰富,图案新颖,强度提高,收缩减少,并注意与卫生洁具配套,协调一致。施工对产品的要求是便于铺贴,黏结牢固,不易脱落。

①建筑陶瓷的新产品。

A.陶瓷劈离砖(见图5-35)。劈离砖又称劈裂砖,是近几年来开发的新型装饰材料品种,分彩釉和无釉两种;可用于建筑物的外墙、内墙、地面、台阶等部位,如图5-36所示。20世纪60年代初,劈离砖首先在德国兴起并得到发展。由于其制造工艺简单、能耗低、使用效果好,逐渐在欧洲各国流行。

图5-35　劈离砖　　　　　　　　　图5-36　劈离砖的应用

劈离砖是将黏土、页岩、耐火土等几种原料按一定比例混合,经湿化、真空挤出成型、干燥、施釉(也可不施釉)、烧结、劈离(将一块双联砖分为两块砖)、分选和包装等工序制成。一般规格为:115mm×240mm×(11×2)mm,200mm×100mm×(11×2)mm,240mm×71mm×(11×2)mm,200mm×200mm×(14×2)mm,300mm×300mm×(14×2)mm。劈离砖的特点在于它兼有普通黏土砖和彩釉砖的特性,即由于制品内部结构特征类似黏土砖,故其具有一定的强度、抗冲击性、抗冻性和可黏结性;而且表面可以施釉,故亦具有一般压制成型的彩釉地砖的装饰效果及可清洗性。正是由于这种特点,使得劈离砖的推广受到世界上许多国家的重视。

B.大型陶瓷饰面板。大型陶瓷饰面板是一种新型的高档建筑装饰材料,具有单块面积大、厚度薄、平整度好、吸水率小、抗冻、抗化学腐蚀、耐急冷急热以及施工方便等优点,并有绘制艺术、书法、条幅和壁画等多种功能。产品表面可做成平滑或浮雕花纹图案,并施以各种彩色釉,可用作建筑物外墙、内墙、墙裙、廊厅和立柱的装饰,尤其适用于宾馆、机场、车站和码头的装饰。产品的主要规格有:595mm×295mm,295mm×197mm,厚度为 4mm,5.5mm,8mm。

C. 锦砖图案砖和壁画。目前,我国生产的陶瓷面砖除了各种单色之外,还有采用丝网印、贴花和手绘的方法生产的各种鲜艳多彩或淡雅的图案和壁画,既美化了环境,又提高了装饰效果。

锦砖除了可以制成各种形状和色彩的品种外,还可以利用现有的品种进行各种拼化图案和壁画的设计和生产。通过对绘画原稿进行再创作,经过放大、制版、刻画、配釉、施釉和焙烧等一系列工序,采用漫、点、涂、喷和填等多种工艺,使制品具有神形兼备的艺术效果。陶瓷壁画的品种主要有高温釉、釉中彩和陶瓷浮雕等。进行壁画拼凑的锦砖的尺寸愈小,壁画失真的程度也愈小,还有利于壁画画面的控制。

D. 其他产品。除上述产品外,我国近年来还开发研究并生产了一系列新型建筑陶瓷产品。如无硼—锆釉面砖、陶瓷彩色波纹贴面砖、彩色花岗岩釉砖、黑瓷装饰板以及一些利用工业废渣生产的陶瓷产品。

②建筑陶瓷的发展趋势。专家预测,今后国际市场陶瓷面砖将流行"五化":

A. 色彩趋深化。已流行的白色、米色、灰色和土色仍有一定的市场,但桃红、深蓝及墨绿等色将后来居上。

B. 形状多样化。圆形、十字形、长方形、椭圆形、六角形和五角形等形状的销量将逐渐增大。

C. 规格大型化。400mm 以上的大规格瓷砖将愈来愈时兴,以取代原来的小块瓷砖。

D. 观感高雅化。高格调、雅致、质感好的瓷砖正成为国内外市场的新潮流。

E. 釉面多元化。地面砖釉面以雾面、半雾面、半光面和全光面为多;壁画则以亮面为主。

5.2　材料设计的方法

室内设计的各种意图,也必须通过材料的合理运用来完成,可以用在室内环境中的材料很多,但要达到合理运用则比较困难。好的设计方案,它的功能效益、经济效益以及其自身价值,成倍地超过一般方案,显示出设计的作用和魅力,这当中少不了材料的表现。

一个室内设计师要想有不衰的创造力,只找到偶然使用的材料还不够,要通过生活现象看到事物的本质,有价值的材料就像璞中之玉,只有剥掉石层,才能见到美玉,才能从平凡的生活里找到不平凡的材料。原来,在我们周围的生活中存在着两种类型的材料,一种是常规型、经常要用的材料,比如涂料、花岗石、木材、瓷砖、玻璃等,是人们"司空见惯"经常用的材料;另一种类型是反常型、偶然使用的材料,通俗地说就是能令人耳目一新的材料,比如树枝、绳子、玻璃杯、冰、琉璃、毛皮等,这类材料出现在室内环境中往往能引起人们的注意,或是吃惊,或是慨叹,一般人在吃惊、慨叹、嬉笑之后就遗忘了,然而一个室内设计师必须把这些牢牢地捕捉住,存入自己的记忆库,等到有机会时加以应用。这些是原创设计的火花、亮点,能使设计显示异常新鲜、有趣的设计细节。在日常生活中只要稍加注意,发现、找到并能够应用的这类材料并不是很困难,只是要打破常规,头脑中不能有条条框框。必须说明,这类材料的使用对象会有很大局限,用得多和用得频繁也同样会使人厌倦,同时用得少也就说明其使用有很大难度。

我们要对现在边缘的一些材料,包括身边的一些非常规材料更加关注,发掘其中所暗含的发展前途,只有这样,以后的常规材料才能越来越发展,现在的边缘很有可能就是未来的主流。作为一名设计师不能局限于流行或一些现成的材料,要勇于发现,开拓材料的新空间,尝试采用非常规装饰材料。

随着现代工业的不断发展,在自然材料和工业材料、传统材料与新型材料之间有着一些变化与不同,包括不同材料的材质、肌理、颜色特性等。在建筑与室内设计创作过程中,通过对材料的摸索、挖掘和重组不仅可以体现出设计作品更深层次的意义,同时这些千奇百怪的材料特性也将能成为空间创作灵感的源泉。材料设计通常理解为是用现成的设计创作,它主要是靠现成的物质材料解释设计主题。

建筑与室内创作观念体现着不同设计者的心理感受和内心体验。德国工业设计师康斯坦丁·格里克说过"我喜欢选用一种材料或一种技术,我不喜欢混杂的材料。材料必须要诚实,高品质的塑料胜于假金属。如果要使用金属,我们必须使用真正的金属。"这说明每个设计师都有自己运用材料的理念与习惯。

另外,每一种材料都会有给人想象的空间。设计师在创作过程中对材料的变化把握、形式调整,宗旨是为了寻找材料在各种心理状态反映中的关联与互动。虽然材料设计的表现方法是丰富多彩的,但是它有一定的法则,更注重随机性。在取材方面,设计师要根据设计需要去选择材料,被选出的各种材料之间应有相互联系,应用它们应能准确表达设计者的意图。

5.2.1　材料的组配

材料的不同组配能加强环境的性格特征,一个环境一般是由多种材料所组成,不同材料之间的组合可以使空间元素更加丰富,且具有不同的表情,组配得好能够提升环境气氛,反之会给人不协调的感觉,所以材料之间的组配是很重要的。材料是媒介,它有专属的表情,它们共同的组合塑造了空间的气质。在材料的选择上,价格不一定要贵,但一定要从整体上去考虑,无论木材、石材、金属材质都要搭配得当、恰到好处。材料的不同组配能加强环境的性格特征,也能消减环境的性格特征。例如,采用特殊的皮制材料进行装饰,配合木质、钢铁以及棉麻等原始感觉的材料,使得整个环境有着豪放的西部感觉,充满了冷静自我的个人意识色彩,与众不同。

1.复合的材质语言

要营造具有特色、艺术性强、个性化的空间环境,往往需要若干种不同材料组合起来进行装饰。各界面装饰在选材时,既要组合好各种材料的肌理质地,又要协调好各种材料质感的对比关系。在许多情况下,材料语言是复合性的。所谓复合,大多是指两种或三种材料紧密结合产生的材料语言。这种材料语言虽非单一材料,但常常被视为一体,仍有明显的单纯性,复合材料语言也产生于相同材料的相互连接中。

设计材料的美感体现通常是靠对比手法来实现的。多种材料运用,如平面与立体、大与小、简与繁、粗与细等对比手法产生相互烘托、互补的作用。不同的材质带给人不同的视觉、触觉、心理感受。在设计过程中,要精于在体察材料内在构造和美的基础上选材,贵在材料的合理配置和质感的和谐运用。

关键是把材料本身具有的肌理美感、色彩美感、材质美感用巧、用好。根据功能的、经济的、实用的、艺术的、合理的"异质同构",层次分明,相得益彰,起到点石成金,化腐朽为神奇的作用。

2.多种材料的质感的两种组合方式

材质的对比既有相似材质的对比,又有多种材质的对比。材料质感的具体呈现是在室内环境中各界面上相同或不同材料的相互组合。

(1)相似材料的组合。相似材质配置,是对两种或两种以上相仿质地材料的组合与配置。同样是铜的材质,紫铜、黄铜、青铜因合金成分的不同,呈现出有细微差别的色彩和质感,运用相似材质对比易于体现出材料的含蓄感和精细感,达到微差上的美感。又如同属木质质感的桃木、梨木、柏木,因生长的地域、年轮周期的不同,而形成纹理的差异。这些相似肌理的材料组合,在环境效果上起到中介和过渡作用。或采用同一木材饰面板装饰墙面或家具,可以采用对缝、拼角、压线手法,通过肌理的横直纹理设置、纹理的走向、肌理的微差、凹凸变化来实现组合构成关系。

(2)多种材质的组合。多种材质的配置,是指数种截然不同的材质搭配使用。如亚光材质与亮光材质,坚硬的材质与柔软的材质,粗犷的材质与细腻的材质等的配置对比,相互显示其材质的表现力和张力,展示其美的属性。

设计材料的美感体现通常是靠对比手法来实现的。多种材料运用平面与立体、大与小、简与繁、粗与细等对比手法产生相互烘托、互补的作用。多样的材质带给人不同的视觉、触觉、心理感受。所以,在室内环境设计中,各界面装饰在选材时,既要组合好各种材料的肌理质地,又要协调好各种材料质感的对比关系。所以,要营造具有特色、艺术性强、个性化的空间环境,往往需要将若干种不同材料组合起来进行装饰,把材料本身具有的质地美和肌理美充分地展现出来。

5.2.2 材料分割与转角处理

材料的分割、分块是材料加工工艺的必然工序,也为运输搬运提供方便。材料与材料之间的分割缝是指能减少因温度变化或材料收缩产生的不规则裂缝而设置的缝,或是由于材料本身的尺寸不够铺装时所必须采取多块和多组材料组合才能达到所要的效果,材料之间的分缝处理是设计中不应忽视的问题。

分格缝中的凹凸线条也是构成立面装饰效果的因素。抹灰、水刷石、天然石材、混凝土条板等设置分块、分格,除了为防止开裂以及满足施工接茬的需要外,也是装饰面在比例、尺度感上的需要。

例如,目前多见的本色水泥砂浆抹面的建筑物,一般均采取划横向凹缝或用其他质地和颜色的材料嵌缝,这种做法不仅克服了光面抹面质感平乏的缺陷,同时还可使大面积抹面颜色欠均匀的感觉减轻。

5.2.3 材料的光影设计

"阴影,有投射阴影,也有附着在物体旁边的阴影。附着阴影可以通过它的形状、空间定向以及它与光源的距离,直接把物体衬托出来。投射阴影就是指一个物体投射在另一个物体上面的影子,有时还包括同一物体中某个部分投射在另一个部分上的影子。"

在通常的室外日光作用下有逆影、投影、折光,正确、适度地运用光影和肌理的强弱、粗细,是室内设计和制作的重要技巧,也是选择室内材料的重要前提,处理光影和肌理的虚实变化则是设计者艺术素质的反映。

除材料的本色之外,光影和肌理是塑造形态的重要条件。同样的材料,由于光影和肌理的运用不同,给人的视觉感受是完全不一样的。

5.2.4　相同的材料不同的用法

在我们周围的生活中存在着两种类型的材料,一种是常规型的材料,也就是经常要用的材料;另一种是反常型、偶然使用的材料。是否这些常规型的材料不能作出好的空间效果呢?它们是不是就不能用了呢?其实相反,如果能把这类材料用好就更珍贵了,很多大师级的设计师专门运用别人常用的材料,如果用得好,用得妙,用得有新意,那将是不同一般的成功之作。当然,这就需要设计师有更高的艺术造诣了。

其实环境设计成功的关键,是追求个性化和多样化的结果,而相同的材料、不同的用法,就成了区别于一般化的极好办法,首先我们应跳出传统的取材限制,用艺术家的眼光来看待材料,运用材料。

设计师的敏感性突出表现在对客观事物的洞察能力上。当发现新型材料的特性或取材的范围又可来自于生活中的每个角落时,创作者就应尝试各种途径去发挥材料的最大极限,或软或硬、或轻或重,不管使用常规的或非常规的手段和技术,甚至使用破坏性的手段,如烧、溶、腐、碎等,其最终目的就是追求发挥其材料的特殊属性并为我所用。这种方式与其说是创作者给材料赋予了新的生命,倒不如讲是材料给了设计师创作的灵感。

1. 瓷砖的另类贴法

同样是瓷砖,不同肌理、图案、色彩,带给人的感受是完全不同的。可采用不规则的形状斜向的排列,构成一幅独具风味的艺术拼贴画。由于这种装饰方法对贴面砖的要求较低,所以价不高,打破固有的规则,于松散的状态下,无定势中彰显个性是瓷砖铺装方面的突破。说到以瓷砖为建筑材料,不得不提一位大师,那就是西班牙建筑师安东尼奥·高迪(Antonio Gaudi)。他对于瓷砖的把握可以说已经到达了炉火纯青的境界,这位伟大建筑师具有西班牙式的浪漫思想以及对于色彩和图案与生俱来的敏感。

2. 旧脚手架做家具

意大利服装设计师爱尔娜·纳巴为了伯尔果·阿尔尼那村庄的修复。只身来到那里并在那定居,她选择了带着历史烙印的古典装饰品,比如修鞋匠曾使用的工具,铁匠工具,还有由一位泥水匠的木质脚手架做成的家具。爱尔娜·纳巴说:"我要不惜一切代价,买下这个脚手架,我将把它做成一个全新的东西。"就这样,这些千疮百孔的木片被用来做了几件摆设家具和两张餐桌。这些"旧"家具提升了空间的艺术氛围和历史感。

3. 壁画修复术的当代应用

湿壁画是一种十分耐久的壁饰绘画,将永久性抗碱色料溶解于水中,趁颜料新鲜时涂于灰泥壁上,有适当基底的室内湿壁画为最具有永久性的绘画技法之一。它有完美的亚光表层色彩效果十分鲜明,随着时光的流逝,老化后更显高贵气质。

如今国外有一些专门从事壁画修复的人员,凭借他们的经验和掌握的技法,为一些现代居室进行壁画创作,在室内装饰中达到了很好的装饰效果,是室内增加艺术氛围的一种手段。

4. 镜子顶棚

当镜子被当作装饰材料时,它在视觉上会扩大空间,给设计带来无穷的创作魅力。近几年设计师为弥补空间高度的不足,将其大量运用在顶棚上。顶棚镜的应用完全是对镜面传统功能性的推翻,它有效地增加了空间的透视感,使人有种在现实与幻觉中穿行的感觉。

5.建筑结构材料的应用

建筑结构上常用的材料也可以作为室内装饰材料予以应用。经过对材料市场的调研,不难看出市场中的大部分的材料价格比较昂贵,低廉材料的种类是很少的,在这少数种类中多是建筑结构方面的材料,那些较高价位的材料也并不完全可以用到任何环境中作为装饰材料。现在市场上有许多装饰材料的花样、规格、色彩等很俗套,较有档次的材料又都依赖进口,因此价格很贵,一般的工程项目承受不起。所以设计师可以从一些廉价的材料入手,在廉价材料上做文章,在设计中加进自己巧妙的想法,将材料和空间一同设计,进一步取得好的视觉效果。例如,砖头、普通木材、玻璃、铁丝网、槽钢、加气混凝土等,利用廉价材料和一些废旧材料(有些材料根本都不用花钱)进行组织,从而做出有趣的材料组合体。

5.2.5　超级平面美术的技法

超级平面美术在室内设计中通过其色彩与图像打破视觉局限构成,使室内空间达到快速传递信息的效果。超级平面美术可以形成立体的空间而又与三维效果存在本质的区别,可以打破单调的六面体空间。它能够不受顶棚、墙面、地面的界面区分和限定,自由地、任意地突出其抽象的图形,模糊或破坏室内空间中原有的形式,更重要的是在不耗费建材的情况下,带给人们视觉和实效的惊喜。它快速简便,投资少,可以因材施工,创造不同效果的室内气氛,具有相当大的发展空间,这些技巧即使在未来也会魅力不减。

5.3　材料设计案例分析

5.3.1　地中海风格家居设计及材料解析

此案例为三室两厅复式结构,面积是150平方米(平面图见图5-37、图5-38、图5-39),设计师以"自然的唯美"为主题,追求空间感性的情愫,让人有进入细腻与灵秀交织的都会殿堂中的感觉。充分体现了家是沉淀思想和释放身心的最好殿堂,带动生活中最细微、最纯粹的生命感与热情,恰如舞姿中交融的体态和感情。运用材料坚挺与柔软的属性,引入到空间功能需求,并与空间相互依存。

案例主要采用材料有斑马木、复古砖、桑拿板、地板等。

如图5-37所示,可以看出一层中楼梯正对着入户大门,显得格外突兀;餐厅比较狭小且不完整,四周墙面有门洞,破坏墙体的完整性;客厅虽然与两个阳台相连,却使电视背景墙的尺度缩小和收到约束。

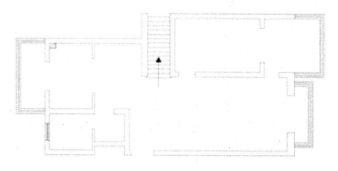

图5-37　一层原始平面图

如图 5-38 所示,设计师对原始厨房和餐厅的空间进行改造,将厨房空间移至阳台,由此扩大餐厅的使用空间和提高生活品味。另外,促成楼梯的布局改变成"L"形,从餐厅一侧上楼,不至于入户大门与楼梯对立。将背景墙整体化,使空间功能趋于明确。

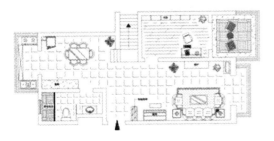

图 5-38 一层平面布置图　　　　　图 5-39 二层平面布置图

如图 5-40 所示,地中海风格主要体现在色彩搭配上,蓝色和白色的主体搭配,配饰一些木材料、仿古地砖和布艺纹理等,使室内显得古朴自然。

图 5-40 客厅图

如图 5-41 所示,由于是复式结构,一层客厅的功能自然脱离了电视等电子产品,而选择壁炉作为与沙发区对应的家具主体,家具搭配上显得更加统一。

图 5-41 客厅壁炉　　　　　　　图 5-42 书房和阳台

如图 5-42、图 5-43 所示,根据地中海风格中朴实的一面,书房家具主要采用原木家具,更加注重实用性和业主的爱好。门洞造型采用圆拱形作为风格的体现。

如图 5-44 所示,楼梯墙面依然沿用蓝色背景,突出地中海风情。顶部的特色设计和照明带来的烘托效应是本设计中一大亮点。

图 5 - 43　阳台　　　　　　　　　图 5 - 44　楼梯

5.3.2　Mortensrud 教堂

1.教堂简介

Mortensrud 教堂(见图 5 - 45)坐落于挪威奥斯陆东南郊的一片山地之中,周围松树高大,岩石裸露。基地地处一道山脊之上,环境品质优良,周边松林密布,白雪皑皑。

设计要求和山顶形成几何对话,并且对现有地面不能实施爆破和挖掘,只能对土壤薄层进行必要的小心移除。

对于设计嵌入地形,安藤可能会在这里放进一个方盒子,Actar Arquitectura 则会把建筑掩入地下,随地形起伏。JSA 的策略是在这两极之间。最终显露在外的结果既不是一个纯净的几何体积,也没有通过模拟地形来取得与基地的关系,而是一组貌似堆砌的形体。

设计者的控制隐藏在形式之下,并非压迫性地显露在外,如图 5 - 46 所示。

图 5 - 45　Mortensrud 教堂外观

图 5 - 46　　　　　　　　　　　　图 5 - 47

设计对于地形的处理,在自然和人工间寻求微妙的平衡。在教堂的室内和室外平台上,有四组岩石十分醒目,这是原有地形自然突破人工基座的结果。基座顶面低于原有地形的最高点,使得自然元素通过一种直接而巧妙的方式进入人工环境,如图5-47所示。

2.材料分析

地面自然元素和人工元素形成了一种反复叠合的关系(见图5-48):树木(自然)落在木质平台(半自然)上,木质平台落在矩形基座(人工)上,基座落在山脊(自然)上,而山脊的尖端又刺破了人工的基座。反复叠合使得自然和人工的界限被模糊,设计在体验上也就具有了巨大的包容性。而这种严密的反复叠合正是推动设计意图实现的关键所在。

Mortensrud教堂的材料、结构与体积有明确的对应关系。中殿和光廊部分为钢结构,侧廊以及前厅部分为混凝土结构。规整的工字钢柱网因为地面岩石的缘故而进行了局部调整。这种刻意的避让增强了设计者地形处理逻辑的可信度,也使得严密的结构中透出一丝轻松。而整个设计正是始终游走在严密和轻松之间,如图5-49所示。

图5-48　地面自然元素

图5-49　钢、混凝土与石材

这些石片被平放紧密叠合在一起,其间未使用任何胶粘剂。但是仅靠结构钢梁的支撑无法保证石片墙的稳定。建筑师的做法是在钢柱之间加入通长的水平钢片,片与片间距1m,解决了稳定问题,如图5-50所示。这些水平钢片又通过一条条预先扭好的钢片与外部幕墙的立梃相联系,对幕墙提供支持。这些做法揉合了工业化操作的严整和手工技艺的率真,处处传达着设计者细腻微妙的意图。同样,在扶手栏杆的处理、砖券下照明灯具的选择等方面,也可以看到这个意图反复体现,如图5-51所示。

图5-50　结构与体积

图5-51　通长水平钢片

设计中出现的主要饰面材料有石片、砖、金属、木、玻璃幕墙等。这种选择既跟基地的自然属性和北欧建造传统有关,也与建筑师的个人趣味有紧密联系。在表列各种材料的使用部位之后,可以发现其间的分布规律。砖以券的形式出现在侧廊部分的顶棚和内墙面上,如图5-52所示;所有非平屋面都使用了金属屋面;木材出现在室外地坪上,代表了半人工的元素;光廊部分的体积则是由全玻璃幕墙包裹,如图5-53所示。图5-54为金属尾面装饰材料的应用。

图5-52　木材、玻璃、钢与石材

图5-53　光廊部分——玻璃幕墙

图5-54　坡屋顶——金属屋面

作为设计中最具视觉吸引力的石片,则出现在两种部位。一种是礼拜堂两侧侧廊和服务部分的外墙,与同样是石片饰面的基座连成一片,帮助设计取得同基地的联系。这部分在高度上分布在二层层高线以下。另一种是作为礼拜堂空间限定的石片墙,出现在二层层高线以上。这一圈厚重的石片墙以下的部分却非常通透,似乎颠覆了日常的重力关系,呈现出视觉的紧张,如图5-55至5-59所示。

图 5-55 侧廊——砖拱券

图 5-56 石材——教堂侧廊

图 5-57 混凝土的应用

图 5-58 混凝土楼梯的应用

图 5-59 教堂内部

5.4 材料设计练习

制作图 5-60 所示的户型的地面、立面、顶棚布置图,标注各图所用材料。

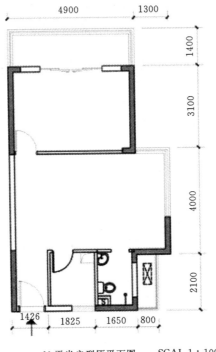

60平米户型原平面图 　　SCAL 1∶100

图 5-60　60 平方米户型原平面图

第6章

室内装饰照明

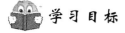 学习目标

通过本章的学习,使学生了解室内装饰设计照明的相关内容;熟知照明设计要点及设计色彩的运用。

学习要求

能力目标	知识要点	相关知识	权重
理解能力	照明要素	光的特征与视觉效应 采光与照明常用的度量单位 光色 材料的光学性质	30%
掌握能力	照明设计的方法	眩光的控制 亮度比的控制 室内采光部位 室内照明方式 照明的布局形式 室内照明作用与艺术效果	30%
应用能力	照明设计的运用		40%

引例

某宾馆的照明设计案例分析

照明设计是室内环境设计非常重要的环节。没有进行专业化照明设计的室内空间,不能给人舒适的感受,更不具备特有的气氛。

如宾馆大堂空间主要有三部分的照明区域:前厅区域、服务总台以及客人休息区的照明。从照明方式分析,前厅区域是大堂的总体照明,服务总台和客人休息区照明是局部照明。三者应保持色温的一致性,并通过亮度对比,使之形成富有情趣的、连续且有起伏的明暗过渡,从整体上营造亲切的气氛。具体分析如下:

(1)前厅区域(见图6-1)。①照度要求:在离地面1m的水平面上,设计照度要达到500 Lx。②色温要求:3000K左右;显色性要求Ra>85;色温太低,空间感显得狭小;色温太高,空间缺乏亲切感,且易产牛喧闹感。较高的显色性,能清晰地显现人们的肤色和表情。③配光要求:若顶棚到地面的距离是6m,那么配光曲线的中心在离地面1m处应该不小于500cd;高度不超过6m,可以用带状或面状的发光顶棚,用光影对比塑型。

图6-1 宾馆前厅照明

(2)服务总台(见图6-2)。①照度要求:一般取750~1000lx。②以突显总服务台的重要性;色温要求:3000K左右,与进门前厅保持一致,进一步强化亲切气氛。显色性要求:Ra>85。一方面是因为客人和接待员在服务台发生近距离的接触的需要;另一方面,需要清楚地辨认所需的各种证件。

(3)客房空间(见图6-3)。一般照明取50~100h,客房的照度低些,以体现静谧、休息甚至懒散的特点;但局部照明,比如梳妆镜前的照明,床头阅读照明等应该提供足够的照度,这些区域可取300lx的照度值;最被忽略的是办公桌的书写照明,目前还鲜有酒店提供书写台灯给客人,通常是用装饰性台灯代替。

图6-2 宾馆大堂照明

图6-3 客房的照明

6.1 照明要素

就人的视觉来说,没有光也就没有一切。在室内设计中,光不仅是为满足人们视觉功能的需要,而且是一个重要的美学因素。光可以形成空间、改变空间或者破坏空间,它直接影响到人对物体大小、形状、质地和色彩的感知。近几年来的研究证明,光还影响细胞的再生长、激素的产生、腺体的分泌以及如体温、身体的活动和食物的消耗等的生理节奏。因此,室内照明是室内设计的重要组成部分之一,在设计之初就应该加以考虑。

6.1.1　光的特征与视觉效应

光像人们已知的电磁能一样,是一种能的特殊形式,是具有波状运动的电磁辐射的巨大的连续统一体中的很狭小的一部分。这种射线按其波长是可以度量的,它规定的度量单位是纳米。人们谈到光,经常以波长作为参考,辐射波在它们所含的总的能量上,也是各不相同的,辐射波的力量与其振幅有关。一个波的振幅是它的高或深,以其平均点来度量,像海里的波升到最高峰,并有最深谷,深的波比浅的波具有更大的力量。

6.1.2　采光与照明常用的度量单位

1.光通量

人眼对不同波长的电磁波,在不同的辐射量时,有不同的明暗感觉,人眼有这个视觉特性称为视觉度,并以光通量作为基准单位来衡量。

光通量是指人眼所能感觉到的辐射能量。其单位:流［明］(lm)。

2.发光强度

发光强度是指点光源在一定方向内单位立体角的光通量。其单位:坎［德拉］(cd)。

3.照度

落在照射物体单位面积上的光通量叫做照度。其单位:勒［克斯］(lx)。

4.亮度

亮度是指物体表面发出(或反射)的明亮程度。Ⅰ发光体:单位为熙提(sb)。Ⅱ发射体:单位为亚熙提(asb)。

亮度作为一种主观的评价和感觉,和照度的概念不同,它是表示由被照面的单位面积所反射出来的光通量,也称发光亮,因此与被照面的反射率有关。例如在同样的照度下,白纸看起来比黑纸要亮。有许多因素影响亮度的评价,诸如照度、表面特性、视觉、背景、注视的持续时间甚至包括人眼的特性。

6.1.3　光色

光色主要取决于光源的色温,并影响室内的气氛。色温低,感觉温暖;色温高,感觉凉爽。一般色温＜3300K 为暖色,3300K＜色温＜5300K 为中间色,色温＞5300K 为冷色。光源的色温应与照度相适应,即随着照度增加,色温也应相应提高。否则,在低色温、高照度下,会使人感到酷热;而在高色温、低照度下,会使人感到阴森。

设计者应联系光、目的物和空间彼此关系,去判断其相互影响。光的强度能影响人对色彩的感觉,如红色的帘幕在强光下更鲜明,而弱光将使蓝色和绿色更突出。设计者应有意识地去利用不同色光的灯具,调整使之创造出所希望的照明效果。如点光源的白炽灯与中间色的高亮度荧光灯相配合。

人工光源的光色,一般以显色指数表示,Ra 最大值为 100,80 以上显色性优良;79～50 显色性一般;50 以下显色性差。

白炽灯 Ra＝97;卤钨灯 Ra＝95－99;白色荧光灯 Ra＝55－85;日光色灯 Ra＝75～94;高压汞灯 Ra＝20～30;高压钠灯 Ra＝20～25;氙灯 Ra＝90～94。

光是有不同颜色的,对照明而言,光和色是不可分的,在光色的协调和处理上必须注意:

①色彩的设计必须注意光色的影响。其一是光色会对整个的环境色调产生影响,可以利用它去营造气氛色调;其二是光亮对色彩的影响,眼睛的色彩分辨能力是与光亮度有关的,与亮度成正比。因对黑暗敏感的杆体是色盲,在黑暗环境下眼睛几乎是色盲,色彩失去意义。因此,在一般环境下色彩可正常处理,在黑暗环境中应提高色彩的纯度或不采用色彩处理,而代之以明暗对比的手法。

②色彩的还原。光色会影响人对物体本来色彩的观察,造成失真,影响人对物体的印象。日光色是色彩还原的最佳光源,食物用暖色光,蔬菜用黄色光比较好。

6.1.4　材料的光学性质

光遇到物体后,某些光线会被反射,称之为反射光;光也能被物体吸收,转化为热能,使物体温度上升,并把热量辐射至室内外,被吸收的光就看不见;还有一些光可以透过物体,称之为透射光。这三部分光的光通量总和等于入射光通量。

设入射光通量为 F,反射光通量为 F_1,透射光通量为 F_2。

反射率 $\rho = F_1/F$

透射率 $r = F_2/F$

吸收率 $a = (F - F_1 - F_2)/F$

即 $\rho + r + a = 1$

当光照射到光滑表面的不透明材料上时,如镜面和金属镜面,则产生定向反射,其入射角等于反射角,并处于同一平面;如果照射到不透明的粗糙表面时,则产生漫射光。材料的透明度导致透射光离开物质以不同的方式透射,当材料两表面平行,透射光线方向和入射光线方向不变;两表面不平行,则因折射角不同,透过的光线就不平行;非定向光被称为漫射光,是由一个相对粗糙的表面产生非定向的反射,或由内部的反射和折射以及由内部相对大的粒子引起的。

6.2　照明设计的方法

6.2.1　眩光的控制

眩光与光源的亮度、人的视觉有关。眩光是视野范围内亮度差异悬殊时产生的,如夜间行车时对面的灯光,夏季在太阳下眺望水面等。产生眩光的因素主要有直接的发光体和间接的反射面两种。眩光的主要危害在于产生残像,破坏视力,破坏暗适应,降低视力,分散注意力,降低工作效率,产生视觉疲劳。由强光直射人眼而引起的直射眩光,应采取遮阳的办法;对人工光源,避免的办法是降低光源的亮度、移动光源位置和隐蔽光源。当光源处于眩光区之外,即在视平线45°之外,眩光就不严重,遮光灯罩可以隐蔽光源,避免眩光。遮挡角与保护角之和为90°。遮挡角的标准各国规定不一,一般为 60°～70°,这样保护角为 30°～20°。因反射光引起的反射眩光,决定于光源位置和工作面或注视面的相互位置,避免的办法是将其相互位置调整到反射光在人的视觉工作区域之外。

消除眩光的方法主要有两种,一是将光源移出视野,人的活动尽管是复杂多样的,但视线的活动还是有一定的规律的,大部分集中于视平线以下,因而将灯光安装在正常视野以上,水平线上25°,要是45°以上更好;二是间接照明,反射光和漫射光都是良好的间接照明,可消除眩光,阴影也会影响视线的观察,间接照明可消除阴影,如图6-4至图6-6所示。

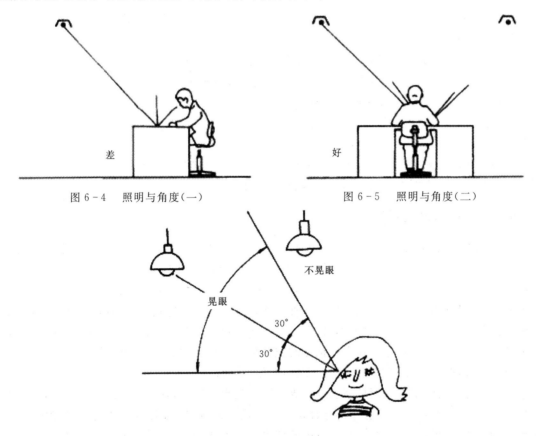

图6-4　照明与角度(一)　　　　　　　图6-5　照明与角度(二)

图6-6　照射角与眩光

6.2.2　亮度比的控制

合理地控制整个室内的亮度比例和照度分配,与灯具布置方式有关。

1. 一般灯具布置方式

(1)整体照明。整体照明的其特点是常采用匀称的镶嵌于天棚上的固定照明,这种形式为照明提供了一个良好的水平面和在工作面上照度均匀一致,在光线经过的空间没有障碍,任何地方光线充足,便于任意布置家具,并适合于空调和照明相结合。但是耗电量大,在能源紧张的条件下是不经济的,否则就要将整个照度降低。

(2)局部照明。为了节约能源,在工作需要的地方才设置光源,并且还可以提供开关和灯光减弱装备,使照明水平能适应不同变化的需要。但在暗的房间仅有单独的光源进行工作,容易引起紧张和损害眼睛。

（3）整体与局部混合照明。为了改善上述照明的缺点,将 90％～95％的光用于工作照明,5％～10％的光用于环境照明。

（4）成角照明。成角照明是采用特别设计的反射罩,使光线射向主要方向的一种办法。这种照明是由于墙表面的照明和对表现装饰材料质感的需要而发展起来的。

2.照明地带分区

（1）天棚地带。天棚地带常用为一般照明或工作照明,由于天棚所处位置的特殊性,对照明的艺术作用有重要的地位。

（2）周围地带。周围地带处于经常的视野范围内,照明应特别需要避免眩光,并希望简化。周围地带的亮度应大于天棚地带,否则将造成视觉的混乱而妨碍对空间的理解和对方向的识别,并妨碍对有吸引力的趣味中心的识别。

（3）使用地带。使用地带的工作照明是需要的,通常各国颁布有不同工作场所要求的最低照度标准。

上述三种地带的照明应保持微妙的平衡,一般认为使用地带的照明与天棚和周围地带照明之比为 2～3∶1 或更少一些,视觉的变化才趋向于最小。

6.2.3　室内采光部位

利用自然采光,不仅可以节约能源,并且在视觉上更为习惯和舒适,在心理上能和自然接近、协调,可以看到室外景色,更能满足精神上的要求,如果按照精确的采光标准,日光完全可以在全年提供足够的室内照明。室内采光效果,主要取决于采光部位和采光口的面积大小和布置形式,一般分为侧光、高侧光和顶光三种形式。侧光可以选择良好的朝向、室外景观,使用维护比较方便,但当房间的进深增加时,采光效率很快降低。因此,常加高窗的高度或采用双向采光或转角采光来弥补这一缺点。顶光的照度分布均匀,影响室内照度的因素较少,但当上部有障碍物时,照度就急剧下降。此外,在管理、维修方面较为困难。

室内采光还受到室外周围环境和室内界面装饰处理的影响,如室外临近的建筑物,既可阻挡日光的射入,又可从墙面反射一部分日光进入室内。此外,窗面对室内来说,可视为一个面光源,它通过室内界面的反射,增加了室内的照度。由此可见,进入室内的日光因素由三部分组成,即直接天光、外部反射光、室内反射光。

此外,窗子的方位也影响室内的采光,当面向太阳时,室内所接收的光线要比其他方向的要多。窗子采用的玻璃材料的透射系数不同,则室内的采光效果也不同。

自然采光一般采取遮阳措施,以避免阳光直射室内所产生的眩光和过热的不适感觉。例如,温州湖滨饭店休息厅采用垂直百叶,昆明金龙饭店中庭天窗采用白色和浅黄色帷幔,使室内产生漫射光,光线柔和平静。但阳光对活跃室内气氛,创造空间立体感以及光影的对比效果,起着重要的作用。

光源类型可以分为自然光源和人工光源。我们在白天才能感到的自然光,即昼夜。昼光由直射地面的阳光和天空光组成。自然光源主要是日光,日光的光源是太阳,太阳连续发出的辐射能量相当于约 6000K 色温的黑色辐射体,但太阳的能量到达地球表面,经过了化学元素、水分、尘埃微粒的吸收和扩散。被大气层扩散后的太阳能产生蓝天,或称天光,这个蓝天才是作为有效的日光光源,它和大气层外直接的阳光是不同的。当太阳高度角较低时,由于太阳光在大气中通过的路程长,太阳光谱分布中的短波成分相对减少得更为显著,放在朝、暮时,天空呈红色。当大气中的水蒸气和尘雾多,混浊度大时,天空亮度高而呈白色。人工光源主要有白炽灯、荧光灯、高压放电灯。

家庭和一般公共建筑所用的主要人工光源是白炽灯和荧光灯,放电灯由于其管理费用较少,近年也有所增加。每一光源都有其优点和缺点,但和早先的火光和烛光相比,显然是一个很大的进步。

1. 白炽灯

自从爱迪生时代起,白炽灯基本上保留同样的构造,即由两金属支架间的一根灯丝,在气体或真空中发热而发光。在白炽灯光源中发生的变化是增加玻璃罩、漫射罩以及反射板、透镜和滤光镜等去进一步控制光。

白炽灯可用不同的装潢和外罩制成,一些采用晶亮光滑的玻璃,另一些采用喷砂或酸蚀消光,或用硅石粉末涂在灯泡内壁,使光更柔和。色彩涂层也运用于卤钨灯,体积小、寿命长。卤钨灯的光线中都含有紫外线和红外线,因此受到它长期照射的物体都会褪色或变质。最近日本开发了一种可把红外线阻隔、将紫外线吸收的单端定向卤钨灯,这种灯有一个分光镜,在可见光的前方,将红外线反射阻隔,使物品不受热伤害而变质。

(1)白炽灯的优点。

①光源小,便宜。

②具有种类极多的灯罩形式,并配有轻便灯架、顶棚和墙上的安装用具和隐蔽装置。

③通用性大,彩色品种多。

④具有定向、散射、漫射等多种形式。

⑤能用于加强物体立体感。

⑥白炽灯的色光最接近于太阳光色。

(2)白炽灯的缺点。

①白炽灯的暖色和黄色光有时不一定受欢迎。日本最按时完成制成能吸波长为 $570\sim590nm$ 黄色光的玻璃壳白炽灯,使光色比一般的白炽灯白得多。

②对所需电的总量说来,发出的较低的光通量,产生的热为 80%,光仅为 20%。

③寿命相对较短。

最近,美国推出一种新型节电冷光灯泡,在灯泡玻璃壳面镀有一层银膜,银膜上面又镀一层氧化钛膜,这两层膜结合在一起,可把红外线反射回去加热钨丝,而只让可见光透过,因而大大节能。使用这种 $100W$ 的节电冷光灯,只耗用相当于 $40W$ 普通灯泡的电能。

2. 荧光灯

荧光灯是一种低压放电灯,灯管内是荧光粉涂层,它能把紫外线转变为可见光,并有冷白色、暖白色、Deluxe 冷白色、Deluxe 暖白色和增强光等。其颜色变化是由管内荧光粉涂层方式控制的。Deluxe 暖白色最接近于白炽灯,Deluxe 管放射更多的红色,荧光灯产生均匀的散射光,发光效率为白炽灯的 1000 倍,其寿命为白炽灯的 $10\sim15$ 倍,因此荧光灯不仅节约电,而且可节省更换费用。

日本最近推出贴有告知更换时间膜的环形荧光灯。荧光灯寿命和使用起动频率有直接的关系,从长远来看,立刻起动管花费最多,快速起动管在电能使用上似乎最经济。在 Deluxe 灯和常规灯中,日光灯都是最通用的,Deluxe灯在色彩感觉上有优越性,但约损失1/3的光。因此,从长远观点看是不经济的。

3. 氖管灯(霓红灯)

霓红灯多用于商业标志和艺术照明,近年来也用于其他一些建筑。形成霓红灯的色彩变化是由管内的荧粉层和充满管内的各种混合气体,并非所有的管都是氖蒸气,氩和汞也都可用。霓红灯和所有放电灯一样,必须有镇流器能控制的电压。霓红灯是相当费电的,但很耐用。

4. 高压放电灯

高压放电灯至今一直用于工业和街道照明。小型的高压放电灯在形状上和白炽灯相似,有时稍大一点,内部充满汞蒸气、高压钠或各种蒸气的混合气体,它们能通过化学混合物或在管内涂荧光粉涂层校正色彩到一定程度。高压水银灯冷时趋于蓝色,高压钠灯带黄色,多蒸气混合灯冷时带绿色。高压灯都要求有一个镇流器,这样最经济,因为它们产生很大的光量和发生很小的热,并且比日光灯寿命长50%,有些可达2400h。

不同类型的光源具有不同色光和显色性能,对室内的气氛和物体的色彩产生不同的效果和影响,应按不同需要选择。

6.2.4 室内照明方式

1. 直接照明

光线通过灯具射出,其中90%~100%的光通量到达假定的工作面上,直接照明方式为直接照明。这种照明方式具有强烈的明暗对比,并能造成有趣生动的光影效果,可突出工作面在整个环境中的主导地位,但是由于亮度较高,应防止眩光的产生,如工厂、普通办公室等。

2. 半直接照明

半直接照明方式是半透明材料制成的灯罩罩住光源上部,60%~90%以上的光线使之集中射向工作面,10%~40%被罩光线又经半透明灯罩扩散而向上漫射,其光线比较柔和。由于漫射光线能照亮平顶,使房间顶部高度增加,因而能产生较高的空间感,因此这种灯具常用于较低的房间的一般照明。

3. 间接照明

间接照明方式是指通过将光源遮蔽而产生间接光的照明方式,其中90%~100%的光通量通过天棚或墙面反射作用于工作面,10%以下的光线则直接照射工作面。通常有两种处理方法,一是将不透明的灯罩装在灯泡的下部,光线射向平顶或其他物体上反射成间接光线;一种是把灯泡设在灯槽内,光线从平顶反射到室内成间接光线。这种照明方式单独使用时,需注意不透明灯罩下部的浓重阴影。这种照明方式通常和其他照明方式配合使用,这样才能取得特殊的艺术效果。商场、服饰店、会议室等场所,一般通过间接照明方式作为环境照明用或提高景亮度。

4. 半间接照明

半间接照明方式恰和半直接照明相反,把半透明的灯罩装在光源下部,60%以上的光线射向平顶,形成间接光源,10%~40%部分光线经灯罩向下扩散。这种方式能产生比较特殊的照明效果,使较低矮的房间有增高的感觉;也适用于住宅中的小空间部分,如门厅、过道、服饰店等。通常在学习的环境中采用这种照明方式最为相宜。

5. 直接间接照明

直接间接照明装置对地面和天棚提供近于相同的照度,即均为 40%～60%,而周围光线只有很少一点,这样就必然在直接眩光区的亮度是低的。这是一种同时具有内部和外部反射灯泡的装置,如某些台灯和落地灯能产生直接间接光和漫射光。

6. 漫射照明方式

漫射照明方式是利用灯具的折射功能来控制眩光,将光线向四周扩散漫散。这种照明大体上有两种形式,一种是光线从灯罩上口射出经平顶反射,两侧从半透明灯罩扩散,下部从格栅扩散;另一种是用半透明灯罩把光线全部封闭而产生漫射。这类照明光线性能柔和,视觉舒适,适于卧室。

7. 半直接照明

在半直接照明灯具装置中,有 60%～90%光向下直射到工作面上,而其余 10%～40%光则向上照射,由下射照明软化阴影的光的百分比很少。

8. 宽光束的直接照明

宽光束的直接照明具有强烈的明暗对比,并可造成有趣生动的阴影,由于其光线直射于目的物,如不用反射灯泡,要产生强的眩光。鹅颈灯和导轨式照明属于这一类。

9. 高集光束的下射直接照明

因高度集中的光束而形成光焦点,可用于突出光的效果和强调重点的作用。它可提供在墙上或其他垂直面上充足的照度,但应防止过高的亮度比。

6.2.5　照明的布局形式

照明布局形式分为三种,即基础照明(环境照明)、重点照明和装饰照明。在办公场所一般采用基础照明,而家居和一些服饰店等场所则会采用一些三者相结合的照明方式。具体照明方式视场景而定。

6.2.6　室内照明作用与艺术效果

当夜幕徐徐降临的时候,就是万家灯火的世界,也是繁忙工作之后希望得到休息娱乐以消除疲劳的时刻,无论何处都离不开人工照明,也都需要用人工照明的艺术魅力来充实和丰富生活的内容。无论是公共场所或是家庭,光的作用影响到每一个人,室内照明设计就是利用光的一切特性,去创造所需要的光的环境,通过照明充分发挥其艺术作用,并表现在以下四个方面:

1. 不同的光色影响室内气氛

室内的气氛也由于不同的光色而变化。许多餐厅、咖啡馆和娱乐场所,常常用加重暖色如粉红色、浅紫色,使整个空间具有温暖、欢乐、活跃的气氛,暖色光使人的皮肤、面容显得更加健康、美丽动人。由于光色的加强,光的相对亮度相应减弱,使空间感觉亲切。家庭的卧室也常常因采用暖色光而显得更加温暖和睦。但是冷色光也有许多用处,特别在夏季,青、绿色的光就会使人感觉凉爽,应根据不同气候、环境和建筑的风格要求来确定。强烈的多彩照明,如霓虹灯、各色聚光灯,可以使室内的气氛活跃生动起来,增加繁华热闹的节日气氛,现代家庭也常用一些红绿的装饰灯来点缀起居室、餐厅,以增加欢乐的气氛。不同色彩的透明或半透明材料,在增加室内光色上可以发挥很大的作用,在国外某些餐厅既无整体照明,也无桌上吊灯,只用柔弱的星星点点的烛光照明来渲染气氛。

由于色彩随着光源的变化而不同,许多色调在白天阳光照耀下,显得光彩夺目,但日暮以后,如果没有适当的照明,就可能变得暗淡无光。因此,德国巴斯鲁大学心理学教授马克思·露西雅谈到利用照明时说:"与其利用色彩来创造气氛,不如利用不同程度的照明,效果会更理想。"

2.加强空间感和立体感

空间的不同效果,可以通过光的作用充分表现出来。实验证明,室内空间的开敞性与光的亮度成正比,亮的房间感觉要大一点,暗的房间感觉要小一点,充满房间的无形漫射光也使空间产生无限的感觉,而直接光能加强物体的阴影、光影相对比,能加强空间的立体感。

可以利用光的作用,来加强希望注意的地方,如趣味中心,也可以用来削弱不希望被注意的次要地方,从而进一步使空间得到完善和净化。许多商店为了突出新产品,在那里用亮度较高的重点照明,而相应地削弱次要的部位,获得良好的照明艺术效果。照明也可以使空间变得实和虚,许多台阶照明及家具的底部照明,使物体和地面"脱离",形成悬浮的效果,从而使空间显得空透、轻盈。

3.光影艺术与装饰照明

光和影本身就是一种特殊性质的艺术,当阳光透过树梢,地面洒下一片光斑,疏疏密密随风变幻,这种艺术魅力是难以用语言表达的。又如月光下的粉墙竹影和风雨中摇曳着的吊灯的影子,却又是一番滋味。自然界的光影由太阳光、月光来安排,而室内的光影艺术就要靠设计师来创造。光的形式可以从尖利的小针点到漫无边际的无定形式,我们应该利用各种照明装置,在恰当的部位以生动的光影效果来丰富室内的空间,既可以表现光为主,也可以表现影为主,也可以光影同时表现。

4.照明的布置艺术和灯具造型艺术

光既可以是无形的,也可以是有形的,光源可隐藏,灯具却可暴露,有形、无形都是艺术。某餐厅把光源隐蔽在靠墙座位背后,并利用螺旋形灯饰,造成特殊的光影效果和气氛。

大范围的照明,如天棚、支架照明,常常以其独特的组织形式来吸引观众。例如,某商场以连续的带形照明,使空间更显舒展;某酒吧利用环形玻璃晶体吊饰,其造型与家具布置相对应,并结合绿化,使空间富丽堂皇;某练习室照明、通风与屋面支架相结合,富有现代风格。采取"团体操"表演方式来布置灯具,是十分雄伟和惹人注意的。它的关键不在个别灯管、灯泡本身,而在于组织和布置。最简单的荧光灯管和白炽小灯泡,一经精心组织,就能显现出千军万马的气氛和壮丽的景色。天棚是体现照明艺术的最重要场所,因为它无所遮挡,稍一抬头就历历在目。因此,室内照明的重点常常选择在天棚上,它像一张白纸可以做出丰富多彩的艺术形式来,而且常常结合建筑式样,或结合柱子的部位来达到照明和建筑的统一和谐。

灯具造型一般以小巧、精美、雅致为主要创作方向,因为它离人较近,常用于室内的立灯、台灯。某旅馆休息室利用台灯布置,形成视觉中心。灯具造型,一般可分为支架和灯罩两大部分进行统一设计。有些灯具设计重点放在支架上,也有些把重点放在灯罩上,不管哪种方式,整体造型必须协调统一。现代灯具都强调几何形体构成,在基本的球体、立方体、圆柱体、角锥体的基础上加以改造,演变成千姿百态的形式,同样运用对比、韵律等构图原则,达到新颖、独特的效果。但是在选用灯具的时候一定要和整个室内风格一致、统一,决不能孤立地评定优劣。

由于灯具是一种可以经常更换的消耗品和装饰品,因此它的美学观近似日常用品和服饰,具有流行性和变换性。由于它的构成简单,显得更利于创新和突破,但是市面上现有类型不多,这就要求照明设计者每年设计出新的产品,不断变化和更新,才能满足群众的要求,这也是小型灯具创作的基本规律。

不同类型的建筑,其室内照明也各异。

(1)窗帘照明。将荧光灯管安置在窗帘盒背后,内漆白色以利反光,光源的一部分朝向天棚,一部分向下照在窗帘或墙上,在窗帘顶和天棚之间至少应有 25.4cm 空间,窗帘盒把设备和窗帘顶部隐藏起来。

(2)花檐返光。用作整体照明,檐板设在墙和天棚的交接处,至少应有 15.24cm 深度,荧光灯板布置在檐板之后,常采用较冷的荧光灯管,这样可以避免任何墙的变色。为使有最好的反射光,面板应涂以无光白色,花檐反光对引人注目的壁画、图画、墙面的质地是最有效的,在低天棚的房间中,特别希望采用。因为它可以给人天棚高度较高的印象。

(3)凹槽口照明。这种槽形装置,通常靠近天棚,使光向上照射,提供全部漫射光线,有时也称为环境照明。由于亮的漫射光引起天棚表面似乎有退远的感觉,使其能创造开敞的效果和平静的气氛,光线柔和。此外,从天棚射来的反射光,可以缓和在房间内直接光源的热的集中辐射。

(4)发光墙架。由墙上伸出之悬架,它布置的位置要比窗帘照明低,并和窗无必然的联系。

(5)底面照明。任何建筑构件下部底面均可作为底面照明,某些构件下部空间为光源提供了一个遮蔽空间,这种照明方法常用于浴室、厨房、书架、镜子、壁龛和搁板。

(6)龛孔照明。将光源隐蔽在凹处,这种照明方式包括提供集中照明的嵌板固定装置,可为圆的、方的或矩形的金属盒,安装在顶棚或墙内。

(7)泛光照明。加强垂直墙面上照明的过程称为泛光照明,起到柔和质地和阴影的作用。泛光照明可以有其他许多方式。

(8)发光面板。发光面板可以用在墙上、地面、天棚或某一个独立装饰单元上,它将光源隐蔽在半透明的板后。发光天棚是常用的一种,广泛用于厨房、浴室或其他工作地区,为人们提供一个舒适的无眩光的照明。但是发光天棚有时会使人感觉好像处于有云层的阴暗天空之下。自然界的云是令人愉快的,因为它们经常流动变化,提供视觉的兴趣。而发光天棚则是静态的,因此易造成阴暗和抑郁。在教室、会议室或类似这些地方,采用时更应小心,因为发光天棚迫使眼睛引向下方,这样就易使人处于睡眠状态。另外,均匀的照度所提供的是较差的立体感视觉条件。

(9)导轨照明。现代室内也常用导轨照明,它包括一个凹槽或装在面上的电缆槽,灯支架就附在上面,布置在轨道内的圆辊可以很自由地转动,轨道可以连接或分段处理,作成不同的形状。这种灯能用于强调或平化质地和色彩,主要决定于灯的所在位置和角度。离墙远时,使光有较大的伸展,如欲加强墙面的光辉,应布置离墙 15.24～20.32cm 处,这样能创造视觉焦点和加强质感,常用于艺术照明。

(10)环境照明。照明与家具陈设相结合在办公系统中应用最广泛,其光源布置与完整的家具和活动隔断结合在一起。家具的无光洁度面层,具有良好的反射光质量,在满足工作照明的同时,适当增加环境照明的需要。家具照明也常用于卧室、图书馆的家具上。

6.3 照明设计案例

6.3.1 不同居室空间室内照明设计方案

室内照明设计在一定程度上也对居室具有装饰效果,不同空间应有不同的照明设计方案。不同的室内环境要配备不同数量、不同种类的灯具,以满足人们对光质、视觉卫生、光源利用等要求。室内的环境包括空间大小、形状、比例、功能,采用与之相适应的照明灯具和照明方式,才能体现其独特风格,满足其使用要求。

1. 客厅照明设计

客厅是家庭成员活动的中心,也是接待亲朋好友的场所,它的照明装饰,应该产生宽阔感、柔和宁静感、亲切感。为使家人在日常的生活中能有恰当的照明条件,必须在设计时考虑各种可能性。客厅的灯光有两个功能,即实用性和装饰性。从客厅的使用功能出发,客厅的照明设计会运用主照明和辅助照明的灯光交互搭配,来营造空间的氛围。常以一般照明与局部照明相结合,即一盏主灯配多种辅助灯。灯饰的数量与亮度都可调,有光有影,以展现家庭风格。

客厅的灯具布置与选择要充分根据住户的家具摆设、装修的颜色来确定,一般可在顶部居中设置吊灯,四周边缘设置数量不等的下射灯,下射灯的光源种类与颜色由住户自定。四周墙壁在适当位置设置花式壁灯,数量依据房间的大小可以在1~2之间选择,在墙角或适当位置可以设一活动式地灯,还可以设1~2套荧光灯,既可采用壁灯方式,也可嵌入吊顶。

主照明提供客厅空间大面积的光线,担任此任务的光源来自上方的吊灯或吸顶灯,依据个人喜好的风格可以有不同的搭配。客厅的主灯具要与天花造型和装饰风格浑然一体,可选用吊花灯、吸顶灯,并采用调光器,按不同要求调整亮度。为了创造出温暖、热烈的气氛,应采用白炽灯作光源。若考虑明亮和经济,也可采用日光灯。

在辅助照明方面,泛指壁灯、台灯、立灯等这类尺寸较小的灯具。辅助照明会加强光线层次感。壁灯大多安装在玄关、走廊或门厅,主要为引导作用;近来灯具造型选择增加,亦有不少家庭使用壁灯来装饰角落,使其别有一番雅趣。

2. 餐厅照明设计

餐厅照明的焦点是餐桌,灯饰是否合理,直接影响人们的食欲,因此必须有部分照明,如吊灯、吸顶灯。采用显色性好的下照白炽灯,用餐时食物被照亮,可提高食欲,增加味感,餐桌上方吊灯的安装高度一般离桌面0.8m~1.2m,桌面照度应比周围环境照度高出3~5倍。

3. 厨房照明设计

厨房照明应简朴大方,为了提高制作食物的热情,可采用较高照度的吸顶灯或光棚作照明;面积较大时,还可增加壁灯等局部照明。灶台上方一般利用抽油烟机机罩内的隐形小白炽灯作照明。由于厨房多油污,不宜使用吊灯。

4.楼梯和走廊照明设计

楼梯灯和走廊灯是以导向性为主题的照明,一般采用一开即亮的白炽吸顶灯、筒灯或壁灯。灯具开关宜设双控开关,装在楼上、楼下两处控制,声光控开关也很常用。若休息平台有装饰造型时,应加设聚光灯以加强装饰效果。但光影不宜太强烈,以免产生眩光。

5.书房照明设计

书房的环境应文雅幽静、简洁明快。书桌面上的照明效果好坏直接影响学习的效率和眼睛的健康。整体照明可采用直接或半直接照明,台面的局部照明可采用悬臂式台灯或调光艺术台灯,所需照度是环境照度的3~5倍,精细工作为7~10倍。为检索方便可在书柜上设隐形灯。

6.卧室照明设计

卧室并不单纯是个睡觉的地方,也是早晨穿衣与打扮,晚上读书与看电视的地方。照明应以营造恬静、温馨的气氛为主,借助柔和、优美的灯光或漫射的手法,可把卧室打造成罗曼蒂克或富有魅力的小天地。

卧室照明需满足多方面的要求,即柔和、轻松、宁静、浪漫。但同时又要满足装扮、着装,或者睡前阅读的需求。除了要提供易于安眠的柔和光源之外,更重要的是要以灯光的布置来缓解白天紧张的生活压力,消除一天工作的辛劳,卧室的灯具不必过多,灯光以柔和为原则。

卧室的主要照明光源在设计时要注意光线不要过强或发白,最好选择暖色光源的灯具,这样会使卧室感觉较为温馨。房间大灯最好选用双联开关控制,方便使用。

一般照明应避免产生炫光,眼睛不能直接看到光源。要在房间里产生一个均匀的不太亮的休息环境,可采用吸顶灯、小型吊灯、壁灯。局部照明可采用台灯、床头灯。若习惯坐在床上读书、看报,可在床头墙壁上方安装一只带开关的壁灯或聚光灯。灯具的位置应避免造成头影或手影,最好采用调光器,照明的范围不宜太大,以免影响他人休息。梳妆台灯具的照明范围应小且照度高,可用隐形射灯。

卧室宜设置局部组合照明,在床旁设置床头灯,可方便阅读。灯光可选用可调节的,阅读的灯光不能太强或过弱会,否则直接影响视觉,对眼睛造成损害。梳妆台和衣柜上设局部照明可方便着装,灯光不要过强要与自然光接近。

室内照明设计已成为室内设计的一项重要因素,它不再是事后补遗的工作,而是已经同房间布局、色彩、造型、材料等因素一起,成为室内设计中重要考虑的基本要素。室内照明设计,既要符合照明设计技术标准和相应设计规范,以满足人们视觉功能的要求,又要充分考虑人们的审美需要,满足其视觉的心理要求,从而为人们的工作、生活创造一个优美舒适的灯光环境,达到住户的满意。

7.浴室及卫生间照明设计

家庭浴室与盥洗、卫生间常集为一体,浴室可采用防潮型柔和的白炽灯以享受宁静,卫生间则可使用天花筒灯、光棚、壁灯、镜前灯作较明亮的照明。镜前灯安装在以人眼水平视线为中心的120°锥角视线外,以免出现眩光。

6.3.2 优秀照明设计案例分析

1. 世博中国馆泛光照明设计(见图6-7)

图6-7 中国馆

中国馆作为世博场馆最重要的场馆之一,其本身就应该成为世博会的一个精彩展品。中国馆经纬交错的斗拱造型气势磅礴,但这一外观对于照明而言却提出了挑战。焦点问题有灯具的隐藏、红色还原性、层次感、体量感等。设计团队经过大胆地创想,细致地科研,反复地论证,为中国馆的室外泛光照明提出了一个完整可行的方案。此次照明设计针对上海世博会中国馆——国家馆和地区馆的室外泛光照明。

设计理念:充分体现两馆建筑本身的设计理念。透过"中华之冠""天下粮仓""鼎盛中华"的象征寓意,国家馆的建筑精髓是斗拱结构,"匠人营国"中九经、九纬成为屋顶构架,以及富有东方神韵的中国红。中国馆,是永久性、标志性建筑,体量巨大,气质古典。过于抢眼、高频率、大规模的动态变化会喧宾夺主。在保持主要照明效果不变的基础上,在特定时刻,增加适量与建筑文化相吻合、与环境相协调的创意变化,提高建筑的生命力。

中国馆泛光照明设计通盘考虑,在建筑主体结构部分横梁的下檐口,安装多套集中控制的LED灯槽(3000K)对上层横梁底部投光,以求形成中国馆底层最亮、层层衰减的"退晕"效果。泛光照明设计中尽量隐藏灯具,要求灯具表面涂上与建筑颜色相仿的涂料,以免白天过度破坏建筑主体的外观现象。在泛光照明设计灯具的安装和选用上通过调整灯具角度、控制LED光源的投射角度达到减少外溢光、防眩光的目的。此外,对于建筑表面大面积红色高反射率的铝板,夜间泛光照明设计形成的红色漫反射会影响到地区馆顶部观景平台,造成平台上的物体呈现红色,且显色性差。泛光照明设计中通过在顶部设置蓝色和绿色光的投光灯,对红色漫反射区进行光谱综合,以求达到最佳的夜间视看效果。

上海世博会中国馆以象征中国精神的雕塑造型"东方之冠"为构思主题,其"东方之冠,鼎盛中华,天下粮仓,富庶百姓"的16字设计理念,体现了中国文化的深厚沉淀,主色调运用传统、沉稳的"中国红"。造型上国家馆居中升起、层叠出挑,地区馆横向展开、平台舒展,主从配合,空间以南北向轴线统领,形成壮观的城市空间序列,形成独一无二的标志性建筑群体。

2.拉斯维加斯罗马宫廷饭店槽灯照明

如图6-8所示,拉斯维加斯的罗马宫廷饭店给人以梦境般的感觉。道路两旁高级精品鳞次栉比,天花板上涂绘了蓝天和白云,天花板的照明是用白炽灯调光、调色,从早到晚的变化是用人工光源制作出来的。

图6-8 罗马宫廷饭店商店区的黄昏景象

用1个小时再现1天的日光变化,就像完全在室外的感觉。另外,在白天的景观下,地面的照度尽管只有大约50lx左右,但是完全感觉不到昏暗。

槽灯照明使天花板面得到均匀的光亮,突出强调天花板面的明亮轮廓,就像罗马宫廷饭店,有细长的道路和拱形的天花板,就可以突出表现天空,制造出奇幻的感觉。

这样的照明设计既有创意又新颖。作为商业区,既吸引顾客又增加名气;作为旅游区,增添了趣味性。吸引了很多慕名而来的游客,这独特的照明设计功不可没。

3.卢浮宫博物馆玻璃金字塔照明设计

如图6-9所示,这项照明技术的奥秘在于将玻璃表面下的支撑结构照亮,首要任务就是借助照明设备使钢结构看起来格外耀眼;其次就是照明设备的数量,必须让点光源能形成一条直线的布局。

人工照明和自然照明的合理运用,对金字塔的设计起到了至关重要的作用。游客身临其中,完全忘记了自己身处地下建筑内。这项照明技术的奥秘在于将玻璃表面下的支撑结构照亮,首要任务就是借助照明设备使钢结构看起来格外耀眼;其次就是照明设备的数量,必须让点光源能形成一条直线的布局。专门定制的照明设备配光为窄光束,光源采用100W低压卤钨灯,沿金字塔底座安装,作为方向性射灯使用。2004年底,经馆方认可,由20W陶瓷金卤灯替换原来的100W低压卤钨灯。新的照明系统,使得玻璃金字塔更加灿烂迷人,而且大大降低了能耗,并延长了维护周期。

在大厅和金字塔底座内,采用嵌入式灯具为金字塔四面中的两面提供均匀、不反光的照

图 6-9　巴黎卢浮宫博物馆

明。高遮光角的不对称反光镜设计,使其能照亮凝灰石天花板相邻的两个表面。此外,也可以安装应急灯和指向灯。礼堂区域采用卤钨墙面布光灯与天花板的紧凑型荧光灯的间接照明相得益彰。根据建筑师要求,ERCO 照明设计师让壁画照明在丙烯酸玻璃板上自行摆动。光比文字更能快速安全地传送信息,因为光并不依赖于任何一种语言,因此用光来进行方向指引,这一点对经常有大量国际游客观光的卢浮宫而言,实在是有决定性意义的举措。

4. 奥运水立方照明设计

如图 6-10 所示,在水立方照明中,夜晚的水立方最大程度展现它的玲珑剔透、恬淡迷人的特征,延续其水“可变”的特质,通过灯光赋予它一种海水波澜般的动感照明效果。可模拟起伏而波光粼粼的水面,也可模拟光在水中的折射、透射和反射,模拟水下光感,需从视觉上达到一定的进深感、体积感和浑然一体感,水波及其带来的光的变幻为必备主题。配合不同庆典事件的场合、季节转换及现场互动要求,“水立方”可呈现出不同的“表情”——不同的亮度、不同的颜色。在夜晚,这个湛蓝色的水分子建筑会与东面“阳刚”的国家体育场“鸟巢”交相呼应。

水立方艺术灯光景观是奥运场馆中最重大的景观灯光项目,是全球标志性的景观灯光项目,使用 40 多万支 LED,构成世界上最大的 LED 艺术灯光工程,成为建筑景观照明领域的里程碑,大功率 LED 应用领域的里程碑,LED 分布式控制领域的里程碑!该项目获得科技部 863 重大专项支持。

水立方每天晚上穿上不同的美丽新衣服,展现不一样的美丽心情,水立方艺术灯光景观是中国设计师、工程师和工人用自己的智慧和汗水实现科技奥运、人文奥运、绿色奥运理念的卓越典范。

水立方幔态显示屏长 104 米,高 20 米,主体面积达 2080 平方米。LED 显示系统安装在主体墙面多层 ETFE 充气膜的夹层之中。巨大的屏体面积和复杂的安装环境为整个工程增加了很大难度。经过反复讨论论证,采用了“空腔内透光照明方式”,即在固定外层气枕的钢结构内侧安装灯具向外侧投射的照明方式,这样光只透过单个气枕,光的损失仅为空腔内透光照明方式的一半,可达到较为理想的照明效果。这种照明方式的采用,为建筑物景观照明增加了一种新的方式,开创了建筑物景观照明的先河,对于膜建筑和玻璃幕墙建筑的建筑物景观照明有着重要意义。

图 6 - 10　奥运水立方

"水立方"要求 LED 灯具白天不要影响建筑外观,夜晚 LED 照明不要影响室内的照明,做到见光不见灯。由于 LED 光源表面亮度较大,如投射方向和角度不合适,在一定位置会看到光斑,影响照明效果。经过大量现场试验,确定了在气枕的下侧钢结构框上安装灯具,向上投射,这样就不会看到光斑。我们把这种布灯方式称为"沿边布灯单向投射"。这种布灯方式是"空腔内透光照明方式"的主要布灯方式,为以后其他建筑物采用"空腔内透光照明方式"提供经验。

"水立方"是以蓝色为基本色调的建筑,灯光是否还需要红光也成为探讨的话题。蓝色象征"水",红色象征"火","水"与"火"是矛盾的统一体,有了红色会增加水的美。特别是在奥运期间或赛后的重大节日期间,为与喜庆的气氛相协调必须要有红色。采用 RGB 三基色,灯具可混合出 $256 \times 256 \times 256$ 色彩,点阵屏可混合出 $8192 \times 8192 \times 8192$ 种色彩,丰富的色彩为场景设计提供了广阔的空间和舞台。

5. 关于橱窗照明设计

如何在商场众多的专卖品牌区脱颖而出。除了要有相应的装饰定位,灯光也要配合恰当。橱窗作为品牌专卖店的"脸面",更是需要精致地装扮。橱窗中陈列的商品通过射灯重点照明,细节更加突出,橱窗商品会受到更多的关注;同时金卤射灯对橱窗照明,能让橱窗拥有更高的亮度,与店外通道亮度形成对比,产生丰富的空间层次。

通透式照明将灯具安装在橱窗上方的顶板中,平均分布,由上往下进行投光照明。照亮整个橱窗内部空间,达到均匀通透的灯光效果,如图6-11所示。它的好处在于,如果橱窗的亮度照的很高的话,顾客可以从很远就看到整个橱窗,起到吸引顾客的作用。一般可以把灯具安装在橱窗的顶部。

图6-11 橱窗照明效果(1)

采用嵌入式的筒灯有一个小窍门,在传统的橱窗照明当中,安装时都会安装在橱窗顶部的中间,那么装在中间就会产生一个问题,橱窗中的模特也是立在橱窗的中间,中间对中间就会造成光照射在模特的顶部是最亮的,模特的前面会有一些阴影,也就是说模特前面的清晰度就不够。但顾客在看橱窗的时候恰恰就是想把橱窗的前面看清晰。所以,在安装灯具的时候,最好把灯装在顶部的前三分之一处,这样整个模特的正面会比较亮,清晰度就比较高了。用嵌入式筒灯做照明的好处就是,筒灯投射出来的光线是比较宽的,正好可以把整个橱窗全部打亮,如图6-12所示。

突出照明,可将可调角度射灯安装在橱窗上方的顶板中,由上往下对重要物体进行投光照明,起到突出重点的照明效果,如图6-13所示。重点照明灯具,采用射灯。与筒灯的区别就在于它的照射角度是可调节的,这样可变化性就强一些。但是根据现在商业卖场的不断变化,橱窗的要求越来越高,仅仅筒灯和射灯,这两款灯具已经远远满足不了橱窗的照明需求。

图6-12 橱窗照明效果(2)

图 6-13　橱窗照明效果(3)

可流动的照明是目前国外比较流行的一种橱窗动态流动的照明效果,可以吸引潜在的顾客群。其原理是在橱窗的上部铺设轨道式的射灯,通过分成不同的射灯组合,像拍电影一样,每一种效果都是一个镜头,当把十种效果通过智能照明控制系统使它们连起来,就可以产生灯光动态的变化,如图 6-14 所示。

(1)设计情况:某品牌橱窗陈列要求在不同的季节,橱窗陈列需要有不同的变化,春夏秋冬四季分别以不同的陈列主题出现,且需要不同的照明效果来体现陈列主题。

(2)设计分析:橱窗陈列是变化的,则需要多种照明效果并存,知识根据不同的主题来体现。

(3)设计构思:采用轨道式射灯安装在橱窗上顶板,由上往下投光,根据春夏秋冬四季不同的陈列主题实现通透式照明效果、重点照明效果、不同光色效果等多种照明方式。

(4)技术手段:采用轨道射灯,随时根据照明

图 6-14　橱窗照明效果(4)

需要而增减灯具、移动灯具安装位置、更换光色等。轨道式射灯是指,灯具是安装在轨道上,随时可以增加或减少灯具的数量、随时可以移动灯具的安装位置,这样可变性就非常丰富了。

①春:推到射灯灯光角度朝下,均匀投射白光,实现通透式照明效果。

②夏:保留两个轨道射灯,灯光角度全部投射向模特身上,实现重点照明效果。由于夏天炎热,可选用比较冷的白光来体现。

③秋:增加至三个射灯,光色换成为黄光,对模特实现重点照明效果。

④冬:保留两个轨道射灯,实现重点照明效果,同时增加其他辅助照明。

第7章
室内装饰的绿化和水体

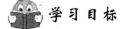 **学习目标**

通过本章学习,学生应对建筑装饰绿化设计及水体设计的含义有所认识,熟悉室内绿化和水体设计的关系,掌握室内装饰绿化和水体设计的方法。

学习要求

能力目标	知识要点	相关知识	权重
理解能力	建筑装饰的绿化和水体设计的要素	室内绿化的作用 室内绿化的布置方式 室内空间中的水元素 室内空间水元素设计的基本内容	30%
掌握能力	室内绿化和生态设计的关系	室内植物的选择 室内庭院的设计 室内绿化装饰的方法 水元素在室内空间设计中的形式 水元素在室内空间设计中的原则 水元素与室内其他设计要素的关联	30%
应用能力	室内绿化和水体设计的运用		40%

引例

以室内生态设计为出发点的家具"绿色设计"是在考虑室内环境因素的基础上如何进行家具设计,关注家具的设计对人的身心健康,如视觉、触觉等方面的影响,从而积极地对家具设计的要素进行定位。

(1)材料的"绿色"定位。新材料的拓展赋予室内装饰丰富的物质基础,可以充分利用不同材料的质地特征进行合理搭配,从而可以获得千变万化、不同风格的艺术效果。人们在材料选择上已不拘一格,打破了原有的固定模式去尝试运用新材料。基于室内设计对材料的要求,对"绿色家具"设计的材料而言,则要求选择既有良好使用性能又能与环境相协调的材料,即绿色材料或环境协调材料。

(2)视觉的"绿色"定位。这里主要是从室内的色彩、造型和肌理方面入手来考虑家具的

"绿色设计"。所提到的"绿色"已不仅限于颜色概念上的表述,如借用现在人们惯用的表达公式,就是"绿色"＝健康。

室内色彩直接影响到人的情绪。科学地用色有利于工作,有助于健康,所以处理得当才能符合功能要求,获得美的效果。合理运用对比色或调和色的搭配,能在室内环境中加强视觉的空间感,达到使视野扩大或缩小的作用。在室内设计中,主体空间应以低纯度的色调为主,然后再以高度色彩在局部和重点进行点缀,这样便可以起到丰富典雅的视觉效果。冷暖色调的搭配可以有效影响室内效果的主要因素。赏心悦目的色彩有益于人体疲劳的缓解,恰当的颜色选用和搭配可以起到健康和装饰的双重功效,因而家具的色彩"健康"是室内设计中主要的考虑因素。

在造型的处理上,要掌握重要的"绿色"原则是人性化设计,始终以人为中心,运用人体工程学的原理,在造型的舒适度上始终围绕人的生理和心理需求。

7.1 绿化与水体要素

根据维持自然生态环境的要求和专家测算,城市居民每人至少应有 10 平方米的森林或 30～50 平方米的绿地才能使城市达到二氧化碳和氧气的平衡,才有益于人类生存。我国《城市园林绿化管理暂行条例》也规定:城市绿化率对改善自然生态环境,无疑将起着十分重要的补充和促进作用。

崇尚自然,热爱自然,人们接近自然,欣赏自然风光,和大自然共呼吸,这是生活中不可缺少的重要组成部分。人产对植物、花卉的热爱,也常洋溢于诗画之中。自古以来就有踏青、修楔、登高、春游、野营、赏花等习俗,并一直延续至今。图 7-1 为我们展示了自然生存风光。

图 7-1 自然生态

苏东坡曾云:"宁可食无肉,不可居无竹。"杜甫诗云:"卜居必林泉,结庐锦水边",并常以花木寄托思乡之情。宋洪迈《问故居》云:"古今诗人,怀想故居,形之篇咏必以松竹梅菊为比、兴。"王摩诘诗曰:"君自故乡来,应知故乡事,来日绮窗前,寒梅着花未?"杜公《寄题草堂》云:"四松初移时,大抵三尺强。别来忽三载,离立如人长"等。旧时把农历 2 月 15 日定为百花生日,或称"花朝节"。

7.1.1 室内绿化的作用

1.净化空气,调节气候

植物经光合作用吸收二氧化碳,释放氧气,而人是吸入氧气,呼出二氧化碳,使大气中氧和二氧化碳达到平衡。图7-2所示为竹子的光照绿化作用。

2.组织空间,引导空间

(1)分隔空间的作用。以绿化分隔空间的范围是十分广泛的,如在两厅室之间、厅室与走道之间以及在某些大的厅室内需要分隔成小空间的,如办公室、餐厅、旅店大堂、展厅,此外在某些空间或场地的交界线,如室内外之间、室内地坪高差交界处等,都可用绿化进行分隔。某些空间分隔作用的围栏,如柱廊之间的围栏、临水建筑的防护栏、多层围廊的围栏等,也均可以结合绿化加以分隔。如图7-3至图7-5所示的广州花园酒店,就是用绿化分隔空间的一例。

图7-2 竹子的绿化作用　　　　图7-3 广州花园酒店

图7-4 广州花园酒店荔湾厅　　　图7-5 广州花园酒店沁春亭

对于重要的部位,如正对出入口,起到屏风作用的绿化,还须作重点处理,分隔的方式大都采用地面分隔方式,如有条件,也可采用悬垂植物由上而下进行空间分隔,如图7-6所示绿化分隔效果。

(2)联系引导空间的作用。联系室内外的方法是很多的,如通过铺地由室内延伸到室外,或利用墙面、天棚或踏步的延伸,也都可以起到联系的作用。但是相比之下,都没有利用绿化更鲜明、更亲切、更自然、更惹人注目和喜爱。

许多宾馆常利用绿化的延伸联系室内外空间,起到过渡和渗透作用,通过连续的绿化布置,强化室内外空间的联系和统一。

绿化在室内的连续布置,从一个空间延伸到另一个空间,特别在空间的转折、过渡、改变方向之处,更能发挥整体效果。绿化布置的连续和延伸,如果有意识地强化其突出、醒目的效果,那么,通过视线的吸引,就起到了暗示和引导作用。方法一致,作用各异,在设计时应予以细心区别。如图7-7所示的广州白天鹅宾馆在空间转折处布置绿化,起到空间引导的作用。

图7-6 绿化分隔效果

图7-7 绿化布置效果

(3)突出空间的重点作用。在大门入口处、楼梯出入口处、交通中心或转折处、走道尽端等地方,也就是空间的起始点、转折点、中心点、终结点等重要视觉中心位置以及引起人们特别注意的位置,常布置绿化设施。因此,常放置特别醒目的、更富有装饰效果的甚至名贵的植物或花卉,起到强化空间、重点突出的作用。上海绿苑宾馆总台设在二楼,在其入口处布置绿化加强入口;北京新大都饭店二层楼梯口和温州湖滨饭店大堂酒吧,均设置绿化,起到突出其重点醒目的标志的作用。

布置在交通中心或尽端靠墙位置的,也常成为厅室的趣味中心而加以特别装点。这里应说明的是,位于交通路线的一切陈设,包括绿化在内,必须以不妨碍交通和紧急疏散时不致成为绊脚石为原则,并按空间大小和形状选择相应的植物。如放在狭窄的过道边的植物,不宜选择低矮、枝叶向外扩展的植物,否则,既妨碍交通又会损伤植物,因此应选择与空间更为协调的修长的植物。

3. 柔化空间、增添生气

树木、花卉以其千姿百态的自然姿态、五彩缤纷的色彩、柔软飘逸的神态、生机勃勃的生命,恰巧和冷漠、刻板的金属、玻璃制品及僵硬的建筑几何形体和线条形成强烈的对照。例如:乔木或灌木可以以其柔软的枝叶覆盖室内的大部分空间;蔓藤植物以其修长的枝条,从这一墙面伸展至另一墙面,或由上而下吊垂在墙面、柜、橱、书架上,如一串翡翠般的绿色枝叶装饰着,并改变了室内空间予以一定的柔化和生机。这是其他任何室内装饰、陈设所不能代替的。此外,植物修剪后的人工几何形态,以其特殊色质与建筑在形式上取得协调,在质地上又起到刚柔对比的特殊效果,如图7-8所示。

4. 美化环境、陶冶情操

绿色植物,不论其形、色、质、味,或其枝干、花叶、果实,所显示出蓬勃向上、充满生机的力

图7-8 柔化空间效果

量,引人奋发向上、热爱自然、热爱生活。植物生长的过程,是争取生存及与大自然搏斗的过程,其形态是自然形成的,没有任何掩饰和伪装。不少生长缺水少土的山岩、墙垣之间的植物,盘根错结,横延纵伸,广布深钻,充分显示其为生命斗争和无限生命力,在形式上是一幅抽象的天然图画,在内容上是一首生命赞美之歌。它的美是一种自然美,洁净、纯正、朴实无华,即使被人工剪裁,任人截枝斩干,仍然显示其自强不息、生命不止的顽强生命力。因此,树桩盆景之美与其说是一种造型美,倒不如说是一种生命之美。人们从中可以得到万般启迪,使人更加热爱生命,热爱自然,陶冶情操,净化心灵,与自然共呼吸,如图7-9所示。

一定量的植物配置,使室内形成绿化空间,使人们置身于自然环境中,享受自然风光,不论工作、学习、休息,都能心旷神怡,悠然自得。同时,不同的植物种类有不同的枝叶花果和姿色,例如一丛丛鲜红的桃花,一簇簇硕果累累的金桔,使室内增添喜气洋洋、欢乐的节日气氛。苍松翠柏,给人以坚强、庄重、典雅之感。如置满绿色植物和洁白纯净的兰花的室内,清香四溢,风雅宜人。此外,东西方对不同植物花卉均赋予一定的象征和含义,如我国喻荷花为"出污泥而不

图7-9 陶冶情操、营造氛围

染,濯清涟而不妖",象征高尚情操;喻竹为"未曾出土先有节,纵凌云霄也虚心",象征高风亮节;称松、竹、梅为"岁寒三友",梅、兰、竹、菊为"四君子";喻牡丹为高贵,石榴为多子,萱草为忘忧等。在西方,紫罗兰为忠实永恒;百合花为纯洁;郁金香为名誉;勿忘草为勿忘我等。

植物在四季时空变化中形成典型的四时即景:春花,夏季,秋叶,冬枝。一片柔和翠绿的林木,可以一夜间变成腥红金黄色彩;一片布满蒲公英的草地,一夜间可变成一片白色的海洋。时迁景换,此情此景,无法形容。因此,不少宾馆设立四季厅,利用植物季节变化,可使室内改变不同情调和气氛,使旅客也获得时令感和常新的感觉,也可利用赏花时节,举行各种集会,为会议增添新的气氛,适应不同空间使用的。

7.1.2 室内绿化的布置方式

1. 植物的摆放应与居室环境相和谐

尺寸不同的植物,其摆放位置的不同,会使空间展现不同的表情,产生出各异的效果,如图7-10所示。

大型植物不但可以营造强烈的视觉感,成为室内焦点,在家具较少的空间,它成为创造温暖的重要角色。枝叶茂密的大株盆栽,同时也具有引导及遮蔽视线的功能,如图7-11所示。

图7-10 绿化布置方式(1)

图 7-11 绿化布置方式(2)

中型植物因为高度问题,不适合直接摆在地上,通常以外物增加其高度再置放为佳。例如放在家具、支架、窗架上,也可以填补畸零的空间,随处创造绿荫意境,如图 7-12 所示。

图 7-12 绿化布置方式(3)

别致的小型植物,则宛如小型饰品惹人疼爱,可以按各人的心意摆放,亲近人们的心,如图 7-13 所示。

2.绿化应考虑视线的位置

室内布置植物装饰无非是起到视觉上的享受,为了更有效地体现绿化的价值,在布置中就应该更多地考虑无论在任何角度来看都顺眼的最佳视点上,如图 7-14 所示。例如,餐厅的餐桌和客厅沙发是人们休息逗留时间比较长的地方,盆花摆放的位置就应该考虑到这些位置的角度。

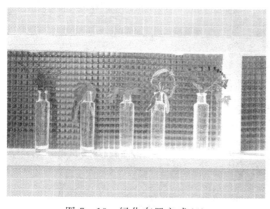

图7-13　绿化布置方式(4)　　　　　图7-14　绿化布置方式(5)

　　而盆吊植物的高度,尤其是以视线仰望的,其位置和悬挂方向一定要讲究,以直接靠墙壁的吊架、盆架置放小型植物效果最佳,如图7-15所示。因为悬吊的植物是随风飘动的,如视线角度能恰到好处,就能别有一番情趣。

　　3.谨慎选择植物类型就可弥补室内空间缺陷

　　现代居室风格趋向于简洁明快、直线构成,而绿色植物的轮廓自然,形态多变,大小、高低、疏密、曲直各不相同,与建筑居室直线方正形成了鲜明的对比,消除了壁面的生硬感和单调感,增强了空间的表现力度,如图7-16所示。

图7-15　绿化布置方式(6)　　　　　图7-16　绿化布置方式(7)

　　4.挑选植物要考虑植物的气质是否与家里的风格相符

　　室内植物主要以盆栽和插水植物为主,在选择时,除了考虑体量的大小、植株的颜色、主人基本的喜好外,还要考虑植物的气质是否与家里的风格相符,以免格格不入,适得其反。如果能根据植物本身具有的特性搭配不同的家具,所起到的效果会更加完美,如图7-17所示。

　　因为每一种植物都会呈现出不同的姿态与风情,有的可爱俏皮,有的原始粗犷,有的则简单淡雅。举例来讲,棕榈可以烙铁及玻璃材质的家具;叶片细致的垂叶植物,让人犹如置身于庭院之中,可与柔软的印花棉布搭配;而线条瘦长清秀的植物,如丝兰、铃兰等,则适合富含极简风味的现代空间。

　　5.植物应让家居感到温馨,有充满生气勃勃的祥和气氛

　　应该结合自己及家人的职业、情趣、爱好选择适合自己的植物。如平时公务繁忙的人,可以选择一些不怎么需要照顾或后期管理养护要求比较低的绿色植物,如吊兰等,如图 7 - 18 所示。

图 7 - 17 绿化布置方式(8)

图 7 - 18 绿化布置方式(9)

而平时对绿色植物的养护兴趣比较大,且有较多精力料理与拨弄绿色植物的人,可以选择一些后期管理要求比较高的绿色植物,如西洋杜鹃等。另外,性格较为文雅一点的可以选择兰花、文竹及一些盆景等摆放在室内,如图 7 - 19 所示。

随着空间位置的不同,绿化的作用和地位也随之变化,可分为:①处于重要地位的中心位置,如大厅中央;②处于较为主要的关键部位,如出入口处;③处于一般的边角地带,如墙边角。

室内绿化的布置,应从平面和垂直两方面进行考虑,使它形成立体的绿色环境,如图 7 - 20 所示。

图 7 - 19 绿化布置方式(10)

图 7 - 20 绿化布置方式(11)

(1)重点装饰与边角点缀。把室内绿化作为主要陈设并成为视觉中心,以其形、色的特有魅力来吸引人们,是许多厅室常采用的一种布置方式,它可以布置在厅室的中央。

(2)结合家具、陈设等布置绿化。

(3)组成背景、形成对比。绿化的另一作用,就是通过其独特的形、色、质,不论是绿叶或鲜花,不论是铺地或是屏障,集中布置成片的背景。

(4)垂直绿化。垂直绿化通常采用天棚上悬吊方式。

(5)沿窗布置绿化。靠窗布置绿化,能使植物接受更多的日照,并形成室内绿色景观。可以作成花槽或低台上置小型盆栽等方式。

7.1.3 室内空间中的水元素

水是人们生活中最常见的物质之一,包括人类在内所有生命的生存都必须依靠水的存在,它也是生物体最重要的组成部分。越来越多的室内空间设计把水元素从室外引入到室内,使人们在室内的空间之中也能感受水所带给人们的大自然风采及心灵上的慰藉。对于室内空间意境的烘托使得水元素成为室内空间设计的众多要素之一。

1.水元素的概述

室内空间水元素的运用是自然与人为的结合。在现代室内空间设计中我们经常会看到一些人造水池、落水、喷泉等,用来渲染空间氛围。在室外对于水的运用不断成熟的同时,人们将其转移到室内作为室内空间设计的新亮点,室内空间中运用水来对空间增色受到许多人的喜爱。根据室内空间的具体情况如建筑结构、功能需要等因素允许的情况下使用多种设计手法对室内空间进行全方面优化。

2.水元素运用的发展历程

古代由于技术的原因对于水的运用绝大多数都运用于室外,在室内空间的运用也仅限于鱼缸等小型的配景装饰。早期在设计中对于水的运用也大多与一些艺术品相结合,慢慢地开始与一些抽象的设计造型结合,与周边的环境相融合,而室内的水元素设计却并不像在室外那样常见。进入近现代,随着人们对于室内空间要求的提高,水从室外引入室内,开拓了一个新的领域并飞速发展。植物、石也慢慢与水结合出室内空间中的美景,不仅美化了环境,愉悦人们的身心,也对改善室内空间的小气候也起到了很大的作用。

7.1.4 室内空间水元素设计的基本内容

1.喷泉

利用压力将水源从喷嘴喷向空中后自由落下所产生的景观成为喷泉。普通的喷泉是由各种款式的喷头单体设置或组合设置形成漂亮造型图案的喷泉,喷泉包含有白控喷泉、时控喷泉、声控喷泉、电脑遥控喷泉等。喷泉通常使用的喷头有单射流喷头、多头喷头、旋转型喷头、吸力喷头环形喷头、半球形喷头、喷雾喷头、平面喷头。

2.涌泉

水流自下而上冒出,且高度并不是太高的水源称为涌泉。山东济南的趵突泉就是大自然的涌泉。设计师如果调试压力或者改变喷头的造型,就会产生不同形体、不同高低的涌泉,现今流行的时钟喷泉、标语喷泉,都是运用水喷头重复组合,利用电脑控制水压涌出水面较低的水柱。

3.水幕

水流沿着塑料管或玻璃管落下形成各种造型称为水幕。这样的落水形式丰富多彩,造型多种多样,更加具有现代感。水幕的形式有激光水幕、水幕墙、水幕装饰。水幕装饰多为一个水循环流动的装饰品,个性的设计和独特的摆放,让整个室内空间光彩夺目。水幕装饰带给人们强大的生命力与活力,水幕装饰多用于公司企业的形象墙、会展中心的艺术走廊、公共会所的厨房和洗浴等地方。

4. 壁泉

壁泉是将喷水口安置在墙壁上,自由喷出。壁泉是由墙壁、水源口、水盘、水池几个部分组成。墙壁可以设计成各种造型,或采用多种材料砌筑而成,水源口多数隐藏在墙体内,或者是安置在石块下方,通常会选用石雕和金属雕饰。水源口喷出的水会落入水盘或水池,不同的水盘和水池形状流出的水会产生不同的形状,壁泉在室内空间中占用空间小,静中有动。

5. 叠水

喷泉中的水呈台阶状流出,或者是分层流出称为叠水。在景观设计中,常出现多层叠泉的形式,在国外的一些园林设计中,多数是利用多层台阶式的叠水。台阶有高有低,层次有多有少,构筑物的形式有规则式、自然式及其他形式,放产生形式不同、水量不同、水声各异的丰富多彩的叠水。

6. 水池

水池所呈现的气氛平和且不冷漠,在室内空间中能成为视觉的中心,也可以成为整体景色中的背景。在室内空间设计中,经常修筑小桥在水池上,还会修筑各种小岛,放养水生动、植物。水池通常有自然形态、规则形态和混合形态三种类型。自然形态则是根据实际空间大小自然形成水池,形成功能分区的分隔;规则形态有正方形、长方形、圆形;混合形态是抽象、个性的图形组合而成。

7.2　绿化与水体设计方法

7.2.1　室内植物的选择

1. 了解不同植物的功能,选择居室内适宜摆放的植物

有的植物能吸收有害物质、净化空气,有的植物能杀菌,有的植物能驱虫,还有的植物具有保健功能,应根据不同居室的不同需要选择绿色植物。

(1)能吸收有害物质,有效减轻居室中的环境污染,使室内空气清新洁净的植物:如芦荟、吊兰、虎尾兰、龟背竹等,它们是天然的清道夫,可以清除空气中的有害物质,特别是在对付甲醛上颇有功效;绿萝、海芋(又名滴水观音)也是吸收甲醛的好手。

(2)家里摆放植物应考虑"互补"功能,大部分植物是晚上释放二氧化碳、吸收氧气,而仙人掌、仙人指等植物的肉质茎上的气孔白天关闭、夜间打开,在吸收二氧化碳的同时制造出氧气,使室内空气中的负离子浓度增加。把这些具有"互补"功能的植物放于一室,则可平衡室内氧气和二氧化碳的含量,保持室内空气清新。

虎皮兰、虎尾兰、龙舌兰等这些植物也能在夜间净化空气,而且容易"伺候"。不需花过多时间精力来打理,就能生长茂盛。

(3)具有杀菌功能的绿色植物,如玫瑰、桂花、紫罗兰、茉莉、柠檬、蔷薇、紫薇等,这些芳香花卉产生的挥发性油类具有显著的杀菌作用;柑桔、吊兰等,可使室内空气中的细菌和微生物大为减少;常春藤、普通芦荟能对付从室外带回来的细菌。可见,居室摆放花草植物,可大大减少空气中的含菌量。

(4)具有驱蚊功能的绿色植物:如茉莉花之香气可驱蚊;薰衣草本身具有杀虫效果;猪笼草

是典型的食虫植物,是捕蚊高手;天竺葵具有一种特有的气味,这种气味使蚊蝇闻味而逃,驱蚊效果很好;家里摆放食虫草既捉蚊又吸尘;驱蚊香草散发的柠檬香味能达到驱蚊目的。

(5)对人体具有保健的功能的植物:如茉莉、玫瑰、紫罗兰、薄荷,这些植物可使人放松、精神愉快、提高工作效率;水仙香能让人感到宁静、温馨;菊花、百合等花香具有解除身心疲劳等功效;紫罗兰和玫瑰花香味使人心情愉快。暖色花,可给人以热烈、兴奋、温暖的感觉,能增加人食欲;冷色花,则给人以舒适、清爽、恬静的感受,有镇静作用。

(6)虽然植物可以美化房间,但有一些花草是不宜进屋的:如夜来香:晚间会散发大量强烈刺激嗅觉的微粒,对高血压和心脏病患者危害太大;松柏类花卉:散发油香,容易令人感到恶心;夹竹桃的花朵有毒性,花香容易使人昏睡;郁金香的花朵有毒碱,过多接触毛发容易脱落。

2. 根据各个房间的功能选择布置合适的植物

由于居室内房间的功能各不相同,因此,我们必须巧用心思选择布置适合的植物。

玄关适合摆放水养植物或高茎植物,比如水养富贵竹等。

客厅是家人团聚、会客、娱乐等的地方,一般来说,客厅是家庭中最大的一个空间。要选择体量高大、扩张型生长的、最有视觉效果的绿色植物,如巴西铁、发财树、棕竹、龟背竹等。这些植物还有"耐阴"的美德,让主人不必过多地为它们的光照问题操心,按照家居摆设的需要安放就可以了。它们宜放在沙发边、墙角、电视柜旁等处,必定会使客厅显得清凉、高雅。茶几上可摆放小型的竹芋、袖珍蕨类。在客厅摆放植物时,应避免杂乱、零散的摆放,切忌整个厅内绿化布置过多,要有重点,否则会显得杂乱无章,俗不可耐。

餐厅是进餐的专用场所,也是全家人汇聚的空间,而且位置靠近厨房,浇水容易。配置一些开放着艳丽花朵的盆栽,如秋海棠和圣诞花之类,可以增添欢快的气氛,或将富于色彩变化的吊盆植物置于分隔柜上,把餐厅与其他功能区域分开。现代人很注重用餐区的清洁,因此,餐厅植物最好用无菌的培养土来种植。适宜摆设的植物有番红花、仙客来、常春藤等。餐厅里,要避免摆设气味过于浓烈的植物,如风信子。

书房是主人看书、学习的地方,要突出宁静、清新、幽雅的气氛,植物不宜多摆放。虞美人和水仙外形调皮,可盛在圆形花瓶中摆在书桌旁,使人在伏案时也能精神奕奕。书架顶端可放一盆悬垂的常春藤或绿萝等。书房还可以选择文竹、兰花、小型盆栽观赏竹等,这些植物形态优美、姿态飘逸舒展、格调高雅,而且都有一定的寓意。也可选用康乃馨、茉莉,既可提神健脑,更能增添书房内的幽雅气氛。

卧室是人们放松休息的场所,需烘托恬静、温馨的卧室氛围。在宽敞的卧室里,可选用站立式的大型盆栽;小一点的卧室,则可选择吊挂式的盆栽,或将植物套上精美的套盆后摆放在窗台或化妆台上。卧室可以选择的植物有:如茉莉花能散发香甜的气味,可令人在自然的芳香气息中酣然入睡;君子兰、文竹等植物能松弛神经;也适合放置一些能吸收二氧化碳等废气的花草,如盆栽柑桔、迷迭香、吊兰等;绿萝这类叶大且喜水的植物也可以养在卧室内,使空气湿度保持在最佳状态。卧室的植物、植株的培养可用水苔取代土壤,以保持室内清洁。香味过浓的植物则不宜在卧室内放置,以免引起不适,影响睡眠与休息,如夜来香等。

另外,儿童房可以摆放一些颜色艳丽一点的植物,但注意不要摆放仙人掌、仙人球等有刺、容易伤害儿童的植物。

厨房在住宅的家庭生活中非常重要,是一日三餐的洗切、烹饪、备餐以及用餐后的洗涤与整理餐具的地方。一般居室中厨房空间相对较小,而且多采用白色或浅色装潢以及不锈钢水槽,色彩丰富的植物可以柔化硬朗的线条,为厨房注入一股生气。厨房有煤气、油烟味、温度高等不利因素,吊兰和绿萝具有较强的净化空气的功效。

卫生间是洗浴、盟洗、洗涤的场所,要注意选择喜阴、耐潮、能杀菌的植物,如虎尾兰、常春藤、蕨类植物等。虎尾兰的叶子可以自己吸收空气中的水蒸气,是卫生间的理想选择。蕨类植物喜欢潮湿,不妨摆放在浴缸边。常春藤可以净化空气又能杀灭细菌,也是卫生间不错的选择。图 7-21 为卫生间的绿化布置方式。

3.了解绿色植物的象征特性,使选择布置的植物的居住

在我国的传统文化中,还特别强调了绿色植物的精神象征意义,并且用它们来陶冶情操,满足人们的精神需要。

室内绿色的精神功能往往在于人对植物的联想,与这种需求心理联系在一起,植物也就有了不同的寓意。

例如:竹虚心有节,象征谦虚礼让,而且竹青葱脱俗,枝挺叶茂,更因为它是平安的象征,故世俗有"竹报平安"之语,且竹造型还体现坚忍不拔的性格;梅花迎春怒放,象征不畏严寒,纯洁坚贞;兰花居静而芳,象征高风脱俗、友爱情深;菊花傲霜而立,象征离尘居隐、临危不屈;玫瑰花活泼纯洁,象征青春、爱情;石榴果实籽多,喻多子多福;桂花芳香高贵,象征胜利夺魁;紫罗兰忠实、永恒;百合花纯洁;富贵竹、仙人掌、棕竹、发财树、君子兰、兰花、仙客来、柑桔等植物在风水学中称为"吉利之物",可寓意

图 7-21 卫生间绿化布置方式

吉祥如意,聚财发福。另外,蕨类植物的羽状叶给人亲切感;铁海棠展现出刚硬多刺的茎干,使人敬而远之。人们之所以喜欢花草植物,一是因为花草植物本身的美让人移情,再就是它的雅、它的不俗。

综上所述,选择室内植物时,要考虑以下问题:①给室内创造怎样的气氛和印象;②在空间作用;③根据空间的大小,选择植物的尺度;④要考虑植物的养护问题;⑤要考虑植物的物理功能与人的心理效能。

7.2.2 室内庭院的设计

1.室内庭院的意义和作用

室内庭园是室内空间的重要组成部分,是室内绿化的集中表现,是室内空间室外化的具体实现。室内庭院能使生活在楼宇中的人们方便地获得接近自然、接触自然的机会,使人们享受自然的沐浴而又不受外界气候变化的影响,这是现代文明的重要标志之一。

2.室内庭院的类型和组织

从室内绿化发展到室内庭院,使室内环境的改善达到了一个新的高度。

室内庭园类型可以从采光条件、服务范围、空间位置以及跟地面关系进行分类。

(1)按采光条件分。

①自然采光。

A.顶部(通过玻璃屋顶采光)。

B.侧面采光(通过玻璃或开敞面)。

C.顶、侧双面采光。

②人工照明——一般通过盆栽方式定期更换。

(2)按位置和服务分。

①中心式庭院——位于建筑中心地位。

②专门为某厅室服务的庭院——这种庭院的规模一般不大,常是专供某一厅室服务的,它类似我国传统民居中各种类型的小天井、小庭院,常利用建筑中的角落、死角组景。

图7-22、图7-23为庭院绿化布置方式效果图。

图7-22 庭院绿化布置方式(1)

图7-23 庭院绿化布置方式(2)

(3)根据庭院与地面的关系分。

①落地式庭院——位于低层。

②屋顶式庭院——位于屋顶(空中花园)。

"室雅何须大,花香不在多"。太多的植物会破坏室内环境的整体感,不仅很难起到调节心情的作用,甚至会造成视觉疲劳。绿色植物的摆放,要讲科学,全面考虑,精心设计,充满美感。

7.2.3　室内绿化装饰的方法

室内绿化装饰方式除要根据植物材料的形态、大小、色彩及生态习性外,还要依据室内空间的大小、光线的强弱和季节变化以及气氛而定。其装饰方法和形式多样,主要有陈列式、攀附式、悬垂式、壁挂式、栽植式及迷你型观叶植物绿化装饰等。图 7-24 为室内绿化装饰的效果。

图 7-24　室内绿化的装饰

1. 陈列式绿化装饰

陈列式是室内绿化装饰最常用和最普通的装饰方式,包括点式、线式和片式三种。其中以点式最为常见,即将盆栽植物置于桌面、茶几、柜角、窗台及墙角,或在室内高空悬挂,构成绿色视点,如图 7-25 所示。

线式和片式是将一组盆栽植物摆放成一条线或组织成自由式、规则式的片状图形,起到组织室内空间、区分室内不同用途场所的作用,或与家具结合,起到划分范围的作用。几盆或几十盆组成的片状摆放,可形成一个花坛,产生群体效应,同时可突出中心植物主题,如图 7-26 所示。

图 7-25　陈列式绿化装饰(1)

图 7-26　陈列式绿化装饰(2)

采用陈列式绿化装饰,主要应考虑陈列的方式、方法和使用的器具是否符合装饰要求。

传统的素烧盆及陶质釉盆仍然是目前主要的种植器具。至于近年来出现的表面镀仿金、仿铜的金属容器及各种颜色的玻璃缸套盆则可与豪华的西式装饰相协调。总之,器具的表面装饰要视室内环境的色彩和质感及装饰情调而定,如图7-27所示。

图7-27 陈列式绿化装饰(3)

2.攀附式绿化装饰

大厅和餐厅等室内某些区域需要分割时,采用带攀附植物隔离,或带某种条形或图案花纹的栅栏再附以攀附植物与攀附材料在形状、色彩等方面要协调,以使室内空间分割合理、协调、而且实用。

3.悬垂吊挂式绿化装饰

在室内较大的空间内,结合天花板、灯具。在窗前、墙角、家具旁吊放有一定体量的阴生悬垂植物,可改善室内人工建筑的生硬线条所造成的枯燥单调感,营造生动活泼的空间立体美感,且"占天不占地",可充分利用空间。这种装饰要使用一种金属吊具或塑料吊盆,使之与所配材料有机结合,以取得意外的装饰效果,如图7-28所示。

图7-28 悬垂吊挂式绿化装饰

4.壁挂式绿化装饰

室内墙壁的美化绿化,也深受人们的欢迎。壁挂式绿化装饰方法有挂壁悬垂法、挂壁摆设法、嵌壁法和开窗法。图7-29为壁挂式绿化装饰效果。

预先在干墙上设置局部凹凸不平的墙面和壁洞,供放置盆栽植物;或在靠墙地面放置花盆,或砌种植槽,然后种上攀附植物,使其沿墙面生长,形成室内局部绿色的空间,如图7-30所示。

图7-29 壁挂式绿化装饰(1)　　　　　　图7-30 壁挂式绿化装饰(2)

或在墙壁上设立支架,在不占用地的情况下放置花盆,以丰富空间。采用这种装饰方法时,应主要考虑植物姿态和色彩。以悬垂攀附植物材料最为常用,其他类型植物材料也常使用,如图7-31所示。

5.栽植式绿化装饰

这种装饰方法多用于室内花园及室内大厅有充分空间的场所。栽植时,多采用自然式,即平面聚散相依、疏密有致,并使乔灌木及草本植物和地被植物组成层次,注重姿态、色彩的协调搭配,适当注意采用室内观叶植物的色彩来丰富景观画面;同时考虑与山石、水景组合成景,模拟大自然的景观,给人以回归大自然的美感,如图7-32所示。

图7-31 壁挂式绿化装饰(3)　　　　　　图7-32 栽植式绿化装饰

6.迷你型观叶植物绿化装饰

这种装饰方式在欧美、日本等地极为盛行。其基本形态源自插花手法,将迷你型观叶植物配植在不同容器内,摆置或悬吊在室内适宜的场所,或作为礼品赠送他人,如图7-33所示。这种装饰设计最主要的目的是要达到功能性的绿化与美化,也就是说,在布置时,要考虑室内观叶植物如何与生活空间内的环境、家具、日常用品等相搭配,使装饰植物材料与其环境、生态等因素高度统一。其应用方式主要有迷你吊钵、迷你花房、迷你庭院等。

(1)迷你吊钵。迷你吊钵是将小型的蔓性或悬垂观叶植物作悬垂吊挂式装饰,如图7-35所示。这种应用方式观赏价值高,即使是在狭小空间或缺乏种植场所时仍可被有效利用。

图7-33 迷你型观叶植物绿化装饰

图7-34 迷你吊钵

(2)迷你花房。迷你花房是指在透明有盖子或瓶口小的玻璃器皿内种植室内观叶植物,如图7-35所示。这种应用方式所使用的玻璃容器形状繁多,如广口瓶、圆锥形瓶、鼓形瓶等。由于此类容器瓶口小或加盖,水分不易蒸发而散逸在瓶内,可被循环使用,所以应选耐湿的室内观叶植物。迷你花房一般是多品种混种,在选配植物时应尽可能选择特性相似的配植一起,这样更能达到和谐的境界。

(3)迷你庭院。迷你庭院是指将植物配植在平底水盘容器内的装饰方法,如图7-36所示。其所使用的容器不局限于陶制品,木制品或蛇木制品亦可,但使用时应在底部先垫塑料布。这种装饰方式除了按照插花方式选定高、中、低植株形态,并考虑根系具有相似性外,叶形、叶色的选择也很重要。

图7-35 迷你花房

图7-36 迷你庭院

同时,这种装饰最好有其他装饰物(如岩石、枯木、民俗品、陶制玩具或动物等)来衬托,以提高其艺术价值。若为小孩房间,可添置小孩所喜欢的装饰物;年轻人的则选用新潮或有趣的物品装饰。总之,可依不同年龄作不同的选择。

7.2.4 水元素在室内空间设计中的形式

1.水景形态设计

(1)动态形式。动态水是常见的一种形式,流动的水流形成美丽的室内风景。通常动态形式的水源为瀑布、喷泉等形式。水流产生的形态特征取决于水喷出的压力和水的流量,还取决于水流经过的装饰造型、材质、坡度以及水流沟槽的大小。在室内空间设计中,动态的水可以起到分隔空间,循环室内空气的作用,增加室内环境的生机和活力。动态水循环的节点设计配合上高科技的灯光、音效,会使室内空间营造别样的氛围。

(2)静态形式。室内静水是以静水池形式出现,使室内形成静态的水景。静水水面造型是根据水池的整体形状表现出来的,可以是规则的多边形,也可以是不规则的自然形。设计师根据室内环境的功能需求和审美要求,选择适合空间的水面形状。静态水池的池壁有三种常见的形式,即池壁高出地面、池壁与地面相平、下沉式水池。水池有三个口,即进水口、溢水口和排水口,池壁材料也影响水面景观。静水所构成的景有两类,一是虚景,即借水的色和光映出景观;二是实景,即借静水作为基底托出山石、花木等景观,如图7-37所示。

2.水体主景设计

较大的室内空间环境一定要有一个引人注目的景点,才能聚集人们的视线,也才能在室内空间创造出视觉中心来。这个引人注目的景点,就是主景。设计者常常利用水体作为建筑中庭空间的主景,以增强空间的表现力。瀑布、喷泉等水体形态自然多变,柔和多姿,富有动感,能和建筑空间形成强烈的对比,因而成为室内环境中最动人的主体景观,是最为相宜的。天津伊士丹商场一楼大厅中部,就采用了一组水景作为主景。从三楼高处落下一圆形细水珠帘,水落入下

图 7-37 水景形态设计

面的池中形成二层叠水,在水池口还设有薄膜状牵牛花形喷泉。整个水景的形状以圆形来统一处理,与环境十分协调,水景效果也十分好看。

3.水体的背景处理

在特定的室内环境中,水体基本上都以内墙墙面作为背景。这种背景具有平整光洁、色调淡雅、景象单纯的特点,一般都能很好地当作背景使用。但是,对于主要以喷涌的白色水花为主的喷泉、涌泉、瀑布,则背景可以采用颜色稍深的墙面,以构成鲜明的色彩对比,使水景得到突出表现。室内水体大都和山石、植物、小品共同组成丰富的景观,成为通常所说的室内景,为了突出水上的小品、山石或植物,也常常反过来以水体作为背景,由水面的衬托而使山石植物等显得格外醒目和生动。可见,室内水面除了具有观赏作用之外,还能在一些情况下作为背景使用。

4.室内空间的分隔与沟通

室内与室外画室内各个局部之间,常常用水体、溪流作为纽带进行联络,也常常进行一定程度上的空间分隔。如上海龙柏饭店门厅的池与庭院相通,中间隔一大玻璃窗,使内外空间紧密地融为一体。日本大阪皇家饭店的餐厅,由于引入小溪而使室内环境更为明快。用水体也可分隔空间,而水体分隔的空间在视线上仍能相互贯通,被分开的各个空间在视觉上仍是一个整体,产生了既分又合的空间效果。日本东京大同人寿保险司内部,沿纵向开了一条水渠,把功能分为两部分,一边为营业部,另一边为办公机构,两部分既相隔离,又相互联系。

5.室内浅水池设计

一般水深在1m以内者,称为浅水池。它也包括儿童戏水池和小型泳池、造景池、水生植物种植池、鱼池等。浅水池是室内水景中应用最多的设施,如室内喷泉、涌泉、瀑布、壁泉、滴泉和一般的室内造景水池等,都要用到浅水池。因此,对室内浅水池的设计,应该多一些了解。

(1)浅水池的平面设计。室内水景中水池的形态种类众多,水池深浅和池壁、池底材料也各不相同。浅水池的大致形式如下:

①如果要求构图严谨,气氛严肃庄重,则应多用规则方正的池形多个水池对称形式。为使空间活泼,更显水的变化和深水环境,则用自由布局、参差跌落的自然主式水池形式。

②按照池水的深浅,室内浅水池又可设计为浅盆式和深盆式。水深小于等于600mm的为浅盆式;水深大于等于600mm的为深盆式。一般的室内造景水池和小型喷泉池、壁泉池、滴泉池等,宜采用浅盆式;而室内瀑布水池则常可采用深盆式。

③依水池的分布形式,也可将室内浅水池设计为多种造型形式,如错落式、半岛与岛式、错位式、池中池、多边组合式、圆形组合式、多格式、复合式、拼盘式等。

(2)浅水池的结构设计。室内浅水池的结构形式主要有砖砌水池和混凝土水池两种。砖砌水池施工灵活方便,造价较低;混凝土水池施工稍复杂,造价稍高,但防渗漏性能良好。由于水池很浅,水对池壁的侧压力较小,因此设计中一般不作计算,只要用砖砌240mm墙作池壁,并且认真做好防渗漏结构层的处理,就可以达到安全使用的目的。水池池底、池壁具体结构层次的做法,可参见本章第三节中喷泉池的结构设计部分。有时为了使室内瀑布、跌水在水位跌落时所产生的巨大落差能量能迅速消除并形成水景,需要在溪流的沿线上布设卵石、汀步、跳水石、跌水台阶等,以达到快速"消能"的目的。当以静水为主要景观的水池经过水源水的消能并轻轻流入时,倒影水景也就可伴随而产生。如图7-38所示。

图7-38 室内浅水池设计

（3）池底与池壁装饰设计。室内水池要特别注意其外观的装饰性,所用装饰材料也可以比室外水池更高级些。水池具体的装饰设计情况如下所述:

①池底装饰。池底可利用原有土石,亦可用人工铺筑砂土砾石或钢筋混凝土做成。其表面要根据水景的要求,选用深色或浅色的池底镶嵌材料进行装饰,以示深浅。如池底加进镶嵌的浮雕、花纹、图案,则池景更显得生动活泼。室内及庭院水池的池底常常采用白色浮雕,如美人鱼、贝壳、海蟹之类,构图颇具新意,装饰效果突出,渲染了水景的寓意和水环境的气氛。

②池壁的装饰。池壁壁面的装饰材料和装饰方式一般可与池底相同,但其顶面的处理则往往不尽相同。池壁顶的设计常采用压顶形式,而压顶形式常见的有六种。这些形式的设计都是为了使波动的水面很快地平静下来,以便能够形成镜面倒影。

③池岸压顶与外沿装饰。池岸压顶石的表面装饰可以采用的方式方法有水泥砂浆抹光面、斩假石饰面、水磨石饰面、釉面砖饰西、花岗石饰面、汉白玉饰面等,总之要用光面的装饰材料,不能做成粗糙表面。池岸外沿的表面装饰做法也很多,常见的有水泥砂浆抹光面、斩假石面、水磨石面、豆石干粘饰面、水刷石饰面、轴面砖饰面、花岗石饰面等,其表面装饰材料可以用光面的,也可以用粗糙质地的。

④池面小品装饰。装饰小品诸如各种题材的雕塑作品,具有特色的造型,增加生活情趣的石灯、石塔、小亭,池面多姿多彩的荷花灯、金鱼灯以及结合功能要求而加上的荷叶汀步、仿树桩汀步、跳石等。这一切都能够起到点缀和活跃庭院及室内环境气氛的作用。此外,还可利用室内方便的灯光条件,用灯光透射、技射水景或用色灯渲染氛围情调。

7.2.5 水元素在室内空间设计中的原则

1.坚持相互融合、相互协调的原则

室内空间设计中的水元素要与周围环境相互融合,尺度感要与周围的环境相协调,小空间如果设置了大体量的水体,会使人压抑不舒服,在大空间中可选择设计一些水元素的空间分隔。

2.坚持因人而异、因地制宜的原则

水元素设计要与人本身相互融合、协调,满足人们精神需求。室内空间设计中水元素设计应配合人的感官,营造出特定的环境氛围,在室内空间中被水的氛围所感染。水元素的应用还要考虑水资源的条件限制,因地制宜,如果强制加入水元素进行室内空间设计,耗费资金且效果不好。如果室内空间较小,可设置一些小造型的水元素,容易维护和治理,小的水体造型更容易亲近,人们还可以与水产生互动。

3.坚持持续发展、循环利用的原则

水元素的运用要尊重自然,尊重植物和水的自然规律,提倡坚持可持续发展,运用一些可循环利用的材料进行水元素设计。设计师把材料循环使用可以减少成本、节约资源,还可减少废弃物。例如,在室内空间中选用自然色彩和天然材料,多运用自然成长的植物,为自然再生过程提供条件。

7.2.6 水元素与室内其他设计要素的关联

室内空间设计中运用水元素来构景除了水体本身之外,还有其他的一些元素,如室内空间中常见的水生动植物,以及室内空间中的补衬水体本身的景观小品、建筑小品、石块儿、灯光照明、背景音乐等。在对室内空间的水元素进行艺术设计时,要充分利用这些构景的元素,根据它们的形式、特征以及它们在以水为主要构景元素的室内空间中所起的作用来进行合理设置。这些设计要素与水元素在室内空间中交相呼应、绚丽多彩、充满深意。

7.3 绿化与水体设计案例

7.3.1 广州某宾馆的中庭景园

广州某宾馆的中庭景园,是一幅以眷恋故乡为主题的中国传统山水意境的园林画卷。四周为敞廊,绕廊遍植垂萝,庭内壁山瀑布,气势磅礴,亭榭桥台,梯阶蹬道,整体布局高低错落,富有岭南庭院风格。其大型室内植物景观从下方延伸到二、三层各餐厅和顶层套间;南侧透过大型玻璃帷幕,将珠江景色引入室内,如图 7-39 所示。这样的室内景园,就是运用了园林手段在有限的室内空间进行了美丽的设计。在局部有一定限制的室内空间,运用了我国传统园林的手法,体现了一定的意境,室内绿化的构景手法也是直接从园林艺术中汲取养分,采取"拿来主义"。

图 7-39 某宾馆的中庭景园

7.3.2 北京某饭店

北京某饭店的四季厅就是我国现代室内绿化设计的杰作。阳光透过玻璃屋顶斜洒在绿树茵茵的大厅内,明媚而舒适。门口影壁背后,一潭清澈见底的碧水,潭底铺着鹅卵石,两块太湖石屹立其中。大厅两旁各植有几株棕榈和芭蕉等热带植物,大厅正中是会客厅,几张方桌,几排浅灰躺椅,让人倍感清净、舒适,如图 7-40 所示。它也是中国现代建筑与中国传统园林相结合的典范。

图 7 - 40　某饭店的四季厅

7.3.3　某餐厅室内绿色植物墙应用

某餐厅仿真植物墙的室内植物墙"爬"满绿色植物可以营造出浪漫的法式情调。光是看上去，就觉得这面墙好像会呼吸，一派生机勃勃。在美好居室的同时，也提供了一份轻松惬意的心情，如图 7 - 41 所示。

图 7 - 41　某餐厅室内植物墙

7.3.4　房博会室内绿色植物墙展示

仿真植物墙风格主要也就是原生态系列、平原风格系类、logo 风格系列、精品橱窗系列，每个系列的种类也是很多的。随着仿真植物墙成为新一代的装饰设计元素，现在的中国掀起了一阵仿真植物墙的潮流风，家居装饰市场将进入新常态，仿真植物墙的产品即将进入到家居装饰市场当中。图 7 - 42 所示为某房博会室内植物墙展示。

图 7-42　房博会室内植物墙展示

7.3.5　三市里某餐厅

天井是餐厅设计的一大亮点,鱼池上方用当地常用的酒缸为主材叠加成 3 米高的涌泉墙,"泉水"潺潺流长、绵延不绝,如图 7-43 所示。

图 7-43　三市里某餐厅天井涌泉墙

第8章
室内装饰陈设

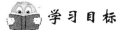 学习目标

通过本章学习,学生应对家具与陈设的发展过程有所认识,应熟悉家具与陈设的尺度与分类,掌握家具与陈设在建筑装饰设计中的作用和布置。

学习要求

能力目标	知识要点	相关知识	权重
理解能力	陈设的要素	陈设的分类 家具的发展 国外古典家具 近现代家具	20%
掌握能力	陈设的设计方法	家具的分类与设计 家具在室内环境中的作用 家具的选用和布置原则	30%
应用能力	室内装饰陈设的运用	在设计中的运用	50%

引例

家具是人们生活的必需品,不论是工作、学习、休息,或坐或卧或躺,都离不开相应的家具。此外,许多各式各样、大大小小的用品,也均需要相应的家具来收纳、隐藏或展示。因此,家具在室内空间中占有很大的比例和很重要的地位,对室内环境效果起着重要的影响。

家具的发展与当时社会的生产技术水平、政治制度、生活方式、风格习俗、思想观念以及审美意识等因素有着密切的联系,家具的发展史也是一部人类文明、进步的历史缩影。

8.1 陈设要素

8.1.1 陈设的分类

1. 实用装饰品

实用装饰品通常也是人们生活中有实用需求的物品,它同时兼有一定的装饰效果,对室内设计的构成也产生了一定的影响,比如我国著名的传统工艺陶瓷器,不仅用途广泛,还带有很强的艺术感染力。家电、窗帘等都属于实用装饰品,这类装饰品的选择主要是要根据实际的功能需求和房屋本身的设计风格来选择。

(1)家具。家具主要表达空间的属性、尺度和风格,是室内陈设品中最重要的组成部分。家具可分为中国传统家具、外国古典家具、近代家具和现代家具。

中国传统家具有着悠久的历史,从商、周时期席地而坐的低矮家具到中国传统家具鼎盛时期的明清家具,其间经历了 3600 多年的演变和发展,形成众多不同造型和风格的家具形式,从而构成中式风格的室内陈设设计中必不可少的元素。

外国古典家具主要是指公元 5 世纪之前的古埃及、古希腊、古罗马时期的家具,如中世纪的拜占庭家具、仿罗马式家具和哥特式家具。西方近代家具主要指文艺复兴时期的家具,如巴洛克式家具、洛可可式家具、新古典主义家具、帝国式家具。

随着社会的发展,发明机械动力的工业革命推动了技术的变革,社会形态和生活方式逐渐改革,家具设计和制作方法也随之改变,家具的形式、结构也随着工业革命的到来发生了巨大的变化。二战后,随着经济的复苏、工业技术的迅速发展,各种新材料、新技术的高度发展为现代家具提供了物质基础,家具的设计也形成多元化的格局,展现在人们面前的是各具个性、特色与风格的新局面。

(2)织物用品。织物陈设是室内陈设设计的重要组成部分,随着经济技术的发展,人们生活水平和审美趣味的提高,织物陈设品的运用越来越广泛。织物陈设以其独特的质感、色彩及设计所赋予室内空间的那份自然、亲切和轻松,越来越受到人们的喜爱。它包括地毯、壁毯、墙布、顶棚织物、帷幔窗帘、蒙面织物、坐垫靠垫、床上用品、餐厨织物、卫生盥洗织物等,既有实用性,又有很强的装饰性。

我国民间常用扎染、蜡染、刺绣等制成的生活日用品进行室内装饰,以增强室内环境气氛。如贵州的蜡染花布、云南的云锦、广东的潮汕抽纱、苏州的缂丝等。刺绣具有浓郁的民族风格和地方特色,也是环境陈设的重要元素。苏绣、湘绣、蜀绣、粤绣是我国闻名于世的四大名绣。

(3)电器用品。改革开放以来,电器用品已逐渐成为人们视觉概念中的重要陈设物品。它不仅具有很强的实用性,其外观造型、色彩质地设计也都很精美,具有很好的陈设效果。电器用品包括电视机、电冰箱、洗衣机、空调机、音响设备、计算机及厨房电器、卫生淋浴器等。

电器用品在与其他家具陈设结合时一定要考虑其尺度关系,造型、风格更要协调一致。如电子计算机与机桌的配套使用,机桌高度应在普通书桌的基础上去掉计算机的高度才符合人体坐正时台面的操作高度,一般约为 65~68cm。视听设备应考虑人的视觉、听觉,视距要合适,不宜放在高处,因为人的视线在水平线以下 10m 时感觉最舒适。

电器用品的选配与摆放还要注意艺术性,有时结合一种小摆设陈列,会使室内显得愈加生动有趣。

(4)灯具。灯具是提供室内照明的器具,也是美化室内环境不可或缺的陈设品。在没有自然光线的情况下,人们工作、生活、学习都离不开灯具。其次,灯具用光的不同,可以制造出各种不同的气氛情调,而灯具本身的造型变化更会给室内环境增色不少。在进行室内设计时必须把灯具当作整体的一部分来设计。灯具的造型也非常重要,其形、质、光、色都要求与环境协调一致,对重点装饰的地方,更要通过灯光来烘托、凸现其形象。灯具大致有吊灯、吸顶灯、隐形槽灯、投射灯、落地灯、台灯、壁灯及特种灯具。其中,吊灯、吸顶灯、槽灯属于一般照明方式,落地灯、壁灯、射灯属于局部照明方式,一般室内多采用混合照明方式。

(5)书籍杂志。陈列在书架上的书籍,既有实用价值,又可使空间增添书香气,显示主人的高雅情趣。尤其是在图书馆、写字楼、办公室等文化类建筑空间中,书籍杂志是作为主要陈设品出现的。书架的设立要符合人体工学的原理,应有不同高度的框格以适应各种尺寸的书籍的摆放,并能按书的尺寸随意调整。书籍可按其类型、系列或色彩来分组,有时将一本书或一套书横放也会显得生动有趣,也可同时将古玩、植物及收藏品与书籍穿插陈列,以增强室内的文化氛围。

杂志也很适合室内装饰,杂志的封面色彩鲜艳、设计新颖,装帧精美,可以用作室内书架、台面、沙发上的点缀。

(6)生活器皿。许多生活器皿如餐具、茶具、酒具、炊具、食品盒、果盘、花瓶、竹藤编制的盛物篮及各地土特产盛具等,都属于实用性陈设。生活器皿的制作材料很多,有玻璃、陶瓷、金属、塑料、木材、竹子等,其独特的质地,能产生出不同的装饰效果,如玻璃晶莹剔透,陶瓷浑厚大方,瓷器洁净细腻,金属光洁富有现代感,木材、竹子朴实自然,这些生活器皿通常可以陈列在书桌、台子、茶几及开敞式柜架上。它们的造型、色彩和质地具有很强的装饰性,可成套陈列,也可单件陈列,使室内具有浓郁的生活气息。

(7)瓜果蔬菜。瓜果蔬菜是大自然赠与我们的天然陈设品,其鲜艳的色彩、丰富的造型、天然的质感以及清新的芬芳,给室内带来大自然的气息。瓜果蔬菜种类繁多,常用做陈设品的有苹果、梨子、香蕉、菠萝、柠檬、海棠果、辣椒、西红柿、茄子、萝卜、黄瓜、南瓜、白菜等,可根据室内环境需要来选择陈列。如色彩鲜艳的蔬菜瓜果可使室内产生强烈的对比效果;而同类色的蔬菜瓜果能起到统一室内色调的作用。

(8)文体用品。文体用品也常用作陈设品。文具用品在书房中很罕见,如笔筒、笔架、文具盒、记事本等;乐器在居住空间中陈列得很多,可使居住空间透出高雅脱俗的感觉;体育器械也可出现在室内陈设中,如各种球拍、球类、健身器材等的陈设,可使空间环境显出勃勃生机。

2.装饰陈设品

装饰陈设品近年来非常受人们的重视,它一般包含字画、摄影作品、雕塑、盆景及工艺美术品等,是纯粹作为观赏和装饰用的装饰品,虽然它不是室内设计的必需品,但无可否认的是,在现代室内环境设计中,缺少了它们总感觉无法满足人的精神方面的需求,装饰陈设品又可以根据性质分成以下三部分。

(1)室内工艺品。室内陈设工艺品主要包括挂毯、挂盘、剪纸、刺绣等,它们大都是一些散发着浓郁乡土气息和自然风情的艺术作品,是室内环境,尤其是特定性质的室内环境中很好的陈设物品。

(2)室内织物。织物是传统室内的一种主要装饰品,也是现代建筑内为追求亲切感、柔软性以及某种文化风情的象征性装饰物,织物依附性较强,同时又具有变异性的形态特征,因此,具有较强的适应性,能用于多用途、多形体之间。

(3)植物。植物是近年来运用最多的一种装饰方式,绿色植物能净化空气,给室内带来生气,点缀室内。当然植物一定要注意选择常绿、对阳光需求偏小、能符合房屋装修风格。

装饰陈设品的选择最重要的是根据主人的爱好,老人、小孩的安全性以及房屋的整体装修风格所确定。

8.1.2 我国家具的发展

1.我国传统家具

根据象形文、甲骨文和商、周代铜器的装饰纹样推测,当时已产生了几、榻、桌、案、箱柜的雏形。河南信阳春秋战国时代楚墓的出土文物及湖南长沙战国墓中的漆案、雕花木几和木床,反映当时已有精美的彩绘和浮雕艺术。从商周到秦汉时期,由于人们以席地跪坐方式为主,因此家具都很矮。从汉代的砖石画像上,可知屏风已得到广泛使用。在魏晋南北朝时期,从晋朝顾恺之的洛神赋图和北魏司马金龙墓漆屏风中看,当时已有餐榻,敦煌壁画中凳、椅、床、塌等家具尺度已加高。一直到隋唐时期,逐渐由席地而坐过渡到垂足坐椅。唐代已制作了较为定型的长桌、方凳、腰鼓凳、扶手椅、三折屏风等,可从甫唐宫廷画院顾闽中的"韩熙夜宴田"及周文矩的"重屏绘棋图"中看到各种类型的几、桌、椅、靠背椅、三折屏风等。至五代时,家具在类型上已基本完善。宋辽金时期,从绘画(如宋苏汉臣的"秋庭婴戏田")和出土文物中已反映出,高型家具已普及,垂足坐已代替了席地而坐,家具造型轻巧,线脚处理丰富。北宋大建筑学家李诫完成了有 34 卷的《营造法式》巨著,并影响到家具结构形式,采用类似梁、枋、柱、雀等形式。元代在宋代基础上有所发展。

明、清时期,家具的品种和类型已都齐全,造型艺术也达到了很高的水平,形成了我国家具的独特风格。明、清时期海运发达,东南亚一带的木材,如黄花梨、紫檀等进入我国,园林建筑也十分盛行,而特种工艺,如丝、雕漆、玉雕、陶瓷、景泰蓝也日趋成热,为家具陈设的进一步发展提供了良好的条件。

明代家具在我国历史上占有最重要的地位,以形式简捷、构造合理著称于世。其基本特点是:①重视使用功能,基本上符合人体科学原理,如座椅的靠背曲线和扶手形式。②家具的构架科学,形式简捷,构造合理,不论从整体或各部件分析,既不显笨重又不过于纤弱。③在符合使用功能、结构合理的前提下,根据家具的特点进行艺术加工,造型优美,比例和谐,重视天然材质纹理、色泽的表现,选择对结构起加固作用的部位进行装饰,没有多余冗繁的不必要的附加装饰。这种正确的审美观念和高明的艺术处理手法,是中外家具史上罕见的,达到了功能与美学的高度统一。即使在今天,与现代家具相比也毫不逊色,并且沿用至今,饮誉中外。明代家具常用黄花梨、紫檀、红木、楠木等硬性木材,并采用了大理石、玉石、贝螺等多种镶嵌艺术。

清代家具趋于华丽,重雕饰,并采用更多的嵌、绘等装饰手法,于现代观点来看,显得较为繁冗、艇重,但由于其肆饰精美、豪华富丽,在室内起到突出的装饰效果,仍然获得不少中外人士的喜欢,在许多场合下至今还在沿用,成为我国民族风格的又一杰出代表。

(1)矮型家具时期(见图 8-1 至图 8-5)。

时间:商、周至三国时期。

形成原因:由祖先席地跪坐的生活习惯而形成。

常用的家具:床、案、俎、禁等。

家具特点:家具造型古朴、笨拙,装饰方面,纹样秀丽、线条流畅,多用龙凤纹、云雷纹、几何纹样,漆饰色彩绚丽,红、黑色最为常用。

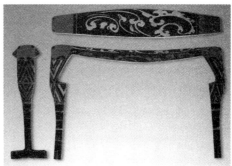

图 8-1 矮型家具(1)

图 8-2 矮型家具(2)

图 8-3 矮型家具(3)

图 8-4 矮型家具(4)　　　　　　　　　　图 8-5 矮型家具(5)

(2)矮型家具向高型家具过渡(见图 8-6 至图 8-9)。

时间:两晋、南北朝至隋唐时期。

形成原因:西北少数民族与汉民族大融合时期,将各种高型家具带入中原。

家具种类:桌、案、长凳、圈椅、靠背椅、平面的床。

家具特点:各种形式的家具逐渐增加高度,造型简洁、朴素、大方,装饰上以动植物、佛教的火焰纹、莲花纹等在家具上应用。

图 8-6 高型家具(1)

图 8-7 高型家具(2)

图 8-8 高型家具(3)　　　　　图 8-9 高型家具(4)

(3)高型家具的流行及其发展(见图 8-10 至图 8-11)。

时间:宋元时期。

形成原因:垂足而坐的生活方式在普通百姓家庭中普及,由此高型家具得到定型和迅速发展。

常用家具:桌、椅、高几、琴桌等。

图 8-10　宋元时期家具(1)

图 8-11　宋元时期家具(2)

(4)中国传统家具发展鼎盛时期。

时间:明清时期。

鼎盛原因:明清时期商品经济发展,这一社会因素促使明式家具达到传统家具发展的顶峰;从南洋各地输入名贵花梨、紫檀、红木等木材(见图 8-12),为明式家具特有造型提供物质基础。

图 8-12　明清家具名贵材质

①明式家具(见图8-13至图8-17)。

时间:从明至清初时期的家具。

图8-13　明式家具(1)

图8-14　明式家具(2)

图8-15　明式家具(3)

图8-16 明式家具(4)

图8-17 明式家具(5)

②清式家具(见图8-18、图8-19)。

时间:清代中后期。

图8-18 清式家具(1)

图 8-19　清式家具(2)

(5)中国近代家具发展状况。

时间:1840 年—20 世纪中期。

形成原因:西方家具进入中国,影响近代家具发展,呈现出"近代式""摩登式""混合式"等多种复杂的家具风格。

8.1.3　国外古典家具

1. 埃及、希腊、罗马家具

首次记载制造家具的是埃及人。古埃及人较矮(人均约 1.52m),并有蹲坐的习惯,因此座椅较低。

(1)古埃及(公元前 3100)家具特征:由直线组成,直线占优势;动物髓脚(双腿静止时的自然姿势,放在圆柱形支座上)椅和床(延长的椅子),譬的方形或长方形靠背和宽低的座面,侧面成内凹或曲线形,采用几何或螺旋形植物图案装饰,用贵重的涂层和各种材料镶嵌,用色鲜明、富有象征性;凳和椅是家具的主要组成部分,有为数众多的柜子用作储藏衣被、亚麻织物。

埃及家具对英国摄政时期和维多利亚时期及法国帝国时期影响显著。

(2)古希腊(公元前 650—前 30 年)人生活节俭,家具简单朴素,比例优美,装饰简朴,但已有丰富的织物装饰,其中著名的"克利奈"椅是最早的形式,有曲面靠背,前后腿呈"八"字形弯曲,凳子是普通的,长方形三腿桌是典型的,床长而直,通常较高,且需要脚凳。

在古希腊书中已提到在木材上打蜡,关于木材的干燥和表面装饰等情况和埃及有同样高的质量。19 世纪末,希腊文艺复兴运动十分活跃,一些古典的装饰图案可在英国的维多利亚时代的例子中看到。

(3)对古罗马(公元前 753—公元 365)的家具知识来自壁画、雕刻和拉丁文中偶然有关家具的记载,而罗马家庭的家具片段,保存在庞贝城和赫库兰尼姆的遗址中。

古罗马家具设计是希腊式样的变体,家具厚重,装饰复杂、精细,采用镶嵌与雕刺,旋车盘鹿脚、动物是狮身人面及带有翅膀的鹰头狮身的怪兽,桌子作为陈列或用餐,腿脚有小的支撑,椅背为凹面板;在家具中结合了建筑特征,采用了建筑处理手法,三腿桌和基座很普遍,使用珍贵的织物和垫层。

2. 中世纪(1—15 世纪)高直和文艺复兴时期(800—1150 年)的家具

在中世纪,西欧处于动乱时期,罗马帝国崩溃后,古代社会的家具也随之消失。中世纪富人住在装饰贫乏的城堡中,家具不足,在骚乱时期少有幸存者。拜占庭时期(323—1453 年),除富有者精心制作的嵌金和象牙的椅子外,家具类型也不多。

(1)高直时期(1150—1500 年)的家具采用哥特式凄筑形式和厚墙的细部设计,采用律筑的装饰主题,如拱、花窗格、四叶式(建筑)、布卷榴皴、雕刻晶和楼雕,柜子和座位部件为罐板结构,柜子既作储藏又用作座位。

(2)意大利文艺复兴时期(1400—1650 年),为了适应社会交往和接待增多的需要,家具靠墙布置,并沿墙布置于半身雕像、绘画、装饰品等,强调水干线,使墙面形成构图的中心。

意大利文艺复兴时期家具的特征:普遍采用直线式,以古典浮雕图案为特征,许多家具放在矮台座上,椅子上加装垫子,家具部件多样化,除用少量橡木、衫木、丝柏木外,核桃木是唯一所用的,节约使用木材,大型图案的丝织品用作为槽座等的装饰。

(3)西班牙文艺复兴时期(1400—1600 年)的家具许多是原始的,其特征是厚重的比例和矩形形式,结构简单,缺乏运用建筑细部的装饰,有铁支撑和支架,钉头处显露,家具体形大,富有男性的阳刚气,色彩鲜明(经常掩饰低级工艺),用压印图案或简单的皮革装饰(座椅),采用校桃木比松木更多,图案包括短的凿纹,几何形图案,鹿脚是八字形式倾斜的,采用铁和银的玫瑰花饰、垦状以及贝壳作为装饰。

(4)法国文艺复兴时期(1485—1643 年)的家具其特征为厚重、轮廓鲜明的浮雕,由擦亮的橡木或枝蠕木制虚,在后期出现乌木饰面板,椅于有象御座的靠背,直扶手,以及有旋成球状、螺旋形或栏杆柱形的髓,带有小圃面包形或荷兰式淤涡饰的脚,使用上色木的镶嵌细工、玳瑁壳、镀金金属、珍珠母、象牙,家具的部分部件用西班牙产的科尔多瓦皮革、天鹅绒、针绣花边、锦缎及流苏等装饰物装饰,装饰图案有橄榄树枝叶、月桂树叶、打成漩涡叶箔、阿拉伯式图案、玫瑰花饰、漩涡花饰,曰雕饰、贝壳、怪物、鹰头狮身带翅膀的怪物,棱形物、奇形怪状的人物图案、女人像柱,家具连接处被隐蔽起来。

3. 巴洛克时期(1643—1700 年)

(1)法国巴洛克风格亦称法国路易十四风格,其家具特征为雄伟、夸张、厚重的古典形式,雅致优美重于舒适,虽然用了垫子,采用直线和一些圆弧形槽线相结合和矩形、对称结构的特征,采用橡木、檀桃木及某些欧椴和梨木、嵌用斑木、鹅掌楸木等,家具下部有斜撑;结构牢固,直到后期才取消横档,既有雕刻和镶嵌细工,又有镀金或部分镀金或银、镶嵌、涂漆、绘画。在这个时期的发展过程中,原为直屈变为曲线腿,桌面为大理石和嵌石细工,高靠背椅,靠靖布置的带有精心雕刻的下部斜撑的蜗形髓狭台;装饰图案包括嵌有宝石的旭日形饰针,围绕头部有射线,在卵形内双重"L"形,森林之神的假面,铲形曲线,海豚、人面狮身、狮头和爪、公羊头或角、橄榄叶、菱形花、水果、蝴蝶、矮棕桐和睡莲叶不规则分散布置及人类寓言、古代武器等。

(2)英国安尼皇后式(1702—1714 年):家具轻巧优美,做工优良,无强劲线条,并考虑人体尺度,形状适合人体。椅背,腿、座面边缘均为曲线,装有舒适的软垫,用法国、意大利有着美画木纹的胡枕木作饰面,常用木材有榆、山毛棒、紫杉、果木等。

4. 洛可可时期(1730—1760 年)

(1)法国路易十五时期的家具特征:家具是娇柔和雅致的,符合人体尺度,重点放在曲线上,特别是家具的腿,无横档,家具比较轻巧,因此容易移动;枝桃木、红木、果木均使用,以及薛料、蒲制品和麦扦;华丽装饰包括雕刻、镶嵌、镀金物、抽漆、彩饰、镀金。初期有许多新家具引进或大量制造,采用色彩柔和的织物装饰家具,图案包括不对称的、断开的曲线、花、扭曲的遒涡饰、贝壳、中国装饰艺术风格、乐器(小提琴、角制号角、鼓)、爱的标志(持弓剑的丘比特)、花环、牧羊人的场面、战利晶饰(战役象征的装饰布置)、花和动物。

(2)英国乔治早期(1714—1750年):1730年前均为浓厚的巴洛克风格,1730年后洛可可风格开始大众化,主要装饰有细雕刻、镶嵌装饰品、镀金石膏。装饰图案有辫头、假面、鹰头和展开的翅膀、贝壳、希腊神面具、建筑柱头、裂开的山墙等。

直到1750年油擦家具才普及,乔治后期,广泛使用直线和直线形家具,小尺度,优美的装饰线条,逐渐变细的直腿,不用横档,有些家具构件过于纤细。

5.新古典主义(1760—1789年)

(1)法国路易十六时期的家具特征:古典影响占统治地位,家具更轻、更女性化和细软,考虑人体舒适的尺度,对称设计,带有直线和几何形式,大多为喷漆的家具,橱柜和五斗柜是矩形的,在箱盒上的五金吊环饰有四周框架图案,座椅上装座垫,直线腿,向下部逐渐变细,箭袋形或细长形,有凹槽,椅靠背是矩形、卵形或圆雕饰,顶点用青铜制,金属镶嵌是有节制的,镶嵌细工及镀金等装潢都很精美雅致,装饰图案源于希腊。

(2)法国帝政时期(1804—1815年):家具带有刚健曲线和雄伟的比例,体量厚重,装饰包括厚重的干木板、青铜支座,镶嵌宝石、银、浅浮雕、镀金,广泛使用漩涡式曲线以及少量的装饰线条,家具外观对称统一采用暗销拍胶黏结构。1810年前一直使用红木,后采用橡本、山毛榉、枫木、柠撒木等。

(3)英国摄政时期(1815—1830年):设计的舒适为主要标准,形式、线条、结构、表面装饰都很简单,许多部件是矩形的,以红木、黑,黄檀为主要木材。装饰包括小雕刻、小凸线、雕楼台金、黄铜嵌带,狮足采用小脚轮。

6.维多利亚时期(1830—1901年)

该时期是19世纪混乱风格的代表,不加区别地综合历史上的家具形式。图案花纹包括古典、洛可可、哥特式、文艺复兴、东方的土耳其等十分复杂。设计趋于退化,1880年后,家具由机器制作,采用了新材料和新技术,如金属管材、铸铁、弯曲木、层压木板。椅子装有螺旋弹簧,装饰包括镶嵌、油漆、镀金、雕刻等,采用虹本、橡木、青龙木、乌木等,构件厚重,家具有舒适的曲线及圆角。

8.1.4　近现代家具

19世纪末到20世纪初,新艺术运动摆脱了历史的束缚,澳大利亚托尼设计了曲本扶手椅。继新艺术运动之后,风格振兴起,早在1918年,里特维尔德设计了著名的红、黄、蓝三色椅。

在不到100年的时间里,现代家具的掘起使家具设计发生了划时代的变化,设计者关于使用的基本出发点是,考虑现代人是如何活动、坐、躺的?他们的姿态和习惯与中世纪或其他年代有什么变化?他们拥有哪些东西要储藏或使用?对于这些现实情况,怎样布置最为适宜?现代家具的成就,主要表现在以下几方面:

(1)把家具的功能性作为设计的主要因素。

(2)利用现代先进技术和多种新材料、加工工艺,如冲压、模铸、注塑、热固成型、镀铬、喷漆、烤漆等。新材料如不锈钢、铝合金板材、管材、玻璃钢、硬质塑料、皮革、尼龙、胶合板、弯曲木,适合于工业化大量生产要求。

(3)充分发挥材料性能及其构造特点,显示材料固有的形、色、质的本色。

(4)结合使用要求,注重整体结构形式简捷,排除不必要的无为装饰。

(5)不受传统家具的束缚和影响,在利用新材料、新技术的条件下,创造出了一大批前所未有的新形式,取得了革命性的伟大成就,标志着崭新的当代文化、审美观念。

在国际风格流行时,北欧诸国如丹麦、瑞典、挪威和芬兰等,结合本地区、本民族的生产技术和审美观念,创造了饮誉全球的具有自己特色的家具系列产品。该系列产品做工细腻、色泽光沽、淡雅、朴实而富有人情味,为当代家具作出了又一卓越贡献。

到六七十年代,家具发展更是日新月异,如80年代出现的孟菲斯新潮家具和当代法国的先锋家具艺术,更重视家具的系列化、组合化、装卸化,为不同使用需要,提供多样性和选择性。

8.2 陈设设计方法

8.2.1 家具的分类与设计

室内家具可按其使用功能、制作材料、结构构造体系、组成方式以及艺术风格等方面来分类。

1. 按使用功能分类

即按家具与人体的关系和使用特点分为:

(1)坐卧类:支持整个人体的椅、凳、沙发、卧具、躺椅、床等。

(2)凭倚类:人体借以进行操作的书桌、餐桌、柜台、作业台及几案等。

(3)贮存类:作为存放物品用的壁橱、书架、搁板等。

2. 按制作材料分类

不同的材料有不同的性能,其构造和家具造型也各具特色,家具可以用单一材料制成,也可和其他材料结合使用,以发挥各自的优势。

(1)木制家具。木材质轻,强度高,易于加工,而且其天然的纹理和色泽,具有很高的观赏价值和良好的手感,使人感到十分亲切,是受人们喜欢的理想家具材料。弯曲层积木和层压板加工工艺的发明,使木质家具进一步得到发展,形式更多样,更富有现代感,更便于和其他材料结合使用,常用的木材有柳桉、水曲柳、山毛、柚木、椭木、红木、花梨木等。

(2)胯、竹家具。薛、竹材料和木材一样具有质轻、高强和质朴自然的特点,而且更富有弹性和韧性,宜于编织,竹制家具又是理想的夏季消暑使用家具。胯、竹、木棉有浓厚的乡土气息,在室内别具一格,常用的竹麟有毛竹、淡竹、黄枯竹、紫竹、莉竹及广捧、土胯等。但各种天然材料均须按不同要求进行干燥、防腐、防蛀、漂白等加工处理后才能使用。

(3)金属家具。19世纪中叶,西方曾风行铸铁家具,在有些国家将其作为公园里的一种椅子形式至今还在使用。后来逐渐被淘汰,代之以质轻高强的钢和各种金属材料,如不锈钢管、钢板、馅合金等。金属家具常用金属管材为骨架,用环氧涂层的电焊金属丝线作座面和靠背,但与人体接触部位,即座面、靠背、扶手,常采用木、蘑、竹、大麻纤维、皮革和高强人造纤维编织材料,更为舒适。在材质色泽上也能产生更强的对比效果。金属管外套软而富有弹性的氯丁橡胶管,可更耐磨而适用于公共场所。

(4)塑料家具。一般采用玻璃纤维加强塑料,模具成型,具有质轻高强、色彩多样、光洁度高和造型简捷等特点。塑料家具常用金属作骨架,成为钢塑家具。

3. 按构造体系分类

(1)框式家具。以框架为家具受力体系,再覆以各种面板,连接部位的构造以不同部位的材料而定。有榫接、铆接、承插接、胶接、吸盘等多种方式,并有固定、装拆之区别。框式家具常有木框及金属框架等。

(2)板式家具。以板式材料进行拼装和承受荷载,其连接方式也常以胶合或金属连接件等方法,视不同材料而定。板材可以用原木或各种人造板。板式家具严整简捷,造型新颖美观,运用很广。

(3)注塑家具。采用硬质和发泡塑料,用模具浇筑成型的塑料家具,整体性强,是一种特殊的空间结构。目前,高分子合成材料品种繁多,性能不断改进,成本低,易于清洁和管理,在餐厅、车站、机场中广泛应用。

(4)充气家具。充气家具的基本构造为聚氨基甲酸乙酯泡沫和密封气体,内部空气空腔,可以用调节阀调整到最理想的座位状态。

此外,在1968—1969年,国外还设计有袋状座椅。这种革新座椅的构思是在一个表面灵活的袋内,填充聚苯乙烯颗粒,可成为任何形状。另外还有以玻璃纤维肋支撑的摇椅。

4. 按家具组成分类

(1)单体家具。在组合配套家具产生以前,不同类型的家具,都是作为一个独立的工艺品来生产的,它们之间很少有必然的联系,用户可以按不同的需要和爱好单独选购。这种单独生产的家具不利于工业化大批生产,而且各家具之间在形式和尺度上不易配套、统一。因此,后来被配套家具和组合家具所代替。但是个别著名家具,如里特维尔傅的红、黄、蓝三色椅等,现在仍有人乐意使用。

(2)配套家具。卧室中的床、床头柜、衣橱等,常是因生活需要自然形成的相互密切联系的家具。因此,如果能在材料、款式、尺度、装饰等方面统一设计,就能取得十分和谐的效果。配套家具现已发展到各种领域,如旅馆客房中床、柜、桌椅、行李架的配套,餐室中桌、椅的配套,客厅中沙发、茶几、装饰柜的配套,以及办公室家具的配套,等等。配套家具不等于只能有一种规格,由于使用要求和档次的不同,要求有不同的变化,从而产生了各种配套系列,使用户有更多的选择自由。

(3)组合家具。组合家具是将家具分解为一两种基本单元,再拼接成不同形式,甚至不同的使用功能。如组合沙发,可以组成不同形状和布置形式,可以适应坐、卧等要求。又如组合柜,也可由一两种单元拼连成不同数量和形式的组合柜。组合家具有利于标准化和系列化,使生产加工简化、专业化。在此基础上,又产生了以零部件为单元的拼装式组合家具。单元生产达到了最小的程度,如拼装的条、板、基足以及连接零件。这样生产更专业化,组合更灵活,也便于运输。用户可以买回配套的零部件,按自己的需要,自由拼装。

为了使家具尺寸和房间尺寸相协调,必须建立统一模数制。

此外,还有活动式的嵌入式家具、固定在建筑墙体内的固定式家具。

坐卧类家具支持整个人体重量,和人的身体接触最为密切。家具中最主要的是桌、椅、床和橱柜的设计,桌面高度小于下肢长度50mm时,体压较集中于坐骨骨节部位,等于下肢长度时,体压稍分散于整个臀部,这两种情况较适合于人体生理现象,因臀部能承受较大压力,同时也便于起坐。一般座椅小于380mm时难于站起来,特别对老年人更是如此。如椅面高度大于下肢长度50mm时,体压分散至大腿部分,使大腿内侧受压,引起脚趾皮肤温度下降、下腿肿胀等血液循环障碍现象,因此,像酒吧间的高凳,一般应考虑加上脚垫或脚靠。所作椅面高度以等于或小于下肢长度为宜,按我国中等人体地区女子腓骨头的高度为328mm,加鞋厚20mm,工作椅的椅面高度则以390～410mm为宜。

为使座椅能使人不致疲劳,必须具有5个完整的功能;①骨盆的支持;②水平座面;③支持身体后仰时升起的靠背;④支持大腿的曲面;⑤光滑的前沿周边。

一般情况下,整个腰部的支持是在肩胛骨和骨盆之间,动态的坐姿依靠持久地与靠背接触。

人体在采取坐姿时,躯干直立肌和腹部直立肌的作用最为显著。据肌电测定,凳高100～200mm时,此两种肌肉活动最弱,因此除体压分布因素外,依此观点,作为休息椅的沙发、躺椅的椅面高度应偏低,一般沙发高度以350mm为宜,其相应的靠背角度为100°,躺椅的椅面高度实际为200mm,其相应的靠背角度为110°。

椅面,常有硬椅面和曲线硬椅面,前者体压集中于坐骨骨节部位,而后者可稍分散于整个臀部。

座面深度小于33cm时,无法使大腿充分均匀地分担身体的重量,当座面深度大于41mm时,致使前沿碰到小腿时,会迫使坐者往前而脱离靠背,其身体由靠背往前滑动,均可造成不适或不良坐姿。

座面宽41cm至无法容纳整个臀部时,常因肌肉接触到座面边沿而受到压迫,并使接触部位所承受的单位压力增大而导致不适。休息椅座面,以座位基准点为水平线时,座面的向上倾角。

座面前缘应有2.5～5cm的圆倒角,才能不使大腿肌肉受到压迫。在取座位时,成人腰部曲线中心约在座面上方23～25cm处,大约和脊柱腰曲部位最突出的第三腰椎的高度一致。一般腰靠应略高于此,以支持背部重量,腰靠宽度为33cm,过宽会妨碍手臂动作,腰靠一般为曲面形(半径约31～46cm的强度),这样可与人的腰背部圆弧吻合。休息椅整个靠背高度比座部高出53～71cm,高度在33cm以内的靠背,可让肩部自由活动。

当靠背角度从垂直线算起,超过30°时的座椅应设头靠,头靠可以单独设置,或和靠背连成一体,头靠宽度最小为25cm,头靠本身高度一般为13～15cm,并应由靠背面前倾5°～10°,以减轻颈部肌肉的紧张。

座面与靠背角度应适当,不能使臀部角度小于90°,而使骨盆内倾将腰部拉直而造成肌肉紧张。靠背与座部一般在90°～100°,休息椅一般在100°～110°。

扶手的作厨是支持手臂的重量,同时也可以作为起坐的支撑点,最舒适的休息椅的扶手长度可与座部相同,甚至略长一点。扶手最小长度应为30cm,短扶手可使椅子贴近桌子,方便前臂在桌子上有更多炉活动范围,以便支手肘。

扶手宽度一般在6.5～9.0cm,扶手之间宽度为52～56cm。

扶手高约在18～25cm左右,扶手边缘应光滑,有良好的触感。

桌面高度的基准点,如前所述也应以坐位基准点为标准进行计算。

作为工作用椅,桌面高差应为 250～300mm,作为休息之用时,其高差应为 100～250mm。

根据工作时的坐位基准点为 390～410mm,因此工作桌面高度应为 390～410mm 加 250～300mm,即 640～710mm。

桌下腿部净空控为 60cm 为宜。

8.2.2 家具在室内环境中的作用

1.明确使用功能,识别空间性质

除了作为交通性的通道等空间外,绝大部分的室内空间(厅、室)在家具未布置前是难于付之使用和难于识别其功能性质的,更谈不上其功能的实际效率。因此,可以这样说,家具是空间实用性质的直接表达者,家具的组织和布置也是空间组织使用的直接体现,是对室内空间组织、使用的再创造。良好的家具设计和布置形式,能充分反映使用的目的、规格、等级、地位以及个人特性等,从而使空间赋予一定的环境品格.应该从这个高度来认识家具对组织空间的作用。

2.利用空间,组织空间

利用家具来分隔空间是室内设计中的一个主要内容,在许多设计中得到了广泛的利用。如在办公室中利用沙发等进行分隔和布置空间;在住户设计中,利用壁柜来分隔房间;在餐厅中利用桌椅来分隔用餐区和通道;在商场、营业厅利用货柜、货架、陈列柜来分划不同性质的营业区域等。因此,应该把室内空间分隔和家具结合起来考虑,在可能的条件下,通过家具分隔既可减少墙体的面积,减轻自重,提高空间使用率,并在一定的条件下,还可以通过家具布置的灵活变化达到适应不同的功能要求的目的。此外,某些吊柜的设置具有分隔空间的因素,并对空间作了充分的利用,如开放式厨房,常利用餐桌及其上部的吊柜来分隔空间。室内交通组织的优劣,全赖于家具布置的得失,布置家具圈内的工作区,或休息谈话区,不宜有文通穿越,因此,家具布置应处理好与出入口的关系。

3.建立情调,创造氛围

由于家具在室内空间所占的比重较大,体量十分突出,因此家具就成为室内空间表现的重要角色。历来人们对家具除了注意其使用功能外,还利用各种艺术手段,通过家具的形象来表达某种思想和含义。这在古代宫廷家具设计中非常常见,那些家具已成为封建帝王权力的象征。

家具和建筑一样受到各种文艺思潮的影响,自古至今,千姿百态,无奇不有,家具既是实用结晶,也是工艺美术的结晶,这已为大家所共识。家具作为一门美学和家具艺术在我国目前起步较迟,还有待进一步发展和提高。家具应该是实用与艺术的结晶,那种不惜牺牲其使用功能,哗众取宠是不足取的。

从历史上看,对家具纹样的选择、构件的曲直变化、线条的运用、尺度大小的改变、造型的壮实或柔细、装饰的繁复或简练,除了其他因素外,主要是利用家具的语言表达一种思想、一种风格、一种情调,造成一种氛围,以适应某种要求和目的,而现代社会流行的怀旧情调的仿古家具、回归自然的乡土家具、崇尚技术形式的抽象家具等,也反映了各种不同思想情绪和某种审美要求。

现代家具应在应用人体工程学的基础上,做到结构合理、构造简洁,充分利用和发挥材料本身的特性和特色,根据不同场合、不同用途、不同性质的使用要求和建筑进行有机结合。

8.2.3　家具的选用和布置原则

1.家具布置与空间的关系

(1)合理的位置。室内空间的位置环境各不相同,在位置上有接近出入口的地带、室内中心地带、沿墙地带或靠墙地带以及室内后部地带等区别,各个位置的环境如采光效率、交通影响、室外景观各不相同。应结合使用要求,使不同家具的位置在室内各得其所。例如,宾馆客房的床位一般布置在暗处,客房套间把谈话、休息处布置在入口的部位,卧室布置在室内的后部;在餐厅中休息座位常选择室外景观好的靠窗位置;等等。

(2)方便使用,节约劳动。同一室内的家具在使用上都是相互联系的,如餐厅中餐桌、餐具和食品柜,书桌和书架,厨房中洗、切等设备与橱柜、冰箱、蒸煮等的关系。它们的相互关系是根据人在使用过程中方便、舒适、省时、省力等活动规律来确定的。

(3)丰富空间,改善空间。空间是否完善,只有当家具布置以后才能真实地体现出来,如果在未布置家具前原来的空间过大、过小、过长、过狭等,都可造成为某种缺陷。因此,家具不但丰富了空间内涵,而且常是改善空间、弥补空间不足的一个重要因素,应根据家具的不同体量大小、高低,结合空间给予合理的、相适应的位置,对空间进行再创造,使空间在视觉上达到良好的效果。

(4)充分利用空间,重视经济效益。建筑设计中的一个重要的问题就是经济问题,这在市场经济中显得更重要,因为地价、建筑造价是持续上升的,投资是巨大的,作为商品建筑,就要重视它的使用价值。一个电影院能容纳多少观众,一个餐厅能安排多少餐桌,一个商店能布置多少营业柜台,这对经营者来说不是一个小问题。合理压缩非生产性面积,充分利用使用面积,减少或消灭不必要的浪费面积,对家具布置提出了相当严峻甚至苛刻的要求,应该把它看作是杜绝浪费、提倡节约的一件好事。当然也不能走极端,走唯经济论的错误路线。在重视社会效益、环境效益的基础上,精打细算,充分发挥单位面积的使用价值,无疑是十分重要的。特别对大量性建筑来说,如居住建筑,充分利用空间应该作为评判设计质量优劣的一个重要指标。

2.家具布置的基本方法

应结合空间的性质和特点,确立合理的家具类型和数量,根据家具的单一性或多样性,明确家具布置范围,使功能分区合理。组织好空间活动和交通路线,使动、静分区分明,分清主体家具和从属家具,使之相互配合、主次分明。安排组织好空间的形式、形状和家具的组、团、排的方式,达到整体和谐的效果,在此基础上进一步从布置格局、风格等方面考虑。从空间形象和空间景观出发,使家具布置具有规律性、秩序性、韵律性和表现性,获得良好的视觉效果和心理效应。因为一旦家具设计和布置好后,人们就要去适应这个现实存在。

不论在家庭或公共场所,除了个人独处的情况外,大部分家具使用都处于人际交往和人际关系的活动之中,如家庭会客、办公交往、宴会欢聚、会议讨论、车船等候、逛商场或公共休息场所等。家具设计和布置,如座位布置的方位、间隔、距离、环境、光照,实际上往往是在规范着人与人之间各式各样的相互关系、等次关系、亲疏关系(如面对面、背靠背、面对背、面对侧),影响到安全感、私密感、领域感。形式问题影响心理问题,每个人既是观者又是被观者,人们都处于通常说的"人看人"的局面之中。

(1)从家具在空间中的位置可分为以下几类:

①周边式。家具沿四周墙布置,留出中间空间位置,空间相对集中,易于组织交通,为举行其他活动提供较大的面积,便于布置中心陈设。

②岛式。将家具布置在室内中心部位,留出周边空间,强调家具的中心地位,显示其重要性和独立性,保证了中心区不受干扰和影响。

③单边式。家具集中在一侧,留出另一侧空间(常成为走道)。工作区和交通区截然分开,功能分区明确,干扰小,交通成为线形,当交通线布置在房间的矩边时,交通面积最为节约。

④走道式。将家具布置在室内两侧,中间留出走道,节约交通面积,交通对两边都有干扰,一般客房活动人数少都这样布置。

(2)从家具布置与墙面的关系可分为以下几类:

①靠墙布置:充分利用墙面,使室内留出更多的空间。

②垂直于墙面布置:考虑采光方向与工作面的关系,起到分隔空间的作用。

③临空布置:用于较大的空间,形成空间中的空间。

(3)从家具布置格局可分为以下几类:

①对称式:显得庄重、严肃、稳定而静穆,适合于隆重、正规的场合。

②非对称式:显得活泼、自由、流动而活跃,适合于轻松、非正规的场合。

③集中式:常适合于功能比较单一、家具种类不多、房间面积较小的场合,组成单一的家具组。

④分散式:常适合于功能多样、家具品类较多、房间面积较大的场合,组成若干家具组团。不论采取何种形式,均应有主有次,层次分明,聚散相宜。

3.室内陈设的意义、作用和分类

室内陈设或称摆设,是继家具之后的又一室内重要内容,陈设品的范围非常广泛,内容极其丰富,形式也多种多样,随着时代的发展而不断变化,但是作为陈设的基本目的和深刻意义,始终是以其表达一定的思想内涵和精神文化方面为着眼点,并起着其他物质功能所无法代替的作用,它对室内空间形象的塑造、气氛的表达、环境的渲染起着锦上添花、画龙点睛的作用,也是具有完整的室内空间所必不可少的内容。同时也应指出,陈设品的展示也不是孤立的,必须和室内其他物件相互协调和配合,亲如一家。此外,陈设品在室内的比例毕竟是不大的,因此为了发挥陈设品所应有的作用,陈设品必须具有视觉上的吸引力和心理上的感染力。也就是说,陈设品应该是一种既有观赏价值又有品味的艺术品。

我国历来十分重视室内空间所表现的精神力量,如宫殿的威严、寺庙的肃穆、居室的温馨、画堂庭榭的典雅等,究其原因,无不和室内陈设有关。至于节日庆典的张灯结彩,婚丧仪式的截然不同布置,更是源远流长,家喻户晓,世代相传,深入人心。

室内陈设浸透着社会文化、地方特色、民族气质、个人素养的精神内涵,都会在日常生活中表现出来。

现代文化渗透在生活中的每一角落,现代商品无不重视其外部包装,以促其销。商品竞争规律也充分表现在各艺术领域,从而使艺术表现形式日新月异。但其中难免良莠不齐、雅俗共生。在掀起"包装"潮流的时代,室内设计师有引导社会潮流之职责,鉴别真伪之能力,在工作中不可不慎。

室内陈设一般分为纯艺术品和实用艺术品。纯艺术品只有观赏品味价值而无实用价值（这里所指的实用价值是指物质性的），而实用工艺品，则既有实用价值又有观赏价值。两者各有所长，各有特点，不能代替，不宜类比。要将日用品转化成具有观赏价值的艺术品，必须进行艺术加工和处理，此非易事，因为不是任何一件日用品都可列入艺术品；而作为纯艺术品的创作也不简单，因为不是每幅画、每件雕塑都可获得成功的。

4.室内空间的陈设原则

进行室内陈设设计时，首先要了解和掌握室内设计满足人的各方面需求，然后根据人的一系列需求来确定陈设的原则。一般有以下几点需要我们掌握：

（1）满足人们的心理需求。室内空间陈设应考虑人的心理承受惯性，满足人们的心理需求。在日常生活中，人们对一些空间形式及内部装饰形成了一些约定俗成的惯性，这是长时间积累的、符合人的心理经验的。如医院的陈设大多色彩淡雅、质感柔软，以安抚人们焦虑、不安的心理；而商场的陈设大多比较活泼、休闲，为人们提供轻松、愉悦的购物环境。

（2）符合空间的色彩要求。陈设品的色彩是构成室内空间色调的主要因素，它对调节室内空间色彩具有关键的作用。因此，在选择陈设品的色彩时应注意空间尺度，如果室内空间比较小，对于大体量的陈设品（如家具等）的色彩应与室内界面的色彩取得协调，具体方法可以是色相基本一致，明度适当对比；可以是色相略有区别，明度保持一致；也可以是色相、明度都一致。

如室内大空间中色调单一，陈设品的色彩则可选择与室内界面色彩形成对比的色彩；如室内空间中的色彩杂乱无章，选择的大体量配饰的色彩应同原空间中面积最大或较大的色彩靠拢，以构成色调；如室内空间的色调灰暗，选择的大体量的陈设品应取高明度的色彩，而小体量的陈设品则应选择高纯度的色彩。

对于陈设品的色彩，还应考虑使用者的要求。人对色彩的喜好是复杂的，对色彩的感情联想因人而异，年龄、性别、文化修养、信仰、社会意识以及所处的地理环境的差异，都会导致不同的色彩审美观。如性格活泼的人，可选择鲜艳的色彩，性格沉静的人，则选择淡雅的色彩，年轻人喜欢对比色，中老年人钟爱调和色等，不一而同。

（3）符合陈设品的肌理要求。肌理是室内陈设设计中要考虑的重要元素其因素主要由纹理、形状、色彩构成。肌理能带给人丰富的视觉感受，如细腻、粗糙、疏松、坚实、圆润、舒展、紧密等。肌理与肌理之间可产生对比或是统一的效果，从而形成更为丰富的视觉效果。

陈设品的肌理效果一般都适合在近距离和静态中观赏。如要保证远距离的观赏效果，陈设品则应选择大纹理的、色彩对比较强的肌理。

（4）符合陈设品的触感要求。在室内有许多陈设品需要考虑触感问题。触感主要是对身体的触觉而言，触感有粗糙、光滑、坚硬、柔软等类型，触感的生理反应有舒适、不舒适及一般等区别。在选择与身体有密切接触的各种家具、纺织品、各种把玩的工艺品等时，应避免生硬、冷冰、尖锐以及过分光滑或过分粗糙的触觉。

（5）满足对光与色的要求。布置灯具首先要满足房间的照明要求。各种不同的灯具可产生各种不同的光照强度和光源的颜色，光照的强弱应适合房间照明的需要，过强或过弱，都会给视觉和心理带来不良的影响。

此外，还要了解光色的特性和它对环境气氛的影响，以便在设计中根据室内的不同功能作相应的选择。灯光光源的颜色给人的冷暖感觉是不一样的，如红色、橙色、黄色等高色温光源，给人热情、兴奋的感觉,被称为暖色光;蓝、绿、紫色等低色温光源,给人宁静、寒冷的感觉,被称为冷色光。了解了光色的特性,可以在不同特性的空间布置不同的光源,以营造不同的气氛。如餐厅可以布置橙色、红色等暖色光,以创造热烈明亮的餐饮气氛。卧室可以布置蓝色、淡黄色灯光,以营造宁静、温馨的休息氛围。

5.室内陈设艺术的搭配方法

室内陈设艺术的搭配方法通常有三种,即风格搭配法、形态搭配法、色彩搭配法。

(1)风格搭配法。风格搭配法风格搭配法主要是利用各种风格特定的室内陈设要求而选择搭配。

①西方古典风格:往往选择巴洛克或是洛可可风格的家具、灯具、寝具等陈设品进行室内陈设的装饰,表现尊贵、华丽的空间效果,成为拥有大量财富的人士推崇的室内陈设装饰风格。

②新中式风格:虽然生活的模式是现代的,但是家具的形态、色彩以及摆放的位置,还保留中国传统文化的特点,并配以传统的青砖、白墙等界面装修的形式,达到新时期传统文化的一种回归,成为现代文人追捧的室内陈设形式,成为时尚流行的新风格。

③现代简约风格:现代简约风格随着"少即是多"的现代主义演变而来。这种室内陈设的风格主要凸显功能性,但是每件物品又都是设计的精品,无任何繁杂、啰嗦的装饰。室内的陈设多采用无彩色系的物品,摆放的位置也以非对称的方法陈设。

④混搭式风格:混搭风格是一种选取精华的心态的再现。人们将自己喜爱的风格中的经典饰品进行重新搭配。混搭风格糅合东西方美学精华元素,将古今文化内涵完美地结合于一体,充分利用空间形式与材料,创造出个性化的家居环境。混搭并不是简单地把各种风格的元素放在一起做加法,而是把它们有主有次地组合在一起。

在同一个空间里,不管是"传统与现代",还是"中西合璧",都要以一种风格为主,靠局部的设计增添空间的层次。

(2)形态搭配法。形态搭配法是利用不同形态的对比或是相同形体的统一形成的室内陈设搭配原则。

在选择小件的陈设品时可根据大件家具的形态进行模仿或是比拟,塑造诙谐、幽默的效果。人称"建筑是凝固的音乐",因为它们是通过节奏与韵律感的体现而产生美的感染力。节奏与韵律是通过体量大小的区分、空间虚实的交替、构件排列的疏密、曲柔刚直的穿插等变化来实现的。这种室内陈设艺术具体手法有连续式、渐变式、突异式、交错式等。在整体空间陈设中虽然可以采用不同的节奏和韵律,但同一个房间切忌使用两种以上的节奏,会让人无所适从、心烦意乱。

(3)色彩搭配法。

色彩搭配法主要分三种,即色调配搭配法、对比配色法、风格配色法。

①色调搭配法。即利用两种或两种以上的色彩有序、和谐地组织在一起,使人们感到身心愉悦。这种配色形成的色调可成为浅色调、深色调、冷色调、暖色调、无彩色调。

②对比配色法。即利用两种或两种以上色彩的明度、灰度、彩度进行对比配色,一般分为明度对比、灰度对比、冷暖对比、补色对比。

③风格配色法。室内设计风格就是利用室内装饰设计的规律,通过各种界面、家具、陈设等的造型设计、色彩组合、材质选择和空间布局,形成某种特征鲜明的秩序而被人们所认知。

其风格特征的色彩特点就是我们所运用的配色原则。

6.室内陈设物品的主要陈列方式

陈列的方式归纳起来有墙面陈列、台面陈列、橱架陈列、落地陈列、悬挂陈列等。

(1)墙面陈列。墙面陈列适用的范围很广,陈设品中如字画、编织物、挂盘、浮雕等艺术品,或一些小型的工艺品、纪念品及文体娱乐用品,如吉他、球拍、宝剑等都可用于墙面陈设。陈设品在墙面上的位置,与整体墙面及空间的构图关系,可以是对称式或者非对称式。当墙面有三个以上的陈列品时,就形成了成组陈列的陈设,成组陈设应结合陈设品的种类、大小以及墙面的空白面积,可用水平、垂直构图或三角形、菱形、矩形等构图方式统筹布置。

(2)台面陈列。台面陈列是将陈设品摆放在各种台面上进行展示的方式。台面包括桌面、几案、柜台、窗台、展台等,如果说墙面陈列方式运用的是平面关系的话,那么台面陈设运用得更多的是立体构成关系。

因此,摆放台面陈设品时,应注意陈设品之间的立体布局。台面陈列分为对称式布置和自由式布置。对称式布置庄重大气,有很强的秩序感,但易呆板少变化,如在电视两旁布置音箱;自由式布置,灵活且富于变化,但应注重整体的均衡,突出重点。

(3)橱架陈列。橱架陈列是一种兼有贮藏功能的展示方式,可集中展示多种陈设品。橱架陈设适用于体量较小、数量较多的陈设品,以达到多而不繁、杂而不乱的效果。橱架陈列适用的陈设品有:书籍、奖杯、古玩、瓷器、玻璃器皿、相框、CD、酒类及各类小工艺品。橱架的形式有陈列橱、博古架、书柜、酒柜等,橱架可以是开敞通透的,也可以用玻璃门封闭起来。橱架陈列应注意整体的均衡关系和每层陈设品之间色彩、体量、质地上的变化。

(4)落地陈列。落地陈列是指将大型的陈设品,如雕塑、瓷瓶、绿化、灯具等,落地布置。这种布置方法常用于大厅中、门厅处或出入口旁,起到引导作用或引人注目的效果;也可放置在厅室的角隅、走道尽端等位置(见图8-20),作为视觉的缓冲。大型落地陈列布置时应注意不能影响工作和交通路线的通畅。

图8-20　落地陈列

(5)悬挂陈列。悬挂陈列也是一种常见的展示方式,常用于空间高大的厅室,可减少竖向空间的空旷感,丰富空间层次,并起到一定的散射光线和声波的效果。悬挂陈列用于吊灯、织物、风铃、灯笼、珠帘、植物等,在商业场所也常悬挂宣传招贴、气球等,起引导路线、烘托气氛的作用。悬挂陈列应注意陈设品的高度不能妨碍人的正常活动。

8.3 陈设设计案例

设计主题：藏清亭居

项目名称：澳城

项目地点：深圳南山后海大道

设计面积：150m²

竣工时间：2008 年

设计单位：品伊创意机构 & 知本家陈设

西方设计界流传着一个观点："没有中国元素，就没有贵气。"

本案为某公司在深圳湾附近开发的滨海国际风情社区——澳城，项目定位为 45 岁左右对生活有品位、有要求的成功人士，因此开发商对设计要求奢华、有厚重感，体现居住者身份、地位及生活品位。所以我们将本案定位为现代中式风格，力求通过中国东方文化元素，在有限的空间里营造舒适、休闲、品位的居家生活环境。

当踏入门厅，入户花园的山、水、竹林、木雕，给人世外桃源般的感受，宫灯、鸟笼、古井、枯枝、茶具、青砖等无不体现东方神韵（见图 8 - 21）。枯井的形式采用现代功能的手法，透过玻璃制的镜面看到游水的鱼儿。欣赏窗外美景，看鱼儿嬉戏，饮一杯清茶，使人仿佛置身于都市的另一领域——休闲、宁静、平和……

客厅在布局上用现代手法演绎古典韵味，在对称均衡中寻求变化，增强空间层次感；在色彩上通过家私、饰品等的对比来表现细节，使空间不显沉闷和单调；运用现代材质，如玻璃、罗马洞石、地毯、实木等的对比，既增强现代感又不失整体中式感，使整体景象的创造力求做到："熟悉中有新意，协调中有变化，平淡中有味道，古典中有现代时尚的元素。"如图 8 - 22 所示。

图 8 - 21 庭院一角

图 8 - 22 客厅一角

当庭院邂逅欧风后,自然的气息给人别墅的意境与享受。时尚精致的现代沙发,与成对的明式禅椅和平共处,使客厅不但富有时尚气息,也营造出东方特有的风采,是中西合璧的又一演绎。

客厅的陈设配饰以传统风格和现代实用为依托,让整个空间在貌似古典却处处显露着明快的现代风格,并延伸出新的形式、新的方式、新的搭配手法。如蝴蝶兰、富有年代感的古铜雕龙、两把明式禅椅和茶几等,以及更多的现代元素,让空间表露出典型的东方色彩,通过天花顶的木栅引用自然光,客厅与入户花园的相互借景,将室内、室外完美融合,通过其增加空间的美感与变化,来体现生活的尊贵与享受,如图8-23所示。

餐厅往里延伸,踏入私人休闲和休憩空间。长方形餐桌上的青瓷碗与餐桌相呼应的山水画相得益彰,传递了主人的含蓄内敛。为使餐桌不再单调和沉闷,桌面插花引用"达摩一苇度江"的典故,以竹喻江、兰花喻船,为作品注入浓郁的文化气息,表达空间与功能的趣味感,如图8-24、图8-25所示。

图8-23　客厅灯具下装饰品　　　　　图8-24　餐厅

由于时间关系,绿竹还没有种上,但随意的画卷、陈竹、卵石已有了庭院竹林的意境,作为划分空间区域之用的推拉门,也别有一番韵味,同时对小空间采光达到了很好的辅助作用,甚至可以引进阳光。书房在竹子的映衬下,顿悟了苏东坡先生"可使食无肉,不可居无竹"的诗句。书房的陈设中挑选了江南少女的雕像在木质雕花的映衬下展现其婀娜多姿,来改善中规中矩的书架的呆板,如图8-26所示。

图8-25　餐厅一角　　　　　　图8-26　书房一角

一幅柔和的绢丝画、珠帘在风中摇摆，泛灰色的布幔让整个空间弥散着浪漫、柔和的气息，通过珠帘幕让主卧与化妆间既有联系又有分割，而且给主卧添增了一道风景，营造出舒适、宁静的休息空间。次卧借用古代卧室的做法，采用睡榻形式让主人"养精蓄锐"之时也颇有幽古之思，也是主人休憩、品茗的另一空间，如图 8 - 27 所示。

图 8 - 27　卧室一角

在细节与意境的表现形式上，选择"鱼与飞鸟"的故事，诉说一种美好，在主卫的窗台上让他们平静地相爱着，如图 8 - 28、图 8 - 29 所示。

图 8 - 28　次卫一角　　　　　　　图 8 - 29　主卫一角

8.4　陈设设计练习

根据图 8 - 30 所示的原始平面图，进行平面布置设计，制作平面布置图及立面图，重点设计空间中的各种陈设，并做出陈设设计的图纸。

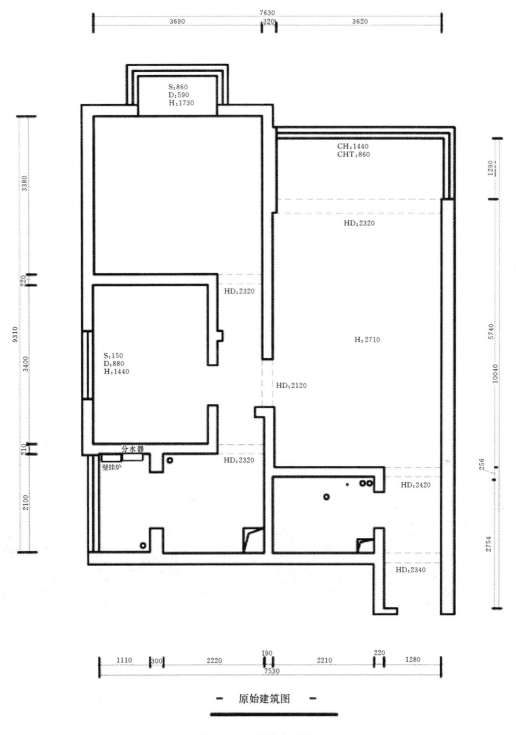

－ 原始建筑图 －

图8-30　原始建筑图

第9章
家装空间装饰设计

本章数字资源

 学习目标

通过对本章的学习使学生熟悉室内装饰设计中家居空间的基本划分及要求;掌握家居空间的设计方法。

学习要求

能力目标	知识要点	相关知识	权重
理解能力	室内装饰设计中家居空间的基本划分及要求	家居空间的组成	30%
掌握能力	家居空间的设计方法	家居空间各组成部分的设计方法	30%
应用能力	家居空间的设计	结合实务进行设计	40%

家装空间客厅设计

引例

客厅俗称起居室,是家庭生活的枢纽区域。因为人们工作八小时后的业余生活大都在此进行,故客厅的装修不可小觑,应着重把握以下三点:

一是区域划分合理,协调统一。客厅一般划分为就餐区、会客区和学习区。就餐区应靠近厨房且用小屏风或人造矮墙隔断;学习区靠近客厅某一隅且大小适宜;会客区则要通道简洁、宽敞明亮,具备通透感。尽管没有明显的"三八线"界定,但布局上要合理,保证会客区使用功能不受影响。同时,各个局部区域美化格调要与全区的美化基调一致,使个性寓于共性之中,体现总体协调。

二是色彩基调有区别又有联系。总体说客厅大区要反映主人装修档次及艺术美感;也就是说各小区域要有特色。一般认为学习区光线透亮,采用较冷色,可以减弱学习疲劳;就餐区采用暖色,使家人或亲友相聚增加温馨感;而会客区既有不变的基调色彩,又要有因季节变换而变换的动景(如壁画)相配合,营造四季自然风光,给客厅增锦添辉。

三是地面装饰讲究统一,切忌分割。前几年,人们常常喜欢给不同的区域地面赋予不同的材质和不同"肤色"、表面上似乎很丰富,实际上有凌乱之感。近年来,人们逐渐习惯于地面用一种材质、一种"肤色"处理,客观上收到较好的效果。

9.1 生活空间的基本概念及发展

生活空间和人们的生活联系紧密,是人们基本生活要素之一。随社会经济的发展,生活空间由最原始的天然岩洞演变到现在种类繁多的住宅样式。无论生活空间的形式将怎样变化和发展,它的基本内涵是不变的:它是人类的住所。

9.1.1 生活空间的基本概念

1.生活空间的定义

生活空间是一种以家庭为对象、以居住活动为中心的建筑环境。狭义地说,它是家庭生活方式的体现;广义地说,它是社会文明的表现。

2.人们对生活空间的认识

"君子之营宫室,宗庙为先,廊库次之,居室为后。"

"所有生活皆需具备实用、坚固、愉快三个要素。"

"功能决定形式",生活空间的实质存在于内部空间,它的外观形式也应由内部空间来决定。

"居室是居住的机器",生活空间设计需像机器设计一样精密正确。

9.1.2 生活空间的发展历程

室内设计是人类创造并美化自己生存环境的活动之一。确切地讲,应称之为室内环境设计。生活空间室内设计的发展大致可以分为早期、中期和当前三个阶段。

1.早期阶段(原始社会至奴隶社会中期)

早期阶段可表示为:

生产技术落后→解决技术能力有限 → 技术相对简陋 ↘ ↗ 穴居

生产能力不足→物质财富有限 → 满足基本功能要求 → 形式 → 巢居

生存压力大 → 建造目的单一 → 满足基本生存要求 ↗ ↘ 木骨泥墙

具体建筑形式见图9-1至图9-3。

图 9-1 穴居

图 9-2 巢居、干栏式建筑

图 9-3 木骨泥墙

2.**中期阶段**（奴隶社会后期、封建社会至工业革命前期）

生产技术进步→技术能力提升→结构复杂→哥特式（曲辕犁、牲畜的运用）（中：斗拱、砖瓦西：肋拱、火山灰）。

生产力加强→物质财富增多并集中→大的、消耗性强的→皇宫别墅山庄。

建造目的复杂化→生活及享乐的观念→形式复杂、风格多样→洛可可、巴洛克、楼、台、亭、阁（见图9-4至图9-8）。

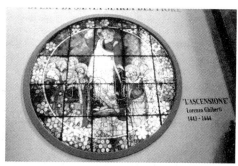

图9-4　洛可可风格

图9-5　巴洛克风格

图9-6　中国传统风格（1）

图 9-7　中国传统风格(2)

图 9-8　中国传统风格(3)

3.当前阶段（工业革命至今）

现代室内设计的主要特点如下：

(1)求实用功能，注重运用新的科学与技术，追求室内空间"舒适度"的提高。

(2)注重充分利用工业材料和批量生产的工业产品。

(3)讲究人情味，在物质条件允许的情况下，尽可能追求个性与独创性。

(4)重视室内空间的综合艺术风格。

9.1.3　生活空间设计未来发展

1.生活空间设计未来发展方向

(1)生活空间设计领域的相对独立性日益增强，同时与多学科、边缘学科的联系和结合趋势也日益明显。生活空间设计除了仍以建筑设计作为学科及工业设计等学科的一些观念外，思考和工作方法也日益在生活设计中显示其作用。

(2)生活空间设计、施工、材料、设施、设备之间的协调和配套关系加强，各部分自身的规范化进一步完善。

(3)随着东西方文化的不断渗透和融合，老百姓接受新事物的能力逐步提高、对于多种风格形式生活产品的适应能力也越来越强，越来越多的个性化产品在市场上出现，住宅产品走向多元化发展是必然的发展趋向。

(4)追求环境、生态、科技为主题的第三代产品，将会是今后生活空间的主导性产品。生活空间产品更强调生活的高品味、人性化、健康、舒适、美观、有较多的绿化空间和人文景观、适应现代社会的智能管理系统,这些将是生活空间共同发展的目标。

(5)智能化设计也是近几年生活空间的一个卖点。随着城市网民数量的增多,发展商、还会根据买家的需要建立起家庭办公自动化设施,全方位的智能化防盗及生活的一卡通消费系统,如北京的现代城、上海的仁恒滨江园、深圳的东海花园二期等都采用这种超前的智能化设施。

9.2　生活空间的设计

9.2.1　住宅室内设计概念

1.住宅

住宅是一种以家庭为对象的人为生活环境。它既是家庭的标志,也是社会文明的体现。

2.社区条件

住宅虽是一独立的家庭居住空间,但它只有归属于一个完整的社区系统,才能充分发挥其生活价值。社区,即人类在特定地域内共同生活的组织关系,包含精神与物质条件:

(1)精神条件。

①共同的集体背景:相同的传统、习俗教育、职业、宗教。

②浓厚的社区意识:相同的生活观念、行为规范和责任心。

③和谐的整体环境:优美的景观、统一的建筑群。

④充分的文教设施:学校、公园、动物园、娱乐中心。

(2)物质条件。

①完善的公共建筑:电力、电讯、系统。

②完善的福利设施:市场、托儿所、交通、卫生、停车场等。

9.2.2　住宅室内设计的家庭因素

住宅因家庭需要而存在,每一个家庭又有不同的个性特征而使住宅形成了不同的风格。家庭因素是决定住宅室内环境价值取向的根本条件,其中尤以家庭形态、家庭性格、家庭活动、家庭经济状况等方面的关系最为重要。住宅设计的因素是设计的主要依据和基本条件,也是住宅室内设计的创意取向和价值定位的首要构成要素,合理而协调地处理好这些因素的关系是设计成功的基础。

1.家庭形态

家庭形态包括人数构成、成员间关系、年龄、性别等。家庭的发展成长阶段的不同,对住宅环境的需要也截然不同。

(1)新生期。家庭从新婚起到第一个儿女出生以前,人口简单,这种家庭无论是独立居住,或与上一代家庭共同居住,利弊参半。独立居住自由而富私密性;共同居住经济富足,有安全感,但私生活易受干扰。

(2)发展期家庭。儿女诞生至少年期、青年期,至另组新生期家庭。

①发展前期。儿女诞生,至进入少年期。在此阶段,第一代需全力照顾第二代的成长,第二代需依赖第一代而生活。家庭居住形式以两代结合式为最佳——即将两代的生活空间密切结合,加强有利于第一代成长的设计因素。

②发展后期。儿女进入青年期始,至另组建新生期家庭为止。在此阶段,第二代逐渐成熟,为使两代之间能在和谐亲密中保持适度独立生活和私密性,采用"两代自由式"或"两代分离式"为宜。

(3)再生期家庭。儿女另组家庭,人口减少,第一代人步入中晚年。

(4)老年期家庭。第二代完全离开家庭。

每个家庭在不同阶段的需要是截然不同的,事实上,只有根据实际人口年龄、性别结构和成员关系分别采取适宜形式,方能解决实际问题。

2. 家庭性格

家庭特殊是精神品质的综合表现,包括家庭成员的爱好、职业特点、文化水平、个性特征、生活习惯、地域、民族、宗教信仰等。表现如下:①先天因素:历史、地域、家庭的传统。②后天因素:教育信仰、职业等现实条件。

室内设计的形式应与家庭性格相符。

3. 家庭活动

家庭活动包括以下三方面内容:

(1)群体活动——与家人共享天伦之乐,与亲友联络情谊,团聚、用餐、看电视、阅读等。

(2)私人活动——每个家庭成员独自进行的私密行为。应与人保持适度距离,避免无谓干扰,包括睡眠、休闲、个人嗜好等。

(3)家务活动——最繁重琐屑的工作,如准备膳食,维护环境清洁等。

4. 家庭经济

家庭经济状况包括收入水平、消费分配等。即使经济条件较好,但若不善用,不仅无法获得完美的生活环境,反而容易导致低级趣味。单纯金钱因素只能交换物质条件,需加入智慧因素才能产生精神价值。经济不充裕时也不能草率选用低品质材料设备,以避免造成双重损失,应追求良好的性价比,宁可采用高品质材料,实施分期付款,以保障长期的经济实效。

9.2.3 住宅室内设计的原则

住宅的空间一般多为单层、别墅(双层或三层)、公寓(双层或错层)的空间结构。住宅室内设计就是根据不同的功能需求,采用众多的手法进行空间的再创造,使居室内部环境具有科学性、实用性、审美性,在视觉效果、比例尺度、层次美感、虚实关系、个性特征等方面达到完美的结合,体现出"家"的主题,使业主在生理及心理上获得团聚、舒适、温馨、和睦的感受。

住宅室内设计在整体上应该遵循以下原则:

1. 功能布局

住宅的功能是基于人的行为活动特征而展开的。要创造理想的生活环境,首先应树立"以人为本"的思想,从"环境与人的行为关系研究"这一最根本的课题入手,全方位地深入了解和分析人的居住和行为需求。

(1)基本功能。基本功能包括睡眠、休息、饮食、洗漱、家庭团聚、会客、视听、娱乐以及学习、工作等。这些功能因素又形成环境的静与闹、群体与私密、外向与内敛等不同特点的分区。

（2）平面布局。平面布局内容包括各功能区域之间的关系，各房室之间的组合关系，各平面功能所需家具及设施、交通流线、面积分配、平面与立面用材的关系、风格与造型特征的定位、色彩与照明的运用等。

2.面积标准

（1）最低面积标准。因人口数量、年龄结构、性格类型、活动需要、社交方式、经济条件诸因素的变化，在现实生活中，很难建立理想的面积标准，只能采用最低标准作依据。

（2）确定居室面积前应考虑与空间面积有密切关系的因素。

①家庭人口愈多，单位人口所需空间相对愈小。

②兴趣广泛、性格活跃、好客的家庭，单位人口需给予较大空间。

③偏爱较大群体空间或私人空间的家庭，可减少房间数量。

④偏爱较多独立空间的家庭，每个房间相对狭小一点也无妨。

3.平面空间设计

住宅平面空间设计是直接建立室内生活价值的基础工作，它主要包括区域划分和交通流线两个内容。

区域划分与交通流线是居室空间整体组合的要素，区域划分所致力的是整体空间的合理分配，交通流线寻求的是个别空间的有效连接。唯有两者相互协调作用，才能取得理想的效果。另外还需注意：

（1）合理的交通路线以介于各个活动区域之间为宜，若任意穿过独立活动区域将严重影响其空间效用和活动效果。

（2）尽量使室内每一生活空间能与户外阳台、庭院直接联系。

（3）群体活动或公共活动空间宜与其他生活区域保持密切关系。

（4）室内房门宜紧靠墙角开设，使家具陈设获得有利空间，各房门之间的距离不宜太长，尽量缩短交通路线。

4.立面空间设计

室内空间泛指高度与长度、高度与宽度所共同构成的垂直空间，包括以墙为主的实立面和介于天花板与地板之间的虚立面。它是多方位、多层次，有时还是相互交错融合的实与虚的立体。

立体空间塑造有两方面的内容：一是贮藏、展示的空间布局；二是通风、调温、采光、设施的处理。其手法上可以采用隔、围、架、透、立、封、上升、下降、凹进、凸出等手法以及可活动的家具、陈设等，辅以色、材质、光照等虚拟手法的综合组织与处理，以达到空间的高效利用，增进室内自然与人为生活要素的功效。

在实施时应注意以下几点：①墙面实体垂直空间要保留必要部分作通风、调温和采光，其他部分则按需作贮藏展示之空间。②墙面有立柱时可用壁橱架予以隐蔽。③立面空间要以平面空间活动需要为先决条件。④在平面空间设计的同时，对活动形态、家具配置作详细安排。⑤在立面设计中调整平面空间布局。

5.家具配置

家具配置是室内平面设计的核心。家具的选择和组合，取决于室内活动需要和空间条件。

选用合适的与环境风格协调的家具,常能在住宅室内设计中起到举足轻重的作用。

(1)活动需要。

①家具结构形态和陈列方式,取决于家庭生活需求和生理、心理状态。

②供群体活动的家具需依据所有参与者的生理、心理条件。

③供个人使用的家具需合乎生理条件。

(2)空间条件。

①空间面积和造型对家具数量、大小、造型、陈列方式都有直接关系。

②大面积空间选用家具数量可较多,形体可较大,造型可较自由,陈列方式可多变化。

③小面积空间,数量宜少,形体宜巧,造型宜单纯理性,陈列方式宜规范而有序。

6.色、光、材、景

住宅室内的色调、光照、材质、景观,是空间利用和设计所不可忽略的重要组成要素,设计时应高度重视,细致考虑。

7.整体统一

室内环境的整体设计是将同一空间的许多细部,以一个共同的有机因素统一起来,使它变成一个完整而和谐的视觉系统。设计构思立意时,就需根据业主的职业特点、文化层次、个人爱好、家庭人员构成、经济条件等进行综合的设计定位,形成造型的明晰条理、色彩的统一调子、光照的韵律层次、材质的和谐组织、空间的虚实比例以及家具的风格式样统一,以求设计取得赏心悦目的效果。

9.2.4　住宅室内各部分环境设计

现代住宅内部功能发展包含了人的全部生活场所,其功能空间的组成因条件和家庭追求而各具特点,但组成不外乎包括:玄关(门厅)、客厅、餐厅、厨房(兼早餐)、卧室(夫妻、老人、子女、客用)、卫生间(双卫、三卫、四卫)、书房(工作间)、贮藏室、工人房、洗衣房、阳台(平台)、车库、设备间等。

从发展现状看,住宅建筑空间组织越来越灵活自由,建筑一般提供的空间构架除厨房、厕浴(卫生间)固定外,其他多为大开间构架式的布局,从而为不同的住户和设计师提供了根据家庭所需及设计追求自行分隔、多样组织、个性展现的空间条件。

1.群体生活区

群体生活区是以家庭公共需要为对象的综合活动场所。这种群体区域在精神上代表着伦理关系的和谐,在意识上象征着邻里的合作。所以,待客、休闲、娱乐、用餐等皆以它为活动空间。

群体生活区按功能常分为以下区域:

(1)门厅(玄关)。门厅为住宅主入口直接通向室内的过渡性空间,它的主要功能是家人进出和迎送宾客,也是整套住宅的屏障。门厅面积一般为2～4平方米,它面积虽小,却关系到家庭生活的舒适度、品位和使用效率。这一空间内通常需设置鞋柜、挂衣架或衣橱、储物柜等,面积允许时也可放置一些陈设物、绿化景观等。见图9-9至图9-11。

在形式处理上,门厅应以简洁生动、与住宅整体风格相协调为原则,可做重点装饰屏障,使门厅具备识别性强的独特面貌,体现住宅的个性。

图 9-9 门厅设计(1)

图 9-10 门厅设计(2)

图 9-11 门厅设计(3)

（2）客厅。起居室是家庭群体生活的主要活动场所,是家人视听、团聚、会客、娱乐、休闲的中心,在中国传统建筑空间中称为"堂"。起居室是居室环境使用活动最集中、使用频率最高的核心住宅空间,也是家庭主人身份、修养、实力的象征。所以在布局设计上宜考虑设置在住宅的中央或相对独立的开放区域,常与门厅餐厅相连,而且应选择日照最为充实,最能联系户外自然景物的空间位置,以营造伸展、舒坦的心理感觉。

　　起居室应具有充分的生活要素和完善的生活设施,使各种活动皆能在良好的环境条件下获得舒适方便的享受。如:合理的照明、良好的隔音、灵活的温控、充分的贮藏和实用的家具等设备。起居室中的设备应具备发挥最佳功效的空间位置,形成流畅协调的连接关系。

　　同时,起居室的视觉造型形式必须充分考虑家庭性格和目标追求,以展露家庭特殊性格修养为原则,采取相应的风格和表现方式,达到所谓的"家庭展览橱窗"的效果。起居室的装饰要素包括家具、地面、天棚、墙面、灯饰、门窗、隔断、陈设品、植物等。设计时应掌握空间风格的一致性和住宅室内环境的构思一致性。见图 9-12 至图 9-14。

图 9-12　客厅设计(1)

图 9-13　客厅设计(2)

图 9-14　客厅设计(3)

（3）餐厅。餐厅是家庭日常进餐和宴请宾客的重要活动空间。一般来说，餐厅多邻近厨房，但靠近起居室的位置最佳。餐厅可分为独立餐厅、与客厅相连餐厅、厨房兼餐厅几种形式。

在住宅整体风格的前提下，家庭用餐空间宜营造亲切、淡雅、温馨的环境氛围，采用暖色调、明度较高的色彩，具有空间区域限定效果的灯光，柔和自然的材质，以烘托餐厅的特性。另外，除餐桌椅为必备家具外，还可设置酒具、餐具橱柜，墙面也可布置一些影照小品，以促进用餐的食欲。见图 9-15。

图 9-15 餐厅设计

（4）休闲室。休闲室也称家人室，意指非正式的多功能活动场所，是一种兼顾儿童与成人的兴趣需要，将游戏、休闲、兴趣等活动相结合的生活空间，如健身、棋牌、乒乓、编织、手工艺等项目，为"第二起居室"。其使用性质是对内的、非正式的、儿童与成人并重的空间。休闲室的设计应突出家庭主人的兴趣爱好，无论是家具配置、贮藏安排、装饰处理都需体现个性、趣味、亲切、松弛、自由、安全、实用的原则。见图 9-16。

图 9-16 休闲室

(5)书房。住宅中的书房是供阅读、藏书、制图等活动的场所,是学习与工作的环境,可附设在卧室或起居室的一角,也可紧连卧室独立设置。书房的家具有写字台、电脑桌、书橱柜等,也可根据职业特征和个人爱好设置特殊用途的器物,如设计师的绘图台,画家的画架等。其空间环境的营造宜体现文化感、修养感和宁静感,形式表现上讲究简洁、质朴、自然、和谐的风尚。书房有开放式书房、闭合式书房、私人办公室式书房等形式。见图 9－17。

图 9－17　书房

(6)其他生活空间。住宅除室内空间外,常常根据不同条件还设置有阳台、露台、庭院等家庭户外活动场所。阳台或露台,在形式上是一种架空或通透的庭院,以作为起居室或卧室等空间的户外延伸,在设施上可设置坐卧家具,起到户外起居或阳光沐浴的作用。庭院为别墅或底层寓所的户外生活场所,以绿化、花园为基础,配置供休闲、游戏的家具和设施,如茶几、坐椅、摇椅、秋千、滑梯和戏水池等,其设计特点是创造一种享受阳光、新鲜空气和自然景色的环境氛围。见图 9－18 至图 9－20。

图 9-18　阳台和楼台(1)

图 9-19　阳台和楼台(2)

图 9-20　阳台和楼台(3)

2.家务工作区

家务工作区包括厨房、家务室、贮藏室、车库等,各种家庭事务应在省力、省时原则下完成。

厨房是专门处理家务膳食的工作场所,它在住宅的家庭生活中占有很重要的位置。其基本功能有贮物、洗切、烹饪、备餐以及用餐后的洗涤整理等。

厨房从功能布局上可分为贮物区、清洗区、配膳区和烹调区四部分。根据空间大小、结构,其组织形式有 U 型、L 型、F 型、廊型等布局方式。基本设施有洗涤盆、操作平台、灶具、微波炉、排油烟机、电冰箱、烤箱、储物柜、热水器,有些可带有餐桌、餐椅等。

厨房设计上应突出空间的洁净明亮、使用方便、通风良好、光照充足、符合人体工程学的要求且功能流线简洁合理,视觉上要给人以简洁明快、整齐有序与住宅整体风格相协调的宜人效果,见图 9-21 至图 9-24。厨房与餐厅和起居室邻近为佳。

图 9-21　厨房(1)

图 9-22　厨房(2)

图 9-23　厨房(3)

图9-24　厨房(4)

3.私人生活区域

私人生活区域,是成人享受私密性权利的空间,是儿女成长的温床。理想的居家应该使家庭每一成员皆拥有各自私人空间,成为群体生活区域的互补空间,便于成员完善个性、自我解脱、均衡发展。私人生活区域包括主人卧室,儿女室,客卧室及配套卫生间。

(1)主人卧室。卧室是住宅中最私密、最安宁和最具心理安全感的空间,其基本功能有睡眠、休闲、梳妆、盛洗、贮藏和视听等,其基本设施配备有双人床、床头柜、衣橱或专用衣帽贮藏间、专用盛洗间、休息椅、电视柜、梳妆台等。见图9-25至9-30。

图9-25　主卧(1)

图9-26　主卧(2)

图 9 - 27　主卧（3）

图 9 - 28　主卧（4）

图 9 - 29　主卧（5）

图 9 - 30　主卧（6）

（2）儿女卧室。子女卧室是家庭子女成长发展的私密空间，原则上必须依照子女的年龄、性别、性格和特征给予相应的规划和设计。按儿童成长的规律，子女房应分为婴儿期、幼儿期、儿童期、青少年期和青年期五个阶段。婴儿可与父母共居一室；幼龄儿女需有一个游戏场所，使之能自由尽情发挥自我；渐成熟的儿女宜给予适当私密空间，使工作、休闲皆能避免外界侵扰，情绪与精力皆能正常发挥。图 9-31 至图 9-34。

图 9-31　儿女卧室（1）

图 9-32　儿女卧室（2）

图 9-33　儿女卧室（3）

图 9-34 儿女卧室(4)

4.卫生间

理想的住宅里卫生间应为卧室的一个配套空间,应为每个卧室设置一个卫生间,但事实上,目前多数住宅无法达到这个标准。在住宅中如有两间卫生间时,应将其中一间供主人卧室专用,另外一间供公共使用。如只有一间时,则应设置在卧室区域的中心地点,以方便使用。卫生间可分为开放式(所有卫生设备同置一室)、分隔式(以隔断区分为数个单位)。

卫生间的基本设备有洗脸盆、浴缸或淋浴房、抽水马桶和净身器等。其设备配置应以空间尺度条件及活动需要为依据。由于所有基本设备皆与水有关,给水与排水系统,特别是抽水马桶的污水管道,必须合乎国家质检标准,地面排水斜度与干湿区的划分应妥善处理。

卫生间应有通风、采光和取暖设施。在通风方面,利用窗户可取得自然通风,用抽风机也可取得排气的效果。采光设计上应设置普遍照明和局部照明形式,尤其是洗脸与梳妆区宜用散光灯箱或发光平顶以取得无影的局部照明效果。此外,冬季寒冷区的浴室还应设置电热器或"浴霸"电热灯等取暖设备。

卫生间除了基本设施外,须配置梳妆台、浴巾与清洁器材贮藏柜和衣物贮藏柜。此外,必须注意所有材料的防潮性能和表现形式的美感效果,使浴室成为优美而实用的生活空间。见图 9-35 至图 9-40。

图 9-35 卫生间(1)

图 9 - 36 卫生间（2）

图 9 - 37 卫生间（3）

图 9 - 38 卫生间（4）

图 9 - 39　卫生间(5)

图 9 - 40　卫生间(6)

9.2.5　住宅室内照明

1. 主要房间照明

(1)起居室。起居室是空间最大的家庭中心房间,因此,使用灯光种类很多,选择照明方法时,功能、照度、情调等因素都要考虑到。

①整体照明应选用不太刺眼的灯具镶在天花板中,可结合吊顶的跌落变化设置暗灯槽,增加整体光感效果;若想制造情调,则用投光灯或聚光性小的灯泡要比用日光灯为佳。可根据房间的大小来考虑灯的位置及数量。

②局部照射灯光中,可放置落地灯或在沙发边小桌上放置小型台灯,以方便使用。

③在装饰橱柜中使用间接照明,以使橱柜中的装饰物显得更美,这时可用日光灯或在天花板上安置聚光灯照射。聚光灯也适于照射绘画作品。

④使用垂吊灯具需考虑家具的配置并与家具相协调,如可照射在茶桌上。垂吊灯具与天花板吸顶灯相同,是房间灯光的重点,其他照明不要过于突出,以免喧宾夺主。

总之,不管用哪种方法,都应把整体照明与局部照明巧妙地分开控制和使用,开关也不要只限一个地方。家庭团聚时灯光明亮,休息时只用局部照明,亲密交谈时,除用局部灯光外,可配合蜡烛照明。

(2)餐厅。餐厅应制造舒适愉快的气氛,以增加食欲。可设置一两盏半直接或直接照明的吊灯,高度离桌面约 80～100cm,并可调节。吊灯以桌子为照射中心,能把饭菜照射得很吸引人,也可使玻璃器皿更美,为家庭带来快乐聚会的氛围。

(3)厨房、杂室。厨房是烹调菜肴的地方,需要非常干净,也需要有充分的照明。碗橱内,应设杀菌灯;而杂室也应和厨房一样明亮,以方便处理家务。

(4)书房。书房除桌上有台灯、便于长时间阅读外,天花板下应设一盏整体照明灯。

(5)卧室。不管何种类型的卧室,照明需柔和;床头也需有灯光,或用台灯,或用壁垂灯,整个房间以采用间接式照明为宜。

(6)儿童卧室。要根据儿童的特点设计儿童卧室照明。儿童卧室同时也是儿童读书和游戏的场所。儿童年龄较小时,灯光宜整体式与局部式混合使用,不要使用落地灯具以防绊倒儿童。年龄再大一点,书桌上便需局部照明。由于年龄变化,趣味趋于个性化,所以开关应多装几个,以适应儿童的成长变化。

2. 次要房间照明

(1)盥洗室、浴室、厕所。在镜台上端或两侧,应设有明亮灯光,以方便化妆。日光灯以不露光源为佳。白炽灯应装在壁灯里使用,成为扩散球灯,以使人的脸型更美。浴室中的地面需有较亮光度,灯具必须有防潮处理。厕所占地小,使用时间短,所以宜采用明亮的白炽灯,壁灯、顶灯均可。

(2)走廊、楼梯。走廊要避免阴暗,应设天花板灯或壁灯,转角处更要保持良好光线。楼梯部分应设壁灯或垂灯,以保证安全。开关应上下皆可控制,方便使用。

(3)门厅。门厅是住宅给人第一印象的地方,要用灯光营造出特别的气氛,使家人归来时有安心感,宾客造访时有宾至如归的印象。门厅灯光不能昏暗,应有充分明度。若有绘画或花卉之类装饰物,可用局部投射照明,增加气氛。

3. 其他空间照明

(1)室外。阳台、庭院是室内的延伸部分,其人工照明产生的气氛与白天不同。配置灯具需注意:

①阳台的照明器设在屋外的墙里,在室内看不见电源,以柱光与壁光为适宜。

②为预防漏雨,应使用防水灯具。如果阳台有顶,可装吸顶灯。

③用水银灯照射庭院,使其有清凉感,并尽量用不太显眼、形态简单的灯器。

④若是作观赏用,则需各种技术化的照明。

(2)建筑物外部照明。为防盗和提高隐私性能,装室外照明后,应从室外看不到室内的情形,并能增加建筑物的美观。

9.2.6　住宅室内设计程序

住宅室内设计是一种以满足个别家庭需要为目标的理性创造行为。因此,设计时应充分把握家庭实质,通过一种精密而冷静的作业程序,从家庭因素和住宅综合条件分析,进行实际空间计划和形式创造。住宅室内设计程序分为以下三个阶段:

1.分析阶段

(1)家庭因素分析。

①家庭结构形态——新生期、发展期、老年期。

②家庭综合背景——籍贯、教育、信仰、职业。

③家庭性格类型——共同性格、个别性格、偏爱、偏恶、特长、忌讳。

④家庭生活方式——群体生活、社交生活、私生活、家务态度和习惯。

⑤家庭经济条件——高、中、低收入型。

(2)住宅条件分析。

(1)建筑形态——独栋、集合式公寓、古老或现代建筑。

(2)建筑环境条件——四周景观、近邻情况、私密性、宁静性。

(3)自然要素——采光、通风、湿度、室温。

(4)住宅空间条件——平面空间组织与立面空间条件,如室内外各区域之间空间关系,空间面积,门窗、梁柱、天花高度变化等。

(5)住宅结构方式——室内外的材料与结构。

2.设计阶段

设计阶段的工作重点是根据分析阶段所得的资料提出各种可行性的设计构想,选出最优方案,或综合数种构想的优点,重新拟定一种新的方案。

平面空间设计以功能为先;立面形式设计以视觉表现为主。

设计方案定稿后,绘制三视设计图,绘制透视图或制作模型,以加强构思表现,并兼作施工的参考。

3.施工制作阶段

施工制作阶段的工作重点如下:

(1)根据设计方案,拟定具体制作说明,制作施工进度表。

(2)依据施工设计方案购置装潢建材,雇工或发包。

(3)住宅室内施工的一般顺序为:空间重新布局(拆墙、砌墙、隔断、吊顶);管线布置(水管、电线、电话电视音响等布线);固定家具布局(厨房操作台、书房吊柜、吊顶等);泥水作业(铺贴地砖、面砖);木工作业(家具、门套、窗台等);铺设木地板;油漆作业(墙面涂料、家具门板等上木漆);安装作业(灯具、五金、设备等);验收;美化作业(软装饰、家具、陈设、绿化等)。

(4)施工中,需随时严格监督工程进度,材料规格,制作技法是否正确。

(5)如发现问题需随时纠正,涉及设计错误和制作困难的,应重新检查方案予以修正。

(6)完工后根据合同验收。

9.3 生活空间组织与界面

9.3.1 生活空间的空间组织

1.室内空间的组织

室内设计一个重要的工作内容就是组织空间,这即是一种技术又是一种艺术,成功的空间组织是技术与艺术的高度融合。

对不同内部空间进行功能和形式的有序组织和安排,可以创造出一个有联系性的合理的建筑内容空间关系。

以下几个内容要充分重视:

(1)要注意空间使用的秩序,分配出主从空间关系。

(2)要根据空间内容设计出空间流程关系。

(3)要根据空间的主从和流程秩序设计出空间路径。

2.各类界面的功能特点

(1)底面(楼、地面)——耐磨、防滑、易清洁、防静电。

(2)侧面(墙面、隔断)——挡视线、较高的隔声、吸声、保暖、隔热要求。

(3)顶面(平顶、天棚)——质精、光反射率高、较高的隔声、吸声、保暖、隔热要求。

9.3.2　室内界面的处理

界面处理是居室空间设计中要求对界面质、形、色的协调统一,尤其是对居室空间的营造产生重要影响的因素,如布局、构图、意境、风格等。

(1)居室界面——即围合成居室空间的底面(地面)、侧面(墙面、隔断)和顶面(天面)。特别是顶面(天面)的确定,这是确定居室空间室内外的依据。

(2)生活空间室内界面设计既有功能技术要求,也有造型和美观要求,作为材料实体的界面,有界面的材质选用,界面的形状、图形线角、肌理构成的设计,以及界面和结构构件的连接构造,风、水、电等管线设施的协调配合等方面的设计。

基于以上概念居室空间界面处理可以概括为六个原则"功能—造型—材料—实用—协调—更新"。

(3)生活空间界面设计六个原则

①功能原则——技术。当代著名建筑大师贝聿明有这样一段表述,"建筑是人用的,空间、广场是人进去的,是供人享用的,要关心人,要为使用者着想",也就是使用功能的满足自然成为居室空间设计的第一原则,需要由不同界面设计满足其不同的功能需要。例:起居室功能是会客、娱乐等,其主墙界面设计要满足这样的功能。

②造型原则——美感。居室界面设计的造型表现占很大的比重。其构造组合、结构方式、使得每一个最细微的建筑部件都有可作为独立的装饰对象。例:门、墙、檐、天棚、栏杆等做出各具特色的界面和结构装饰。

③材料原则——质感。居室空间的不同界面、不同部位选择不同的材料,借此来求得质感上的对比与衬托,从而更好地体现居室设计的风格。例:界面质感的丰富与简洁,粗犷与细腻,都是在比较中存在,在对比中得到体现。

④实用原则——经济。从实用的角度去思考界面处理在材料、工艺等方面造价要求。例:餐厅界面设计,地板砖材料选用经济价格也是衡量的一个依据。

⑤协调原则——配合。起居室顶面设计中重要的是必须与空调、消防、照明等到有关设施工种密切配合,尽可能使调顶上部各类管线协调配置。例:起居室空调、音响、换风等。

⑥更新原则——时尚。20世纪居室空间消费趋势呈现出"自我风格"与"后现代"设计局面,具有鲜明的时代感,讲究"时尚"。例:原有装饰材料需要由无污染,质地和性能更好更新颖

美观的装饰材料取代。

（4）居室空间界面设计的思考。

①天面。基于界面设计的六个原则，引申出对居室天面、墙面、地面设计上的一些思考。天面与地面是室内空间中相互呼应的两个面。作为建筑元素，天面在空间中也扮演了一个非常重要的角色。首先它的高度决定一个空间尺度，直接影响人们对室内空间的视觉感受。不同功能的空间都有对天面尺度的要求，尺度的不同，空间的视觉和心理效果也截然不同。同样，天面上也有平面的落差处理，也有空间区域的区分作用和效果。在天地之间是墙，因此高度被天面所决定，所以在进行室内设计过程中，天面总是在墙面之前要考虑的问题。

②墙面（隔断）。墙是建筑空间中的基本元素，有建筑构造的承重作用和建筑空间的围隔作用。与其他建筑元素不同，墙的功能很多，而且构成自由度大，可以有不同的形态，如直、弧、曲等，也可以由不同材料构成（有机的、无机的），因此在建筑空间里，设计师对墙的表现最为自由，甚至有时候随心所欲。

③地面。地面色彩是影响整个空间色彩主调和谐与否的重要因素，地面色彩的轻重、图案的造型与布局，直接影响室内空间视觉效果。因此在居室室内空间设计上既要充分考虑色彩构成的因素，同时还要考虑地面材质的吸光与反光作用。地面拼花要根据不同环境要求而设定，通常情况下色彩构成要素愈简单、愈整体愈好，要素应该是愈少愈好。拼花要求加工方法单纯明快，吻合人们的视觉心理，避免视觉疲劳。因此在进行地面设计时，必须综合考虑多种因素，顾及空间、凹凸、材质、色彩、图形、肌理等关系。

（5）生活空间界面感觉。基于以上界面设计思考而引出居室空间界面感觉。

①线型划分与视觉感受：垂直划分感觉空间紧缩增高，水平划分感觉空间开阔降低。

②深浅与视觉感受：顶面深色感觉空间降低，顶面浅色感觉空间增高。

③大小与视觉感受：大尺度花饰感觉空间缩小，小尺度花饰感觉空间增大。

④材料质感与视觉感受：石材、面砖、玻璃感觉挺拔冷峻，木材、织物较有亲切感。

 案例分析

1.装修实例：妩媚空间靓丽色彩，感受现代生活（见图9-41至图9-49）。

图9-41　简易的奢华家居装修实例

图9-42 客厅　　　　　　　　　图9-43 餐厅

图9-44 客厅

图9-45 起居室

图 9-46 偏厅和楼道顶

图 9-47 卧室(1)

图 9-48 卧室(2)

图 9-49 卫生间

2.案例分析:一套房子七种设计方案(见图9-50、图9-51)。

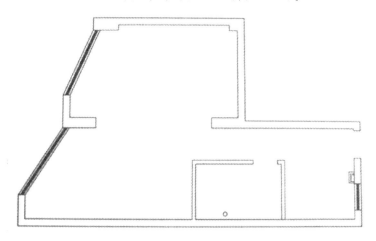

图9-50 原建筑平面图

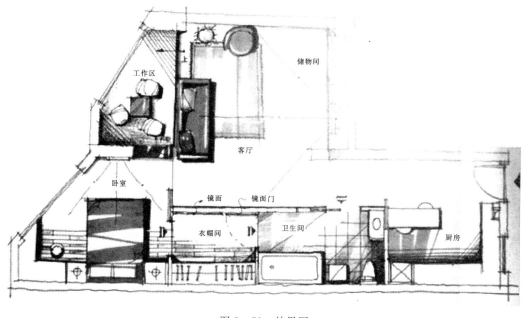

图9-51 效果图

第一个方案:卫生间是两面通的。卫生间的镜面门与衣帽间镜面墙可合二为一。优点:卫生间既有主卫功能又能作为客卫,原本不大的空间有了合理的利用,如图9-52所示。

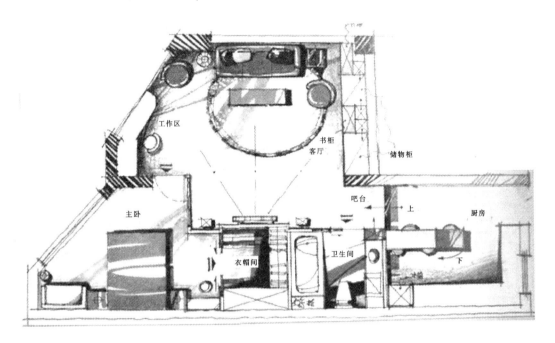

图 9-52　方案一效果

　　第二个方案:储物柜为电视背景墙创造好的条件,同时满足了储物柜的多功能性,如图 9-53 所示。

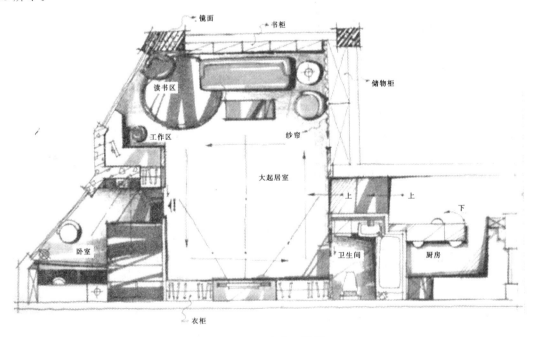

图 9-53　方案二效果

　　第三个方案:超大的客厅,给自由的人。

　　超大客厅,感官上会模糊小房间的概念,使整个客厅大气、开阔。但是整个空间上的压缩会使其他功能分区受到限制,如图9-54所示。

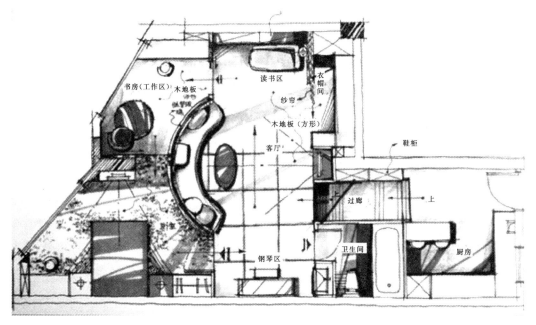

图9-54　方案三效果

第四个方案:时间上重叠使用书房,方案构思巧妙,看来设计师真下了功夫。但是布局上会造成许多空间的划分不明朗,造成使用率低下,反而会显得浪费空间,如图9-55所示。

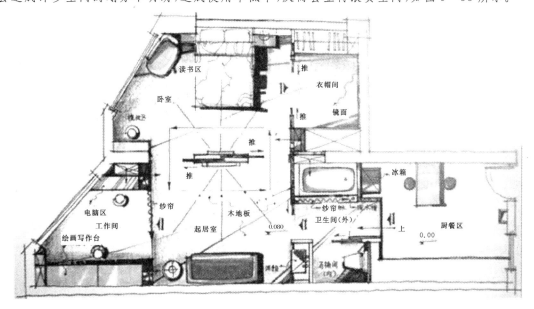

图9-55　方案四效果

第五个方案:自由组合的空间及过道卫生间的特色。卧室的位置是该方案的一大亮点,但是这样做主人的私密性会不会受到影响还要在实际中看看,如图9-56所示。

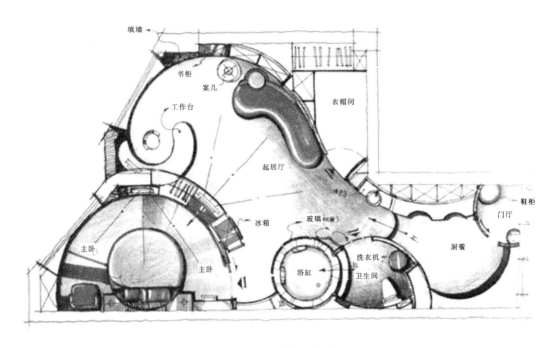

图 9-56　方案五效果

第六方案:圆弧的玄关,圆弧的厨房,圆的卫生间与浴缸,圆的工作台,圆的房间和圆的床。超前卫的设计,说不定也会深得年轻人的喜爱。但是圆形空间给原本就不大的空间造成了浪费,如图 9-57 所示。

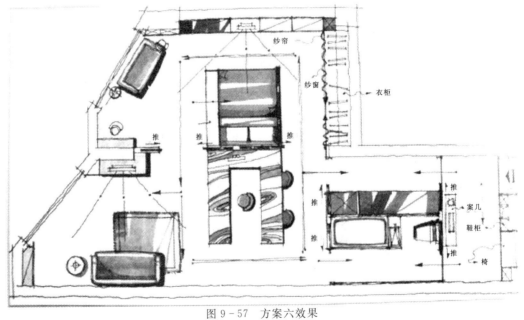

图 9-57　方案六效果

第七个方案:厨房、卫生间是房中的房子,桌子是桌旁边的桌,床是床里的床。其实以上这几个方案都设计得相当不错。

【综合实训】

一、设计题目

住宅室内空间装饰设计

二、教学目的

此次设计是学生要完成的一次综合性课程设计,主要目的是:

(1)进一步把握住宅室内设计的理念、原则和方法;

(2)进一步强化手工图或电脑绘图的训练。

三、要求

某住宅平面及主要参数如附图所示,居住人口为一对夫妻、一位老人和一个上小学的小孩。男主人是某公司的业务助理,女主人为小学教师(也可以自订职业,但要体现业主的个性)。请完成该住宅的室内设计,做到适用、合理、环保、健康、有一定的特色,将装修费用控制在每平方米 800 元左右(不含家具)。

四、图纸

A3 图纸(可用草图纸),画工具草图或徒手草图,内容为:

平面图	1∶75	一个	占一张 A3 图纸
天花平面图	1∶75	一个	占一张 A3 图纸
立面图	1∶50	三个或四个	占一张 A3 图纸
详图		两组	占一张 A3 图纸

透视图 6 张　　含客厅、主卧 各两张、餐厅、入口各一张

上述图纸装订成册,并用稍厚的纸做封面与封底。封面上应整齐书写题目、班级、姓名、指导教师及日期。

五、时间安排(根据任课老师具体安排)

1.一草阶段

(1)熟悉题目。

(2)对相关资料及典型住宅户型进行调研。

(3)参观一两个典型住宅户型空间环境,进行考察。

(4)最后将以上内容写成书面报告。

2.二草阶段

(1)总结一草存在的主要问题,并在此基础上,归纳总结出一个方案。

(2)注意流线及空间划分。

(3)合理安排空间的导向作用。

(3)考虑室内风格与业主要求的统一及联系。

3.整理绘图阶段

(1)要求用绘图纸绘制墨线图。

(2)正确表达设计意图。

(3)各面的关系对应正确,符合制图标准,图线分类明确。

(4)各种室内家具、设备的尺度合理。

(5)空间要领表达正确,划分合理,并能形成空间的完整性。

(6)室内透视图,要求能真实准确地表现室内空间的形体关系和环境气氛。

六、评分标准

1.原理与相关知识　10分

2.调研与搜集材料　10分

3.方案设计能力　60分

(1)分区明确,功能合理流线组织顺畅　30分

(2)空间组织合理,尺度适宜　10分

(3)造型能立　10分

(4)符合规范要求　10分

4.表达能力　20分

七、注意事项

1.透视图技法不限,原则上要用马克笔或彩色铅笔上色,平立面也可以上色,但颜色种类不要过多,一张 A3 纸上最好只画一张透视图。

2.每张图纸上均可插画一些带有构思性质的小图,或必要的说明。

3.三个重点:

(1)要有内涵;

(2)注意材料;

(3)做好手工图。

4.户型如图 9-58 所示

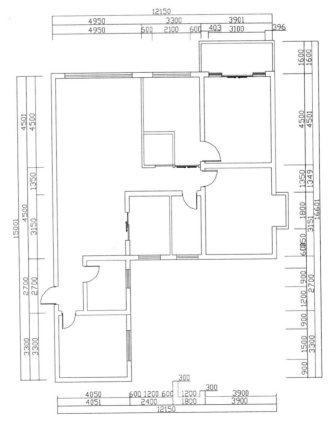

图 9-58　原建筑平面图

第 10 章
公装空间装饰设计

本章数字资源

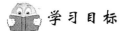 学习目标

通过本章的学习,使学生了解公共空间装饰设计的要点;熟悉并掌握商业、办公、餐饮及展示等空间的装饰设计。

学习要求

能力目标	知识要点	相关知识	权重
理解能力	了解公共空间装饰设计的要点	公装设计要点,设计方法要点,界面处理要点	30%
掌握能力	熟悉并掌握商业、办公、餐饮及展示等空间的装饰设计方法	设计方法,界面处理	30%
应用能力	公共空间装饰空间的设计	实务操作	40%

引例

现代的品牌专卖店、品牌形象店、旗舰店和品牌的文化展示店——生活馆式专业店设计,都与品牌文化展示相关。

文化的展现是现代商业空间设计中一个非常重要的因素,许多设计理念、设计思路的展开都应在文化的表达上展现,一个好的设计是要有内涵的,使每个造型的塑造、色彩的利用、陈列的方法都应表达一种思想和一种品牌的文化,把设计师的设计表达诉求与文化相结合,使设计的每一个店面都富有灵气,都可表达品牌的文化。

从广义上看,无论是东方还是西方的商业空间设计,都是在各个国家传统文化的基础上一步步发展过来的,文化的相互渗透、相互影响,将商业的空间展示得更加精彩,并随着时代的发展而发展着。

从世界文化的多元性来看,拥有个性和民族性才会拥有国际性,品牌要发展就要与世界文化相结合,使品牌文化与世界文化相结合。在商业空间设计中,只有充分吸取本民族的传统文化精髓、具备浓厚的民族文化底蕴的设计,才能在现代的商业展示和空间设计中发挥和表达文化的展示效果。

10.1 商业空间室内设计

商场是商业活动的主要集中场所,在从一个侧面反映一个国家、一个城市的物质经济状况和生活风貌。今天的商场功能正向多元化、多层次方向发展,并形成新的消费行为和心理需求,对室内设计师而言,商场室内环境的塑造,就是为顾客创造与时代特征相统一,符合顾客心理行为,充分体现舒适感、安全感和品味感的消费场所。

10.1.1　商业空间的类型与特点

1.购物行为

购物行为,是指顾客为满足自己生活需要而进行的全过程的购买活动。人的购买心理活动,可分为六个阶段与三个过程,即"认识—知识—评定—诚信—行为—体验"六个阶段和"认识过程—情绪过程—意志过程",它们相互依存、互为关联。

了解和认识消费者的购买心理全过程特征是商业环境设计的基础。商场除了商品本身的诱导外,销售环境的视觉诱导也非常重要。从商业广告、橱窗展示、商品陈列到空间的整体构思、风格塑造等都要着眼于激发顾客购买的欲望,让顾客在一个环境优雅的商场里情绪舒畅、轻松和兴奋,并激起顾客的认同心理和消费冲动。图 10-1 所示为商品的橱房展示。

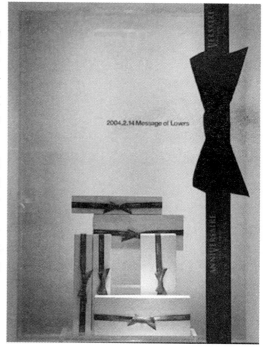

图 10-1　橱窗展示(1)

2.商店类别

(1)专业商店。专业商店又称专卖店,经营单一的品牌,注重品种的多规格,多尺码。

(2)百货商店。百货商店是经营种类繁多商品的商业场所,使顾客各得所需。

(3)购物中心。购买中心能满足消费者多元化的需要,它设有大型的百货店、专卖店、画廊、银行、饭店、娱乐场所、停车场、绿化广场等。

(4)超级市场。超级市场是一种开架售货、直接挑选、高效率售货的综合商品销售环境。

3.商场功能

(1)展示性。展示性指商品的分类及有序的陈列,促销表演为商业的基本活动。

(2)服务性。服务性指销售、洽谈、维修、示范等行为。

(3)休闲性。休闲性指附属设施的提供,设置餐饮、娱乐、健身、酒吧等场所。

(4)文化性。文化性指大众传播信息的媒介和文化场所。

4.商业设计的内容

(1)门面、招牌。商店给人的第一视觉就是门面,门面的装饰直接显示商店的名称、行业、经营特色、档次,是招揽顾客的重要手段,如图 10-2 所示。

图 10-2　门面展示

（2）橱窗。通过橱窗能吸引顾客、指导购物，进行艺术形象展示，如图 10-3 所示。

图 10-3　橱窗展示（2）

（3）商品展示——POP 展示。如图 10-4 所示。

（4）货柜。货柜包括地柜、背柜、展示柜，如图 10-5 所示。

图 10-4　POP 展示

图 10-5　货柜展示

（5）商场货柜布置。货柜布置时应尽量扩大营业面积，预留宽敞的人流线路，如图 10-6 所示。

（6）柱子的处理。对于柱子的处理应淡化柱子的形象，或结合柱子做陈列销售点，如图 10-7 所示。

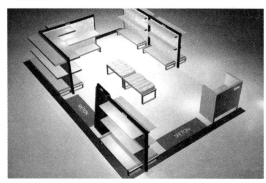

图 10-6　货柜的布置

图 10-7　柱子的处理

（7）营业环境处理。对营业环境处理的对象包括天花墙面、地面、照明、色彩，如图 10-8 所示。

（8）陈列方式——集中陈列、静态陈列。如图 10-9 所示。

图 10-8　营业环境处理

图 10-9　陈列方式

10.1.2　商业空间室内设计的原则

1.商场设计前期计划

在商场设计前期应考虑以下几个因素：

(1)商场分析——经营管理条件、风格、顾客结构。

(2)建筑条件分析——梁柱结构、平面空间。

(3)商场室内功能系统。其包括以下几点：

①顾客系统——门面、招牌、橱窗、陈列展示设计、门厅、出入口、楼梯、休息间、卫生间，以诱导顾客知道购买。

②销售系统——货柜、货架、收银台、营业环境，用以创造理想的购物环境。

③商业系统——仓库、进出仓通道、上架前储存设施。

④管理系统——经理、财务、业务、供销室、车库。

⑤内部员工系统——员工休息室、通道、更衣室、楼梯、饭堂、医务室、洗手间。

2.商场室内环境的设计原则

能否营造吸引顾客购物欲望的商场整体营销氛围，是商业空间功能设计的基本原则。此外，还应遵循以下一些具体的设计原则：

(1)商品的展示和陈列应根据种类分布的合理性、规律性、方便性、营销策略进行总体布局设计，以有利于商品的促销行为，创造顾客所接受的舒适、愉悦的购物环境。

(2)根据商场(或商店，购物中心)的经营性质、理念、商品的属性、档次和地域特征，以及顾客群的特点，确定室内环境设计的风格和价值取向。

(3)具有诱人的入口，空间动线和吸引人的橱窗、招牌，以形成整体统一的视觉传递系统，并运用个性鲜明的照明和形材、色等形式，准确诠释商品，营造良好的商场环境氛围，激发顾客的购物欲望。

(4)购物空间不能给人有拘束感，不要有干预性，要营造出购物者有充分自由挑选商品的空间气氛。在空间处理上要做到宽敞通畅，让人看得到、做得到、摸得到。

(5)设施、设备完善，符合人体工程学原理，防火区明确，安全通道及出入口通畅，消防标识规范，有为残疾人设置的无障碍设施和环境。

(6)创新意识突出，能展现整体设计中的个性化特点。

10.1.3　商业空间功能组织

1.空间的引导与组织

(1)商品的分类与分区。商品的分类与分区是空间设计的基础，合理化的布局与搭配可以更好地组织人流、活跃整个空间、增加各种商品售出的可能性。

一个大型商店可按商品种类进行分区。例如，一个百货店可将营业区分成化妆品、服装、体育用品、文具等。也有的商店将一个层面分租给不同的公司经营，这一层层面自然按不同公司分成不同部分。

(2)购物行动路线的组织。商业空间的组织是以顾客购买的行为规律和程序为基础展开的，即吸引→进店→浏览→购物(或休闲、餐饮)→浏览→出店。

(3)柜架布置基本形式。柜架布置是商场室内空间组织的主要手段之一,主要有以下几种形式:

①顺墙式——柜台。货架及设备顺墙排列。此方式售货柜台较长,有利于减少售货员,节省人力。一般采取贴墙布置和离墙布置,后者可以利用空隙设置散包商品。

②岛屿式——营业空间岛屿分布,中央设货架(正方形、长方形、圆形、三角形),柜台周边长,商品多,便于观赏、选购,顾客流动灵活,感觉美观。

③斜角式——柜台、货架及设备与营业厅柱网成斜角布置,多采用45°斜向布置。能使室内视距拉长,造成更好深远的视觉效果,既有变化又有明显的规律性。

④自由式——柜台货架随人流走向和人流密度变化,灵活布置,使厅内气氛活泼轻松。将大厅巧妙地分隔成若干个既联系方便,又相对独立的经营部,并用轻质隔断自由地分隔成不同功能、不同大小、不同形状的空间,使空间既有变化又不杂乱。

⑤隔绝式——用柜台将顾客与营业员隔开的方式。商品需通过营业员转交给顾客。此为传统式,便于营业员对商品的管理,但不利于顾客挑选商品。

⑥开敞式——将商品展放在售货现场的柜架上,允许顾客直接挑选商品,营业员的工作场地与顾客活动场地完全交织在一起。能迎合顾客自主选择的心理,造就服务意识,是今后的首选。

(4)营业空间的组织划分。

①利用货架设备或隔断水平方向划分营业空间。其特点是空间隔而不断,保持明显的空间连续感,同时,空间分隔灵活自由,方便重新组织空间。这种利用垂直交错构件有机地组织不同标高的空间,可使各空间之间有一定分隔,又保持连续性。

②用顶棚和地面的变化来分隔空间。顶棚、地面在人的视觉范围内占相当比重,因此,顶棚、地面的变化(高低、形式、材料、色彩、图案的差异)能起空间分隔作用,使部分空间从整体空间中独立,是对重点商品陈列和表现,并较大程度地影响室内空间效果。

(5)营业空间延伸与扩大。根据人的视差规律,通过空间各界面(顶棚、地面、墙面)的巧妙处理,以及玻璃、镜面、斜线的适当运用,可使空间产生延伸、扩大感。比如:通过营业厅的顶棚及地面的延续,使内外空间连成一片,起到由内到外延伸和扩大作用;玻璃能使空间隔而不绝,使内外空间互相延伸、借鉴,起到扩大空间感的作用。

2.视觉流程

商场视觉空间的流程可分为商品促销区、展示区、销售区(含多种销售形式)、休息区、餐饮区、娱乐区等。该类空间基本属于短暂停留场所,其视觉流程的设计趋向于导向型和流畅型。

3.商业环境的界面

商场地面、墙面和顶棚是主要界面,其处理应从整体出发,烘托氛围,突出商品,形成良好的购物环境。

(1)商场的地面。地面应考虑符合防滑、耐磨、易清洁等要求,并减少无谓的高差,保持地面通畅、简洁。对地面耐磨要求,常以同质地砖或花岗石等地面材料铺砌。

(2)商场的墙面。墙面基本上被货架、尾柜等道具遮挡,一般只需用乳胶漆等涂料涂刷或施以喷涂处理即可,局部墙面可作重点特殊处理,营业厅中的独立柱面往往在顾客的最佳视觉范围内,因此柱面通常是塑造室内整体风格的基本点,须加以重点装饰。

（3）商场的顶棚。除入口、中庭等处结合厅内设计风格可作一定的造型处理外，顶棚应以简洁为主。大型商场自出入口至垂直交通设施入口处（自动梯、楼梯等）的主通道位置相对较为固定，其上部的顶棚可在造型、照明等方面作适当呼应，或作比较突出的处理。

10.2　办公建筑室内设计

10.2.1　各类用房组成、设计总体要求及发展趋势

1.各类用房组成

办公空间的各类功能空间，通常由主要办公空间、公共接待空间、配套服务空间、附属设施空间等构成。办公空间的功能构成具体如下：

（1）主要办公空间。它是办公空间设计的核心内容，一般有小型办公空间、中型办公空间和大型办公空间三种。

①小型办公空间。其私密性和独立性较好，一般面积在 $40m^2$ 以内，适应专业管理型的办公需求。

②中型办公空间。其对外联系较方便，内部联系也较紧密，一般面积在 $40\sim150m^2$ 以内，适应于组团型的办公方式。

③大型办公空间。其内部空间既有一定的独立性又有较为密切的联系，各部分的分区相对较为灵活自由，适应于各个组团共同作业的办公方式，如图 10-10 所示。

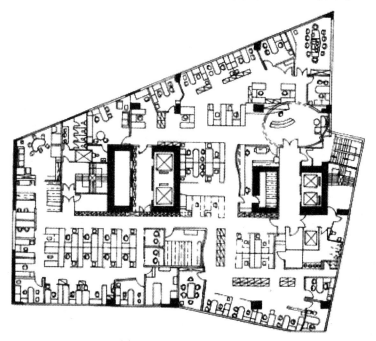

图 10-10　大型办公空间

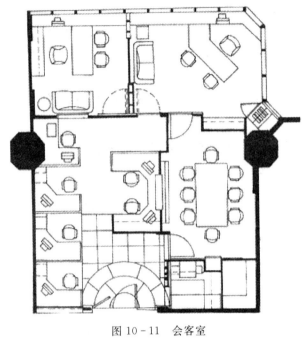

图 10-11　会客室

图 10-12　会议室

（2）公共接待空间。它主要指用于办公楼内进行聚会、展示、接待、会议等活动需求的空间。一般有小、中、大接待室；小、中、大会客室；大、中、小会议室；各类大小不同的展示厅、资料阅览室、多功能厅和报告厅等，如图 10-11、图 10-12 所示。

（3）交通联系空间。其主要指用于楼内交通联系的空间，一般有水平交通联系空间及垂直交通联系空间两种。具体如下：

①水平交通联系空间主要指门厅、大堂、走廊、电梯厅等空间。

②垂直交通联系空间主要指电梯、楼梯、自动梯等。

（4）配套服务空间。它主要为主要办公空间提供信息、资料的收集、整理存放需求的空间以及为员工提供生活、卫生服务和后勤管理的空间。通常有资料室、档案室、文印室、电脑机房、晒图房、员工餐厅、开水以及卫生间和后勤、管理办公室等。

（5）附属设施空间。它主要指保证办公大楼正常运行的附属空间。通常为变配电室、中央控制室、水泵房、空调机房、电梯机房、电话交换房、锅炉房等。

10.2.2　办公室

1.办公室的基本布置类型

办公室通常有带走廊的中、小办公室和开放型的大办公室。两者互有优缺点。前者具有私密性高、各房间的环境便于单独控制但存在面积较为浪费和沟通交流不易的问题；后者具有便于交流和管理、空间较浪费、室内布置易调整和保密性差且相互有一定干扰的特点。

办公室的布置具体又可分为如下几种类型：

（1）小单间办公室的布置。该类办公室面积一般较小，配置设施较少，空间相对封闭，办公环境安静、干扰少，但同其他办公组团联系不便。小单间办公室适应独立办公小空间的需要。其典型形式是由走道将大小近似的中小空间结合起来。通常有传统的间隔式小单间办公室和根据需要把大空间重新分隔为若干小单间办公室的类型，如图 10-13、图 10-14 所示。

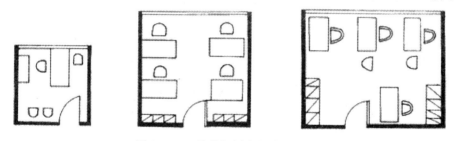

图 10-13　传统间隔式小单间办公室

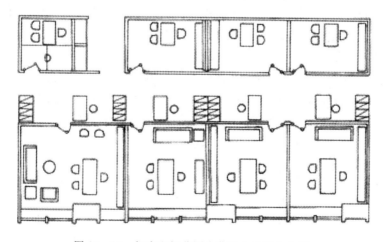

图 10-14　把大空间分隔为若干小单间办公室

（2）中、大型敞开式办公室的布置。该类办公室面积较大，空间大且无封闭分隔。各员工的办公位置根据工作流程组合在一起。各工作单元及办公组团内联系密切，利于统一管理，办公设施及设备较为完善，工作效率高，交通面积较少，但同时又存在相互干扰的问题。其布局形式按几何形式整齐排列,如图10-15所示。

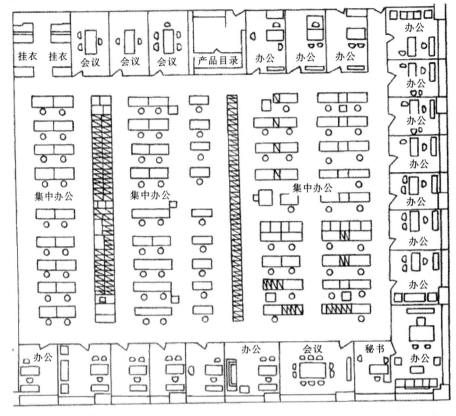

图10-15 标准敞开办公室平面

(3)景观办公室的布置。该类办公室是由德国人在1967年提出并实施的。这种布局方式是基于经济的高速发展、科学技术的成果和现代经营管理模式的推行。其设计理念是注重人与人之间的情感愉悦、创造人际关系的和谐。通过对人的尊重,发挥员工的积极性和创造性,达到进一步提高办公效率的最终目标。

景观办公室的布置根据工作流程、各办公组团的相互关系及员工办公位置的需求,通过由办公设备和活动隔断组成的工作单元并配以绿化等来划分空间。该类办公室既有较好的私密环境又有整体性、便于联系的特点。整个空间布局灵活,空间环境质量较高,其使用的家具与隔断都采用模数化进行设计,配合管线多点的布置,具备灵活拼装的特点。

从景观办公室的最早出现及发展至今,这种相对集中、有组织的自由管理模式已被全世界广泛采用,如图10-16所示。

(4)单元型办公室的布置(见图10-17、图10-18)。

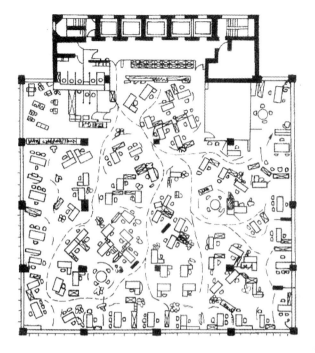

图 10 - 16　景观办公室布置

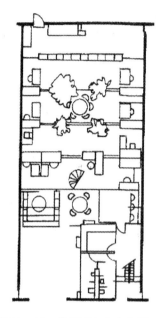

图 10 - 17　单元型办公室布置(1)

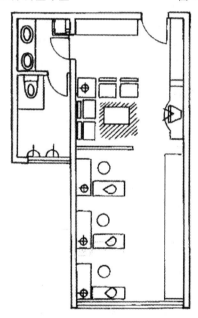

图 10 - 18　单元型办公室布置(2)

　　该类办公室一般位于商务出租办公楼中,亦可能是以独立的小型办公建筑形式出现(如设计工作室等)。前者除复印、展示等服务空间为公用外,其作为办公空间具有相对独立完整的特点,其室内空间按办公的需要可分隔成为接待区、大小不同的办公区(室)、会议室、贮存室;后者通常自成一体,包括了办公空间所必备的主要功能如接待、洽谈、办公、会议、卫生、茶水、复印、贮存、设备等,一般其室内空间设计如同其外观一样具有强烈个性特征,充分体现公司的形象。

(5)公寓型办公室的布置见图10-19。该类办公室是类似公寓单元的办公组合方式。其主要特点是将办公、接待及生活服务设施集中安排在一个独立的单元中。该类办公室具有公寓(居住)及办公(工作)的双重特征。除大小办公室、接待会议室(起居室)、茶水间(厨房)、卫生间、贮存室外还配备有(若干)卧室。其内部空间组合时注意又分又合,强调公共性与私密性关系的良好处理。一般此类办公室位于集中的商住楼中。

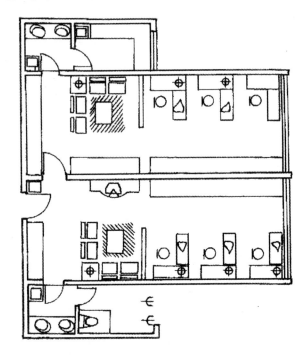

图10-19 公寓型办公室布置

2.办公室的面积使用要求

根据各工作部门及各员工的办公设备、资料架及挂衣架的使用面积和不同部门之间的走道、活动的面积及偶尔来访客人和咨询所需的面积(不包括另设的档案空间、特殊设备、贮存空间、特殊房间等面积和公共主走道等)的要求:可分为如下面积指标来作为设计时的参考。最高级主管人员37~58m²,初级主管人员9~19m²,管理人员7~9m²,使用1.5m办公桌的工作人员5m²,使用1.4m办公桌的人员4.6m²,使用1.3m办公桌的工作人员4.2m²。另外,当工厂作人员的办公桌并排排列,每排两桌,如有需要可增加档案柜和桌边椅的位置。使用L形的家具作为工作桌可比标准办公桌有更高的工作面,但占有面积以桌宽为标准。

3.办公室室内设计的要点

办公室室内设计旨在创造一个良好的办公室内环境。一个成功的办公室室内设计,需在室内划分、平面布置、界面处理、采光及照明、色彩的选择、氛围的营造等方面作通盘的考虑。

(1)平面的布置应充分考虑家具及设备占有的尺寸、员工使用家具及设备时必要的活动室内尺度、各类办公组合方式所必需的尺寸,如图10-20所示。

(2)根据空调使用、人工照明和声音方面的要求及人在空间室内中的心理需求,办公室的

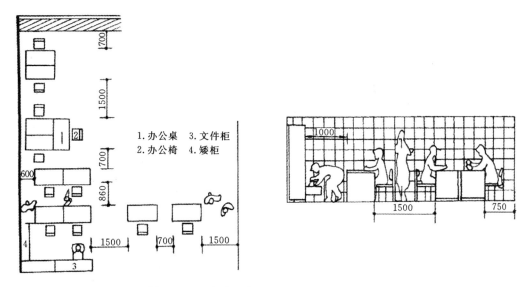

图 10-20　办公室家具的间距及交通过道尺寸

室内净高(指楼地面到天花底面的高度)一般宜在 2.4～2.6m 的范围之内。普通办公室净高不低于 2.6m,使用空调的办公室净高不低于 2.4m。智能化的办公室室内净高为甲级 2.7m,乙级为 2.6m,丙级为 2.5m。

(3)办公室室内界面处理宜简洁,着重营造空间的宁静气氛,并应考虑到便于各种管线的铺设、更换、维护、连接等需求。隔断屏风选择适宜的高度,如需保证空间的连续性,可根据工作单元及办公组团的大小规模来进行合理选择,如图 10-21 所示。

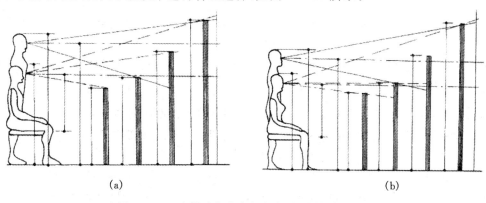

(a)　　　　　　　　　　　　　(b)

图 10-21　人体动作状态与办公屏风隔断高度关系

(4)办公室的室内色彩设计一般宜淡雅,各界面的材质选择应便于清洁并满足一些特殊的使用要求;办公室的照明一般采用人工照明和混合照明的方式来满足工作的需求,一般照度不应低于 100lx。不同的办公空间有着不同的照明要求,通常好的照明条件是既有大面积均匀柔和的背景光又有局部点状的工作辅助照明。

10.2.3 会议室、经理或主管室

1. 会议室的室内设计

会议室在现代办公室间中具有举足轻重的地位。在现代公务或商务活动中,召开各种会议是必不可少的。从某种意义上说,会议室是公司形象与实力的集中体现。对于公司内部来讲,则是管理层之间交流的场所之一。会议室的室内设计首先要从功能出发,满足人们视觉、听觉及舒适度要求。

(1)会议室的类型。

①按空间尺寸,可以把会议室分为小会议室、中大型会议室。

②按空间类型,又可以把会议室分为封闭型会议室和非封闭型会议室。

③按不同功能要求,又可分为普通(功能)会议室和多功能会议室两类。

(2)会议室的平面布置。会议室的布置以简洁、实用、美观为主,会议室布置的中心是会议桌,其形状大多为方形、圆形、矩形半圆形、三角形、梯形、菱形、六角形、八角形、L形、U形和S形等。

(3)会议室的室内设计。

①会议室的空间及界面处理。如上所述,会议室由六个围合界面组成了基本的会议空间。在这个空间中,占中心地位的是功能空间,即由会议桌和会议椅组成的会议空间。会议家具的款式和造型往往决定了空间的基本风格,空间界面应围绕这个中心来展开。顶棚的主要作用是提供照明并通过造型来形成虚拟空间,增加向心力。地面一般作为一个完整界面来处理,如有需要也可通过不同材质或利用不同标志来划分各区域。在首长座的背面和正面,一般处理成形象背景,并可安排视听设备。

②会议室的色彩和灯光处理。会议室的灯光具有双重功能:一是它能提供所需的照明,二是它可利用其光和影进行室内空间的二次创造。灯光的形式可以从尖利的小针点到漫无边际的无定形式,我们应该用各种照明装置在恰当的部位,以生动的光影效果来丰富室内的空间。

3. 经理室或主管室

高级行政人员办公室是主要供企业(单位)高层行政人员使用的办公空间。

(1)功能组成。从功能上考虑,这类办公室包括事务处理、文秘服务、接待及休息。如图10-22所示。

①事务处理空间。该空间主要是进行日常事务办公的区域。家具主要包括办公桌、文件柜、座椅等,设备包括电脑、电话、传真等。办公家具的款式与造型具有其标志性和象征性。不同的办公空间有不同的环境特点,而办公家具常常成为体现其特点的主要形象。另外,办公家具的选用与布置直接影响到办公环境与办事效率。

②文秘服务空间。该空间主要辅助经理处理日常事务,如待客、收集资料、准备用车等。布置上可设一单独区域,一般安排在办公室外。

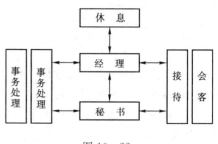

图 10-22

③接待空间。该空间根据办公室大小单独设置一组家具,借助地毯、顶棚或灯光划分出一个空间,虽然是虚拟的,但具有独自的领域感和独立性。

④休息空间。该空间可安排一单独休息室,也可利用现有场地灵活处理。

(2)总经理室的室内设计。

①总经理室的总体布置。结合空间性质和特点组织好空间活动和交通路线,功能区分明确。安排好空间的形式、形状和家具的组、团、排的方式,达到整体和谐的效果。

②总经理室的家具布置。家具在总经理室所占比重较大,因此家具就成为空间表现的重要角色。在进行家具布置时,除了注意其使用功能外,还要利用各种艺术手段,通过家具的形象来表达某种思想和含义。如图 10 - 23 所示。

③总经理办公桌及其配套家具。总经理办公桌在室内处于中心地位,其尺度较大,包括工作活动区,面积在 $7\sim10\mathrm{m}^2$/人左右。其他辅助家具包括文件柜(橱)、电脑桌、装饰柜(橱)、衣帽柜(橱)等。一般来说,柜类家具造型比较简洁、实用性很强。这类柜(橱)在造型手法上往往通过对各点、线、面、棱角的巧妙构画,创造出独特的风格。如图 10 - 24 所示。

④总经理室接待家具。这类家具较多采用沙发及配套茶几等。沙发款式种类繁多,但归根结底不外乎两大类,即单人沙发与多人沙发。

(3)其他高级行政人员办公室的室内设计。

图 10 - 23　　　　　　　　　　　　　　　图 10 - 24

其他高级行政人员办公室主要指企业副总经理、各部门部长等上层职员办公室。这类办公室空间没有总经理室那么宽裕,故在空间安排上较为紧凑。家具常用一体式组合家具,突出其个性。

10.3　餐饮空间设计

10.3.1　概述

"民以食为天"。中国古代的贤哲管子曾说过:"食、色、性也",把"进食"视为人类的本性之一。

(1)餐饮。"餐"为进食,"饮"为液体的食物或饮料,如汤水、酒、茶水等,是补充人体机能消耗的主要营养来源。

（2）空间。辞海中对空间的解释为："物质存在的一种形式,是物质存在的广延性和伸张性的表现。空间是无限和有限的统一。就宇宙而言,空间是无限的,无边无际的;就每一具体的个别事物而言,则空间是有限的。"

（3）主题餐饮空间。主题餐饮空间是一种利用主题文化为内容的餐饮空间。

（4）主题设计。主题设计是以一种主题文化为出发点的并贯通整体设计形式和内容的设计。如图 10 - 25、图 10 - 26 所示。

图 10 - 25　　　　　　　　　　　　　　　图 10 - 26

10.3.2　餐饮空间的构成和分类

1.餐饮空间的构成

主题餐饮空间是以从事饮食烹饪加工及消费服务经营活动为主的带有主题文化内容的餐饮空间。主要由如下几个类别构成：

（1）各饭店、宾馆、酒店、会所、度假村、公寓、娱乐场所中的餐饮系统（包括：各种风味的中、西餐厅及宴会厅、自助餐厅等;酒吧、酒廊;咖啡厅;茶座）。

（2）各营利性餐饮服务机构（包括：各种社会餐厅、餐馆、酒楼;快餐店、食街、风味小食店;各类餐饮连锁店;茶馆、茶楼、茶吧;酒吧;咖啡屋）。

（3）非营利性及半营利性的餐饮服务机构（包括：企事业单位食堂、餐厅;学校、幼儿园的餐厅;医院餐厅）。

（4）监狱餐厅。

（5）军营的饮食服务机构。

2.餐饮空间的功能分类

人们对餐饮空间功能的认识如下：①用餐的场所;②娱乐与休闲的场所;③喜庆的场所;④信息交流的场所;⑤交际的场所;⑥团聚的场所;⑦餐饮文化享受的场所。

3. 主题餐饮的形式

餐饮空间分为如下几类：①东方：中式、日本式、韩国式、泰国式、印度式。②西方：法式、英式、意大利、俄罗斯式、美国西部式、德国式、西班牙式。如图 10 - 27 至图 10 - 32 所示。

图 10 - 27　中式风味餐厅

图 10 - 28　印度风格的西餐厅(1)

图 10 - 29　印度风格的西餐厅(2)

图 10 - 30　西餐厅

图 10-31　英式风格的西餐厅(1)　　　图 10-32　英式风格的西餐厅(2)

4. 主题餐饮空间的经营规模

(1)宴会餐饮空间：主要是用来接待外国来宾或国家大型庆典、高级别的大型团体会议以及宴请接待贵宾之用。

(2)普通餐饮空间：主要是经营传统的高、中、低档次的中餐厅和专营地方特色菜系或专卖某种菜式原材料的专业餐厅,适应机团、企业接待和商务洽谈、小型社交活动、家庭团聚、喜庆宴请等。如图 10-33 所示。

(3)食街、快餐厅：主要经营传统地方小食、点心、风味特色小菜或中、低级档次的方便、快捷的经济饭菜,适应简单、经济、方便、快捷的用餐需要。

(4)西餐厅：西餐厅主要是满足西方人生活饮食习惯的餐厅。其环境采用西式的风格与格调并采用西式的食谱来招待顾客,也分传统主题和地方主题特色西餐厅和综合、休闲式西餐厅。

图 10-33　普通餐饮空间

10.3.3　餐饮空间的设计原则

由于主题餐厅本身经营与管理以及餐饮产品的特性,主题餐厅的设计必须依据一定的原则与理念,成功的设计源自正确的指导思想与原则,同时,主题内容的定位不同也决定了主题餐厅的设计包罗万象、内容繁多,并且关系到各种关联学科。如图 10-34 所示。

主题餐厅设计的理念与原则如下：①以市场为导向原则；②注重符合性及适应性原则；③突出服务性、主题性、文化性、灵活性原则；④多维设计原则(平面设计、立体设计、时空设计、意境设计)。

图 10-34

10.3.4　餐饮空间的设计规划

1.餐饮空间概述

对于现代主题餐饮空间的设计规划是一种区域的分配与布置,是按经营的定位要求和经营管理的规律来划分的。另外,还要求与环保卫生、防疫、消防及安全等特殊要求来同步考虑。一般来说,主题餐饮空间分两个大区域,即餐饮功能区和制作功能区。如餐饮功能区包括门面和顾客进出口功能区、接待和候餐功能区、用餐功能区、服务功能区等,制作功能区包括消毒间、清洗间、血餐间、活鲜区、点心房等。

2.餐饮空间的功能分类

(1)餐饮功能区。

①门面和出入功能区。该区域包括外立面、招牌广告、出入口大门、通道等。如图10-35所示。

②接待和候餐功能区。接待和候餐功能区主要是迎接顾客到来和供客人等候、休息、候餐的区域。

③用餐功能区。用餐功能区是餐饮空间的主要重点功能区。

④配套功能区。配套功能区一般是指餐厅服务的配套设施。

⑤服务功能区。服务功能区也是餐饮空间的主要功能区,主要是为顾客提供用餐服务和经营管理的功能。

(2)制作功能区。制作功能区是餐饮空间的主要重点功能区,又是整个餐厅食物出品制作的心脏。主要设备有消毒柜、菜板台、冰柜、点心机、抽油烟机、库房货架、开水器、炉具、餐车、餐具等。

如图10-36为厨房。

图10-35　　　　　　　　　　　　　　　图10-36

10.3.5　餐饮空间的设计内容

1.主题餐厅设计的内容

主题餐厅设计涉及的范围很广,包括餐厅选址、制作流程、餐厅室内设计、餐厅的设备设计、陈设和装饰等许多方面。

(1)主题餐厅设计的基本内容。

①餐厅外部设计方面。包括:餐厅选址、外观造型设计、标识设计、门面招牌设计、橱窗设计、店外绿化布置、外部灯饰照明设计等。

②餐厅内部造型设计。包括:餐厅室内空间布局设计、餐厅主题风格设计、餐厅主体色彩设计、照明的确定和灯具的选择、家具的配备、选择和摆放等。

(2)主题餐厅设计的应变内容。餐厅设计还有一个重要的环节,便是为餐厅在特定时间或特殊活动发生时进行相应的餐厅设计。常见的有如下:

①各式宴会餐厅设计;②传统节日餐厅设计;③店庆餐厅设计;④美食节餐厅设计;⑤主题活动餐厅设计等。

2.主题餐厅设计的关联学科

作好餐厅的设计必须具备许多方面的知识,例如:餐饮企业经营、管理、服务方面的专业知识;装饰美学类知识;其他相关学科。另外,环境学、心理学、行为科学、人类工程学、民俗学等一系列学科都对餐厅的设计有相应的指导作用。

10.3.6　餐饮空间的设计要点

1.满足功能的内容设计要点

(1)门面出入口功能区是餐厅的第一形象,也称"脸面",最引人注目,容易给人留下深刻的印象。

(2)接待和候餐功能区是承担迎接顾客、休息等候用餐的"过渡"功能区。一般设在用餐功能区的前面或者附近,面积不宜过大,但要精致,设计时要恰如其分,不要过于繁杂,营造出一个放松、安静、休闲、情趣、观赏、文化的候餐环境。

(3)用餐功能区是主题餐饮空间的经营主体区,也是顾客到店的目的功能区,是设计的重点,包括餐厅的室内空间的尺度、分布规划的流畅、功能的布置使用、家具的尺寸和环境的舒适等。

(4)配套功能区是主题餐饮空间的服务区域,也是主题餐厅的档次的象征。主题餐厅的配套设施设计是不应忽视的。

(5)服务功能区是主题餐饮空间的主要功能区,主要为顾客提供用餐服务和营业服务的功能。

(6)厨房的工作空间非常重要,一般的餐厅制作功能区的面积与营业面积比为 3∶7 左右为佳。

2.满足主题内容的设计要点

各类主题餐饮空间的功能性是不同的。就风味餐厅而言,它主要通过提供独特风味的菜品或独特烹调方法的菜品来满足顾客的需要,主要是供应地方特色菜系为多。如风味小吃店、面馆、蛇餐馆、伊斯兰风味餐厅、日本料理等。它的主题特点是具有浓厚的地方特色和民族性。它的设计要点主要如下:

(1)以地区特点为设计要点。设计以突出体现地方特征为宗旨。

(2)以文化内涵为设计要点。如广州"潮人食艺"主题餐厅,是一所取意于广东潮汕地区传统的食艺文化之主题的餐饮空间。

(3)以科技手段为设计要点。随着经济和科技的发展,装饰材料的日新月异,在装饰行业的应用也越来越多。

10.3.7　餐饮空间的设计程序

1.主题餐饮空间的设计程序

(1)调查、了解、分析现场情况和投资数额。

（2）进行市场的分析研究，作好顾客消费的定位和经营形式的决策。

（3）充分考虑并做好原有建筑、空调设备、消防设备、电器设备、照明灯饰、厨房、燃料、环保、后勤等因素与餐厅设计的配合。

（4）确定主题风格、表现手法和主体施工材料，根据主题定位进行空间的功能布局，并作出创意设计方案效果图和创意预想图。

（5）和业主一起会审、修整、定案。

（6）施工图的扩初设计和图纸的制作。如平面图、开花图、地坪图、灯位图、立面图、剖面图、大样图、轴测图、效果图、设计说明、五金配件表等。

主题餐饮空间的设计程序可作如下排列：熟知现场→了解投资→分析经营→考虑因素→决定风格→创意方案图→审核修整→设计表达（平面图、立面图、结构图、效果图、设计说明等）→材料选定→跟进施工→家具选择→装饰陈设→调整完成。

另外，进行餐饮空间设计时，关键是做好目标定位和设计切入两方面的工作。

2. 目标定位

在进行餐饮空间设计时，我们首先要端正自己的价值观，我们的设计是以人为中心的。在餐厅顾客和设计者之间的关系中，应以顾客为先，而不是设计者纯粹的"自我表现"。如：功能、性质、范围、档次、目标；原建筑环境、资金条件以及其他相关因素；等等；这些都是我们必须要考虑的问题。

3. 设计切入

按照定位的要求，进行系统的有目的的设计切入，从总体计划、构思、联想、决策、实施，发挥设计者的创造能力。

10.3.8　餐饮空间的创意设计

主题餐饮空间的创意设计是餐厅总体形象设计的决定因素，它是由功能需要和形象主题概念而决定的。餐饮功能区是主题餐饮空间中进行创意和艺术处理的重点区域，它的创意设计应体现建筑主题思想，是室内设计的延续和深化。

创意设计的关键是设计主题的定位和施工材料的选择和制作技术的配合。

1. 经营形式是主题餐饮空间创意设计定位的关键

内容与形式这一哲学原理是辩证统一的关系。在创意设计中，餐厅的内容表现为餐厅功能内在的要素总和，创意设计的形式则是指餐厅内容的存在方式或结构方式，是某一类功能及结构、材料等的共性特征。在创意设计时，应该充分注意内容与形式的统一。

2. 民俗习惯、地区特色是主题餐饮空间创意设计的源泉

不同的民族有着不同的宗教形态、伦理道德和思维观念。主题餐饮空间作为一种空间形态，它不仅满足着那个民族和地区餐饮活动的需要，而且还在长期的历史发展中，逐渐成为一种文化象征。

3. 时代风貌是主题餐饮空间创意设计的生命力

在主题餐饮空间的创意设计中，要考虑满足当代的餐饮文化活动和人们现代行为模式的需要，积极采用新的装饰概念和装饰技术手段，充分体现具有时代精神的价值观和审美观，还要充分考虑历史文化的延续和发展,因地制宜地采用有民族风格和地方特色的创意设计手法,做到时代感与历史文脉并重。

4.环境因素是主题餐饮空间创意设计的再创造

著名建筑师沙里宁曾说过:"建筑是属于空间中的空间艺术。"整个环境是个大空间,主题餐饮空间是处于其间的小空间,二者之间有着极为密切的依存关系。主题餐饮空间的环境包括有形环境和无形环境,有形环境又包括绿化环境、水体环境、艺术环境等自然环境和建筑景观等人工环境,无形环境主要指人文环境,包括历史、文化和社会、政治因素等。

5.装饰材料和施工技术是主题餐饮空间创意设计的前提条件

由创意构思变为现实的主题餐饮空间,必须要有可供选用的装饰材料和可操作的施工技术。没有两者作为前提条件的保障,所有的创意构思只能是一纸空文。现代材料和结构技术的出现才使得超大跨度建筑空间的实现成为可能。

10.4 展示空间设计

10.4.1 展示空间设计的含义及特征

1.展示空间设计的含义

展示空间设计是指通过对展示空间和环境的重新创造,采用一定的视觉传达手段和造型方式,借助一定的道具设施,将一定量的信息和宣传内容,展示在公众面前,以期对观众的心理、思想与行为产生一定影响的一种综合设计。它包括展(博)览会、博物馆陈列设计、各种室内陈设设计、各类橱窗设计、商业环境设计、演示空间环境设计、庆典环境设计和标志环境设计等。

2.现代展示空间的设计特征

现代展示空间的设计特征具体如下:①开放性;②实物性;③参与性;④综合性;⑤时空性;⑥从属性;⑦多维性;⑧科技性;⑨效益性;⑩系统性。

图 10-37 至图 10-46 所示为不同类型的现代展示空间效果。

图 10-37 现代展示空间(1)

图 10 - 38 现代展示空间(2)

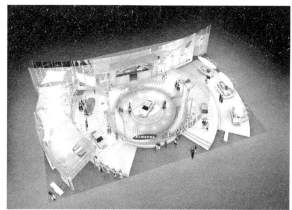

图 10 - 39 现代展示空间(3)

图 10 - 40 现代展示空间(4)

图 10-41　现代展示空间(5)

图 10-42　现代展示空间(6)

图 10-43　现代展示空间(7)

图 10-44 现代展示空间（8）

图 10-45 现代展示空间（9）

图 10-46 现代展示空间（10）

10.4.2 展示空间设计的程序

1.展会的前期准备工作

（1）前期的筹办机构。在明确展示会的级别、规模、人数、内容、形式、时间、资金及社会的公共关系的基础上，组建相应的组织机构，对展会的筹办进行策划和安排。

（2）展会的文案工作。按展会筹办机构的要求，编写关于展示会各项工作的指导性文件并编写展会的各种文案工作，如市场调查分析、可行性研究报告、展会组织工作的筹备提案、展会的指导思想及展示的内容、展会的定位等。

（3）展会的实施工作。展会的实施工作是指在展会筹办机构的领导下,按照展会有关指导文件的内容和精神,对各项具体工作的执行和落实。

（4）展会的整体形象设计。根据展会的功能、特点而制订展会总体设计的方案,运用设计的手段表现出可视的空间与可视的形象。包括以下内容:①展示会的会徽设计;②展示会的专用色彩设计;③展示会的吉祥物及旗帜设计。

2.展示空间的布局设计

展会空间布局设计包括:

(1)外部空间:展览会周围的环境空间、前厅、货场、停车场等。

(2)内部空间:各展示和演出空间、各种洽谈接待空间等。

(3)辅助空间:包括连接过度共用空间、配套服务空间及共享空间。

(4)其他空间:展览会展示场地具备的基本功能空间,即展示空间。

展会空间设计布局包括对展示活动的策划与组织,对展示主题的创意与深化,对展示环境及模具的制作与施工。具体内容有平面图、立面图、效果图、模型、施工图、设计说明、电器照明配置、材料表及施工时间表、工程预算报表等。

10.4.3　展示空间设计的形式

常用的展示设计形式主要有以下几种:①版面式:是一种流动性、临时性展示形式,一般用在短期的展览会或展销活动中,主要由拼装式的结构组成。②橱窗式。③摊位式。④洽谈式。⑤甬道式。⑥中心式。⑦多层复式。⑧空中式。⑨模拟式。⑩景观式。

10.4.4　展品陈列设计

1.展品陈列与人的心理

人在接触和感受外界事物的过程中,会经过"看到—注视—兴趣—了解—认识—接纳"整个心理发生过程。

2.展品陈列手法

(1)专题性。选某一种产品,某一题目或某一品牌作为展览的核心,,类似或接近该专题的展品等组成一个展览会。

(2)分类性陈列。将某类展品的某种个性作为分界,使展品按相同之处进行分类,方便参观者了解、对比。

(3)综合性陈列。

(4)季节性陈列。

(5)节日性陈列。

10.5　旅游建筑、宾馆大堂设计

10.5.1　旅游建筑室内设计

旅游建筑包括酒店、饭店、宾馆、度假村等。旅游建筑常以环境优美、交通方便、服务周到、风格独特而吸引四方游客,其室内装修也因条件不同而各异。特别在反映民族特色、地方风格、乡土情调、结合现代化设施等方面,予以精心考虑——使游人在旅游期间,除了满足舒适生活要求外,还能了解异国他乡民情风格,扩大视野,增加新鲜知识,从而达到丰富生活、调剂生活的作用,赋予旅游活动游憩性、知识性、健康性等内涵。

10.5.2 旅馆设计特点

旅馆的服务对象——旅客——虽来自四面八方,有不同的要求和目的,但作为外出旅游的共同心态,常是一致的,一般体现在以下几方面:①向往新事物的心态;②向往自然、调节紧张心理的心态;③向往增进知识、开阔眼界的心态;④怀旧感和乡情观念。

图 10-47 至图 10-49 所示为旅馆空间效果。

图 10-47　旅馆空间(1)　　　　图 10-48　旅馆空间(2)　　　　图 10-49　旅馆空间(3)

10.5.3 旅馆建筑室内设计

根据旅客的特殊心态,旅馆建筑室内设计应特别强调下列几点:①充分反映当地自然和人文特色。②重视民族风格、乡土文化的表现。③创造返璞归真、回归自然的环境。④建立充满人情味以及思古之幽情的情调。⑤创建能留下深刻记忆的难忘的建筑品格。

10.5.4 大堂的室内设计

旅店大堂是旅店前厅部的主要厅室,它常和门厅直接联系,一般设在底层,也有设在二层的,或和门厅合二为一。大堂内部主要可进行如下布置:

(1)总服务台。一般设在入口附近,且位于大堂较明显的地方,使旅客入厅就能看到,总台的主要设备有房间状况控制者、留言及锁钥存放架、保险箱资料架等。

(2)大堂副经理办公桌布置在大堂一角,以便于处理前厅业务。

(3)休息区应作为旅客进店、结账、接待、休息之用,常选择布置在方便登记、不受干扰、有良好的环境之处。

(4)布置有关旅店的业务内容、位置等标牌及摆放宣传资料的设施。

(5)可提供供应酒水、小卖部等区域,这些区域有时和休息应区结合布置。

(6)钢琴或有点的娱乐设施。

大堂是获得旅客第一印象和最后印象主要场所,是旅店的窗口,为旅客集中和必经之地,因此大多旅店均把它视为室内装饰的重点,集空间、家具、陈设、绿化、照明、材料等之精华于一厅。很多饭店把大堂和中庭相结合成为整个建筑之核心和重要景观之地。因此,大堂设计除上述功能安排外,在空间上,宜比一般厅堂高大宽敞,以显示其建筑的核心作用,并留有一定的墙面作为重点装饰之用(如绘画、浮雕等),在材料选择上,显然应用高档天然材料、石材以起到庄重、华贵的作用,高级木装修显得亲切、温馨,至于不锈钢、镜面玻璃等也有所用,但应避免商业气息过重,因为这些材料在商店中已有之,就用。大堂地面常用花岗石,局部休息处可考虑地毯,墙柱面可以与地面统一,如花岗石有时也用涂料,顶棚一般用石膏板和大理石或高级木装修。

如图 10 - 50 至图 10 - 68 所示,为旅馆大堂空间、走廊空间、休闲空间、餐饮空间及其内部空间效果图。

图 10 - 50　旅馆大堂空间(1)

图 10 - 51　旅馆大堂空间(2)

图 10-52 旅馆走廊空间(1)

图 10-53 旅馆空间

图 10-54　旅馆走廊空间(2)

图 10-55　旅馆走廊空间(3)

图 10 - 56 旅馆空间(1)

图 10 - 57 旅馆休闲空间

图 10-58　旅馆餐饮空间(1)

图 10-59　旅馆卫生间

图 10-60　旅馆餐饮空间(2)

图 10-61　旅馆餐饮空间(3)

图 10-62　旅馆空间(2)

图 10-63　旅馆空间(3)

图 10-64　旅馆空间(4)

图 10-65　旅馆空间(5)

图 10 - 66　旅馆空间(6)

图 10 - 67　旅馆空间(7)

图 10 - 68　旅馆空间(8)

10.6　文化场馆、博览建筑设计

10.6.1　概述

1.博览建筑的性质与任务

博览建筑是供搜集、保管、研究、陈列有关自然、历史、文化、艺术、科学技术的实物与标本的公共建筑。

博览建筑是人类物质文化、精神文化和自然标本的重要储存库,也是人们从事各种科学研

259

究,用现代的陈列方法对科学技术进行展览,以提高人民文化素质的重要文化基地。

博览建筑的三大中心任务是收集保管、科学研究、文化教育(通过藏品的陈列展出)三者紧密联系。由于博览建筑的类型和藏品的性质不同也各有侧重。

如图10-69、图10-70为文化博鉴空间效果图。

图10-69　文化博览空间(1)

2.博览建筑发展概况

西方早期的博览建筑是供奉女神的殿堂,公元285年,埃及非拉德非亚大帝建亚历山大宫,设讲演室,植物园作为研究所,这是最早的博览建筑,早期博览建筑的藏品,只限于教皇、君王、贵族、富豪的艺术品和珍宝。

中世纪由于教民对教皇遗物的崇拜,对大量的美术品建立了专门的房间,组织陈列展出;文艺复兴时期,对古代藏品进行了保存展览比较研究,从普及文化到科学研究,各国开始建立陈列馆、美术馆、博物馆。19世纪工业革命后,由于自然科学的普及与发展,对于科学资料的搜集、保管、整理、陈列展出等形成了科学体系,使美术馆,博物馆得到了很好的发展,各国先后建立了各类公共博物馆,加之君王的退位、宫殿、城堡内部保存的艺术珍品对公众开放,1875年,法国卢浮宫将所藏的美术品公开展出,就是突出的例子。如图10-71、图10-72、图10-73所示。

图10-70　文化博览空间(2)　　　　　图10-71　卢浮宫

图 10-72　卢浮宫内景（1）　　　　　图 10-73　卢浮宫内景（2）

卢浮宫位于巴黎市中心的塞纳河北岸，是欧洲最宏大宫殿建筑群之一。中世纪时，卢浮宫只是一座存放王宫档案和珍宝的城堡，从十六世纪起修建，因耗时长，耗资巨，到拿破仑三世才竣工，分为古代埃及艺术馆、古代东方艺术、古希腊罗马艺术、中世纪文艺复兴和现代雕塑艺术、绘画艺术和装饰艺术六个部分。

1920 年，博览建筑在科学技术的推动下，应用新设备、新的彩光方法，对旧的博物馆进行了改造。近代由于新技术的发展，展出方式有了很大的改进，博览建筑在平面布局、功能组织、空间组合上也有极大变化；西方举办的国际博览会，其创造新的陈列方式、引进新的技术设备，对于博览建筑的发展具有深远的影响。

3. 中国博览建筑的发展

中国早期殷商时代就有保存典册的府库。公元前 1047 年周武王迁"鼎"到洛阳，公元前 296 年，楚兴师以求九"鼎"，"鼎"当时作为国宝，就有专门保存的地方。宋代在西安建立了碑林（即陕西省博物馆的前身），是我国最早较为完整的博览建筑。

1883 年在上海徐家汇，法国人建立了震旦博物馆，1924 年北京成立了故宫博物院。

1958 年，北京、上海等大中城市，为适应工农业的迅猛发展，建立了大型的展馆，建国十周年，北京的十大建筑中，就有五个是博览建筑，即北京农业展览馆、中国革命和历史博物馆、军事博物馆、中国美术馆、北京民族文化宫。这些建筑无论是从规模、平面布局、流线组织、新技术的应用及立面造型等方面都有了较大的变化。

经济的发展也促进了建筑遗迹的发掘与整理，在原建筑遗址的基础上，修建了大型的博物馆。例如，西安半坡村博物馆、昌平地下宫殿、自贡市恐龙博物馆、西安兵马俑博物馆等。这些博物馆在国内都享有盛誉。20 世纪 70 年代以来，全国大多数城市都建立了不同规模的展览馆。

4. 我国当前博览建筑的发展与建设

博览建筑作为提高国民文化素质的重要基地，其重要性是不言而喻的。正如全国科技大会所指出的：为了实现四个现代化，要办好科技馆、博物馆、展览馆，有条件的大中城市要新建或扩建科技馆、自然博物馆。在这一精神指导下，博览建筑拓宽了它已有的领域，产生了新的类型，作为文化建筑的重要课题，得到了广泛的重视和关注。全国各省、市、自治区都有了自己的博物馆。

随着古遗址与革命文物的保存,各类纪念馆得到了发展。为便于对外交流,各城市建立了展览中心和展览馆。如北京展览中心、天津展览中心、上海展览中心等,是其中规模较大者。

中小城市文化馆的发展充实了博览建筑的内容。文化馆的性质是一种综合性的文化中心,其中包括有陈列部分,起到了博览建筑的作用。这对于全国形成博览建筑的网络具有积极的意义。

10.6.2　博览建筑组成及功能分析

1.博览建筑的组成内容

博览建筑的规模性质不同,组成内容各异。就当前国办外博览建筑的组成看,大多包括六大部分,即藏品贮存、科学研究、陈列展出、修复加工、群众服务、行政管理。随着博览建筑任务及性质有不同,各部分有不同的侧重和强化,使之其有不同的特点和个性。

(1)藏品储存部分。藏品储存部分包括接纳、登记、编目、暂存库房、永久库房、特殊库房、消毒间。

(2)科学研究部分。科学研究部分包括各种专业的分析室、鉴定室、试验室、研究室、摄影室、编目室、资料室、阅览室等,作为美术馆、艺术博物馆、还有一定数量的工作室。

(3)陈列展出部分。陈列展出部分包括基本陈列室、专题陈列室、临时陈列室,以适应社会的不同要求,大型博览建筑没有室外展场,以展出大型机械和陈列古代兵器。雕塑博物馆设有室外雕塑陈列场,农业展览馆有时需设室外培植场。

(4)修复加工部分。修复加工部分包括各种技术用房,如植型室、标本室、加工房、修复工场、文物复制、展品加工等。作为展览馆,其修复加工一般置向面积较小,多利用陈列室临时制作加工。

(5)群众服务部分。群众服务部分包括集会厅、报告厅、放映厅(有并为一个)、咨询室、资料室、培训部以纪念品销售部、小卖部、茶室、小吃部、文化服务设施、休息室、停车场,设有文娱、游乐和商业部分。目的为了扩大业务范围。

(6)行政管理部分。行政管理部分包括行政办公、会议、接待、信息中心,对外交流及库房等。

2.博览建筑功能关系分析

(1)主要组成部分关系。根据博览建筑六大组成部分,其相互间的关系可利用图式进行原则性的排列如图10-74所示,该图使得把握主要空间的关系变得十分清晰。

(2)博览建筑功能亲系。博览建筑六大组成部分,按建筑的不同性质和规模有不同的侧重,陈列室、陈列馆、美术馆、纪念馆、展览馆、博物馆的功能关系分别如图10-74所示。

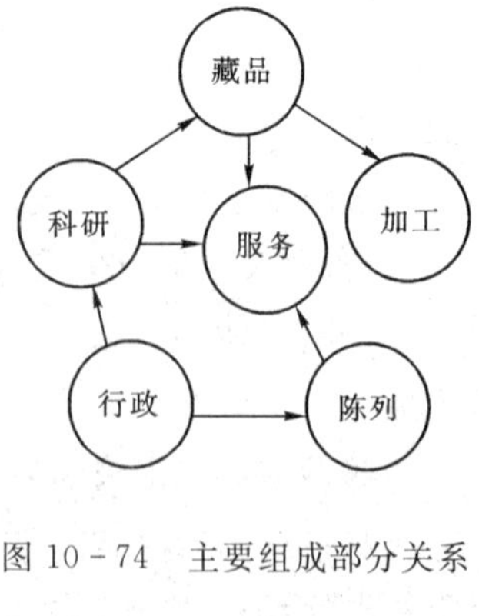

10.6.3　博览建筑设计基本要求

1.博览建筑基地的选择

(1)博览建筑是城市的重要文化教育建筑基地之一,在城市总体规划中应选定较为恰当的位置。一般多位于城市社会活动中心地区,城市近部或临近城市公园附近。

图10-74　主要组成部分关系

（2）博览建筑的观众流量较大，应有较方便的交通条件和足够的停车面积，以利于人流的集散。

（3）博览建筑选址应选在具有幽静的环境和开阔的视野的地段。

（4）基地应尽量不受烟尘和有害气体污染，以免影响藏品的保存。

（5）基地应有完善的市政配套设施，各种水电煤气管线考虑周详。

（6）基地应为藏品的展品运送创造便利的条件。

（7）基地应有能满足为观众服务的设施和休息空间，必要时可与江湖水泊、公园绿地相结合，充分利用城市已有的公共服务设施和文化娱乐场所。

（8）基地应远离噪声源，易燃易爆储存库。

（9）基地充分利用旧建筑的改建和扩建，把博览建筑的发展与古建筑的保护结合起来。

（10）利用石窟、建筑遗址等而建设的博览建筑，要充分保护石窟原样，历史古迹要留足够的保护空间，以免对保护对象产生遮挡和破坏。

2.陈列展出的要求

（1）博览建筑的陈列展出是其主要任务，是博览建筑的主体，一般占建筑总面积的 $30\%\sim50\%$ ，有的高达 80% 。

（2）陈列展出，要有适度的空间，以便有效地布置展品。

①要求足够的墙面，以便于布置橱柜与版面陈列。

②陈列室应有足够的活动面积，有周旋的余地，以利于观众的逗留。

③应为观众提供观看展品的良好视觉条件。

（3）陈列空间应有良好的采光、照明、通风和隔间条件。

（4）陈列室内参观路线要求连贯，短捷，又具有灵活性，但需简洁、明晰，给观众以明确的导向。

（5）陈列室内应考虑各种陈列台、陈列柜、陈列橱、陈列架以及各种灵活阁架的布置和固定问题。

（6）陈列室除备有必要的陈列库（可供专业人员参观）外，室外应考虑必要的陈列场地，如表演水池、培植场（农业展览、花卉展览）及陈列园（雕塑陈列），有的室外展场需设置各种特殊的台、架、构筑物等，以便于室外陈列。

（7）陈列空间应考虑展品的各种悬挂、固定，运输设备，配备足够的电力插孔。

（8）陈列室内应为观众安排良好的休息环境和必要的服务设施。

（9）陈列室内的尺度、色调、墙面、顶棚、地板厚度等，应满足陈列展出的要求。

（10）陈列室应充分利用现代科技成果，拟提高陈列展出的效果，如电声设备、自动控制、光线调节等。

如图 10-75、图 10-76 所示。

图 10-75 陈列室空间

图 10-76 陈列室空间

3.博览建筑造型要求

(1)博览建筑反映一个地区或国家的文化艺术特色和科学技术水平,具有强烈的表现性(见图 10-77)。

①体气势是博览建筑共同反映的一个特点,它有助于加强建筑体形力度的展现。

②建筑群体的完整统一,取得建筑与环境的协调是十分重要的因素。

③博览建筑作为一个国家、民族、地区的重点建筑,在建筑上常利用必要的建筑符号和信息加以强化。

(2)博览建筑内部运转的特点一般以水平运转为陈列展出(见图 10-78)层数多为 3～4 层,随着垂直升降运输工具的发展,也出现了多层与高层的博览建筑,这要设置建筑的电梯、自动扶梯、自动步道的设施。

图 10-77 博览建筑造型

图 10-78 博览建筑内部造型

(3)博览建筑的体型方面,色彩、装修应力求简洁、明快、大方,以烘托千姿百态的陈列展出,体现博览建筑的格调(见图 10-79)。

图 10-79 博览建筑造型及色彩

(4)博览建筑充分利用科学技术发展的成就,以加强建筑的表现(见图 10-80)。

图 10-80 博览建筑(1)

(5)对于博览建筑模式,一般认为应具有传统造型,这是一种误解。其产生的原因是我国过去多利用庙宇、古宅等加以扩充改建而成,必然残留有古典建筑的痕迹,西方博览建筑早期亦多利用教堂、皇宫加以扩充扩大整修而成,亦含有古典色彩(见图 10-81)。

图 10-81 博览建筑(2)

（6）大型博览建筑在建筑造型上还包含一定的深层哲理,深化了博览建筑自身的价值。如上海博物馆新馆(见图10-82)。

图10-82　博览建筑(3)

（7）陈列室因规模小,多位于公园或风景区,应充分发挥环境中的山、水、绿化条件,并利用必要的建筑小品加以充实、补充,使求知寓于游憩之中,给人以美的享受(见图10-83)。

图10-83　博览建筑(4)

10.6.6　博览建筑陈列室设计

1.陈列室的相关要求

陈列室设计由于展品特点、陈列方式、展品陈列与参观人流的关系、室内环境条件等的不同,对陈列室的要求也各有不同。同时,由于博览建筑性质与任务不同,陈列室的人流路线、陈列特点与室内环境气氛都有很大差异,设计时应予以区别对待。图10-84为博览建筑陈列室。

图 10 - 84 博览建筑陈列室(1)

美术馆陈列室的主要陈列品是图片、绘画、美术作品等,因而要求陈列的墙面要大,室内环境与采光照明等要求较高(见图 10 - 85)。

图 10-85　博览建筑陈列室(2)

　　由于陈列品的不同,博物馆的陈列室需要的家具和设备也不同,家具和设备的变化以及到不同的陈列方式与人流、流线的组织,各陈列室之间的相应关系等也不同。如图 10-86 所示。

图 10-86　博览建筑陈列室(3)

　　(1)陈列室面积。根据展品的特点,陈列室的面积大小有很大差别。通常陈列密度(展品的件数/陈列面积 m²)大件为 0.5,小件为 1.5,一般陈列密度为 1。

　　(2)陈列室平面与立面形式。陈列室平面与立面形式取决于展品的性质与特点,并能满足自然采光与照明。

　　①方形平面。方形平面各边距等长,靠角的部位若是采用自然采光,则光线较弱,且角部两侧墙面陈列的展品在游客参观时易造成阴滞现象。由于参观者在陈列室中间可以目击陈列室的全貌,如人流由一方进入,容易损失另一方的陈列面积,故有的陈列室采取由角端进入陈列室的设计手法,以扩大陈列墙面。

②矩形平面。陈列室采用矩形平面的较多,其主要原因是便于平面组织、参观人流线的安排,陈列墙面的利用以自然采光处理,对于结构的布置也较为灵活。故大多数的博览建筑的陈列室多为矩形平面。

③角形陈列室。有时为适应地形或组织变化的需要,会将陈列室的平面作成各种变形。角形的平面有多种形式,常见的有三角形、六边形及八边形。三角形、系利用角部布置一些场景,以取得特殊效果,如美国国家美术馆,车馆与其伴随出现的梯形、棱形平面(见图 10-87)。

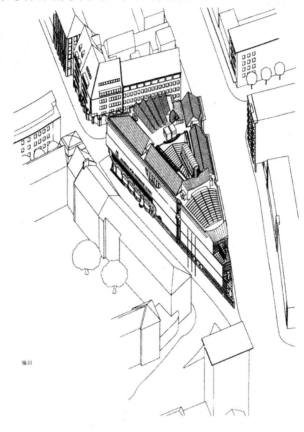

图 10-87 博览建筑

④圆形陈列室。有些博物馆的陈列室,如天象馆、气象馆等多采用圆形平面,这种平面形式有利于参观流线和创造独特的建筑艺术效果(见图 10-88)。

⑤自由式平面。由于建筑的表现,出现各种自由式的平面,一般都出现在小型的陈列室和美术馆(见图 10-89)。

图 10-88　博览建筑陈列室　　　　　　　图 10-89　博览建筑陈列室

（3）陈列室展品陈列方式与人流组织。为求得不同的陈列展出效果，结合展品不同的性质与特点，应采取恰当的陈列方式。

①大型雕刻、立雕陈列。观众观察的范围一般是既能远观，也能近看，其要求的空间大，可以较为自由地布置，以便从不同的角度来欣赏展品（见图 10-90）。

②生态环境陈列。为反映物象当时的环境条件、事件的性质及动植物或古民族的生长条件与习性，需要采用生态环境陈列，这时就需要有特定的空间加以组织，参观的人流一般大一些，有时还会出现聚集现象，需要在生态陈前面有一定的活动空间。

③历史性的陈列布置。为使观众有一价目连续的印象，其前后的陈列布置具有连贯性，无论是采用橱柜，陈列版面或陈列台都应量线形陈列，其中人流组织也具有连贯性，二者应很好地结合加以统一研究，不能彼此割裂。

④陈列室内的人流。陈列室内的人流是整个平面布置的一个组成部分，前后衔接要自然通畅，便于观众秩序性地参观，个别陈列展出要留有一定的周转和活动面积，在人流转弯处或陈列室的角部边缘最好少布置或不布置展品（见图 10-91）。

图 10-90　博览建筑陈列室　　　　　　　图 10-91　博览建筑陈列室

（4）陈列室内视条件。

①陈列室的内视条件，关系到陈列空间尺度和观众观赏展品的效果。

②陈列室内要进行必要的视觉分析，以确定陈列室的恰当空间度与宽度，同时也相应地照顾到空间的比例关系。

③展品尺度与性质不同，其要求的视觉条件也各异，大幅的壁画要满足远观效果，精细的展品要创造近观细看的条件（见图10-92）。

（5）陈列室的空间环境。

①陈列室内的环境，应以适当的背景烘托展品以加强陈列效果，力求达到简洁明快，使展品目标醒目。

②陈列橱柜等，都应做到规律性与次序感，以与整个展览内容相协调，便于集中观众的注意力。

（6）陈列室展品的防护。陈列室内的展品，应考虑防火、防潮、防尘、防晒、防盗及其他必要的防护措施（见图10-93）。

图10-92　博览建筑陈列室

图10-93　博览建筑陈列室

（7）陈列室内为观众提供必要的参观条件。观众在参观过程中有时要进行研究、抄录、休息、问询、洽谈等活动，因而有些陈列室应提供相应的条件。如绘画室要有，历史室要设小桌供抄写使用（见图10-94）。

2.陈列方式与陈列室设计

（1）展品特点与陈列室设计。各类展品的不同陈列对陈列室要求都有不同具体要求，从我国博览建筑来看，主要展品可分为绘画、工艺品、雕塑、革命事迹及历史文物、生产技术资料、自然标本、机械、车辆、模型、遗址保存及生态陈列架。各种陈列展出的空间都有不同的要求。

①大体积展品的陈列。电器机械、运输机械等，因为尺度大，陈列室除满足展品陈列展出的空间尺度外，还要考虑展品的运输条件等，可使室内陈列与室外展出的场地相配合，以满足大型展品的要求。

图 10-94　博览建筑陈列室

②小型、精细的展品陈列。为便于展品保管和集中观众的位意力,小型精细的展品陈列空间都偏小,有时为加强展品的展出效果,将若干小型展品布置在垂直的陈列橱柜中或平面的陈列台上,并用深色的背景予以衬托,以求突出。

③文化遗址。文化遗址是在遗址的保护基础上对人们进行开放,陈列室根据遗址保持的范围,结合参观路线进行合理的组织。陈列室的形式与尺度,则按文化遗址的特点而定。如西安半坡博物馆等。

④特种展品的陈列。根据展品的大小和尺度及参观的要求,有些特殊展品应单独修建陈列室(见图 10-95)。

图 10-95　博览建筑陈列室

(2)展品陈列方式。按展品特点选择恰当的陈列方式,是陈列室的核心。陈列方式不同,对人流组织、空间尺度起着决定性的作用。目前博览建筑采用的陈列方式主要有版面陈列、立体陈列、橱柜陈列、场景陈列、生态陈列等。书法、绘画、摄影等采用单线版面陈列外,其他多采用综合性的陈列方式,在一个馆或一个陈列室内可采用不同的陈列方式。陈列方式主要应按观众对展品的观察的方式而定。

①版式面陈列。版面陈列在美术馆、历史博物馆内用得较多,陈列室内有足够的陈列墙面,以便布置展品,为增加陈列室内的陈列墙面,一是在室内增加隔墙,用临时性的隔板来扩大陈列墙面;二是采用高窗或顶窗采光(见图 10-96)。

②立体陈列。凡是展品需整体展出时,不但要有大的空间,而且要求充足的光照条件(见

图 10 - 97)。

图 10 - 96　博览建筑陈列室　　　　　　　图 10 - 97　博览建筑陈列室

③橱柜陈列。对于书籍文物、工艺美术、标本等多采用一定尺度的橱柜进行陈列展出,一方面便于展品的组织与保护,另一方面也可以利用橱柜内的局部照时,以加强展品的表现效果(见图 10 - 98)。

④景象陈列。景象陈列是自然博物馆、历史博物馆、水旅馆以及其他场馆对需要展出对象利用主体空间环境表现展品栩栩如生的生动面貌的一种阵列方式。它能使观众生动地观察展出的对象,是当前最为常用的方式。景象陈列将展出对象置于一个立体的景象之中,通过环境的衬托与灯光的照射,以强化展出对象,故又称景箱陈列。

⑤生态陈列。生态陈列在博览建筑中是较为复杂的一种陈列方式。它不但要解决陈列展出的效果和人流路线的组织,更重要的是满足展出对象的生态环境或展出对象生活条件的再现。一般在陈列室中占有特殊的地段,加以特殊处理,是陈列中较为醒目的对象。

根据对象,生态陈列有四种方式,具体如下:

A.反映动植物的生态环境。如水族馆、鱼类、两柄类、淡水生物或水的供应方式不同就有很大差别。

B.历史上人类的社会生活的生态陈列,要布置原有的生活环境,方能正确地表达历史的真实性。

C.为适应鱼类的生活条件,陈列室可与鱼池结合。

3.展品陈列与观众组织

(1)陈列布置与人流组织。陈列布置采用的方法与陈列室的进深有关。陈列室的进深不同要采用不同的陈列方式,一般分为单线、双线和复线三种。

①单线陈列。陈列室深度在 6m 左右时,由于人们观察展品需要一定的视距和交通面积,只能单线顺序地进行参观。如在陈列室内设置隔板,则陈列室的深度应相应地加大。这种方式适合于贯通式的平面组合。

②双线陈列。当陈列室进深在 9m 以上时,应采用双线陈列,视陈列展品的不同,布置时各有侧重;进深在 9m 左右时,陈列布置宜集中在一侧,另一侧作版面陈列或人流回流道路;陈

列室在 12m 左右时,陈列室两侧都可进行陈列布置;如陈列室进深在 15m 左右时,陈列室两侧都可设置隔板。

③复线陈列。陈列室进度为 18m 左右时,陈列布置可采用三线或四线的陈列布置,有时也可采用观众自由选择参观对象的陈列布置方式,根据展品具体情况进行合理的组织,由于大厅进深大,一般都采用复线陈列组织。

4.陈列室入口与人展组织

陈列室入口的多少和所在方位,直接影响陈列室人流的流向,根据其特点,人流线路有以下几种:

(1)回流线路。陈列室的出入口在同一位置,人流线路成回流线路,这种情况,出入口最好在陈列室一端或中部,如设在一侧时,出入口应设在两个角部,以免产生人流聚集现象。

(2)顺层线路。陈列室出入口分别在陈列室两翼,人流路线呈单向顺序组织,具有清晰的连续性。展出设施采用版面陈列与橱柜陈列,历史博物馆常采用这种方法。

(3)自由路线。如陈列室进深较大或大厅中采用立体陈列或采单元陈列方式,则人流线路不是单一的明晰线路,人流流向会产生多向的"渗流"现象,也可称渗流线路,整个陈列室只有总的进口和出口,反映总的前进趋向,在前进过程中,观众可以自由选择参观对象。

(4)随意线路。在博览会中,室内外陈列相结合的陈列以及商品陈列等,是以陈列内容的特点来吸收观众的,如出入口设置较多,人流线路会产生不定向的"紊流"现象。陈列室在这种情况下大多设置成开敞式陈列室,室内外空间结合,出入口不加限定,可以随意通过,有回旋的余地。

 **案例分析**

办公空间设计

1.办公场所一般概念

(1)人性空间。

(2)生态空间。

(3)作为人文载体的空间。

(4)作为机构形象表现者的空间。

2.室内环境分析

中庭是整个建筑的亮点,是龙之睛。建筑中的中庭由于引入了阳光,将周边环绕的空间聚合在一起,形成一个内部庭院,以供大家休闲交流、集会展示等使用。原建筑设计中,对于中庭的生活是这样安排的:中央 200 平方米的部分是中庭,提供咖啡休息的功能,周边是大小不等的会议室。如此的生活对整个大楼来说,没有吸引人来到中庭的功能,在楼内的一般办公人员不会有特别的需要非要到这层来,外来的访客更不知道这层能够对外开放,前来使用会议的人也几乎无暇在这个咖啡休闲区中一览中庭的高大壮观(见图 10-99)。

会议功能不能为中庭带来生命。要想让中庭真正活起来,必须围绕中庭设置适当的功能,既然是办公大楼中的一个舒缓放松空间,休闲功能自是首选,单单是一个咖啡区还不能充分控制全局,需要配合以辅助休闲功能,给人提供多种不同的选择,从忙碌的上班族的午间小到匆匆访客的驻足停留,乃至为办公需要提供商业的服务,提供杂志书刊的阅览,为会客洽谈提供

图 10 - 99　中庭设计效果

非正式的场所,这些功能正是为中庭设计的一种生活模式。

中庭是建筑中的亮点,功能上调整之后,怎样进一步让它亮起来是成败的关键。

我们希望在有限的空间中弥补建筑的不足,充分展现我们所希望的生活状态。原建筑空间是个狭小而高耸的共享空间,阳光不能直射空间底部,中央空间虽处于建筑的核心部分,却缺乏成为核心的空间效果。

缺乏阳光,我们就强行制造阳光,在适当楼层设置舞台灯光,模拟太阳高度角,以平行直射光照射中庭底部,把中庭内的咖啡区抬离地面大约 750 厘米,形成一个小舞台,四周以黑色铁艺搭构屋形结构,其意象来自

图 10 - 100　改造后的效果

中式木构建筑,屋架的顶部以白色布幔悬垂作为软屋顶,屋架四周以同样的白色布幔垂帘抽象墙体的概念(见图 10 - 100)。

3. 总裁办公室的设计概念

全部办公空间划分了四个部分,通过一个小小的门厅的转折,首先进入日常办公区(见图 10 - 101),用较大的空间,少量而精致的家具,体现使用者的地位,必需的各种办公设施和家具完全符合现代办公的需要。主人座椅背后通常的大面积书橱经过仔细分析被小巧的书柜和大面积的背景墙所取代,并且以两个摆放个性装饰品的地台突显主人的高尚品位(见图 10 - 102)。

图 10 - 101　办公区走廊

图 10 - 102　总裁办公室

大量的书籍资料被放置在背景墙后面的书房里,书房与办公区没有门的界限,空间流动而不显露,办公区那宽大夸张的办公台与书房里文雅宁静的中式写字台清楚地表明了两个间的

性格差异。办公区所显示的庄重豪华转化为书房里的儒雅内敛。

与办公区相连的另一端是半开敞的会谈区,一道中式隔断连接起两个空间。卧室位于尽端,安静私密,不会被外人打扰。至此,作为家的概念的私人办公室就为四种生活模式提供了最好的诠释。设计与生活的关系再一次得到正确的实践。

 **综合训练**

公装空间设计

题目:中国银行某市分行行长办公室设计(见图10-103)。

具体要求:绘制平面布置图;绘制透视表现草图。

工程概况:层高4500mm,墙厚240mm,框架结构。

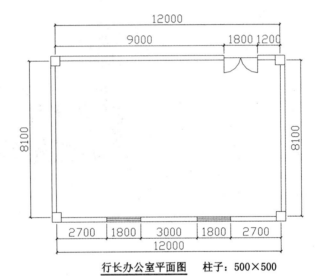

行长办公室平面图 柱子:500×500

图 10-103

第二篇　家装空间设计实务

项目 1
住宅室内空间设计任务分析

课题 1　室内设计的目的及概念

1.1　室内设计的目的

住宅室内设计(俗称家装设计)是人类为提高自己居住环境质量,有意识地进行的将住宅室内空间理想化、舒适化的创造性活动。它的任务是在住宅内部运用物质技术及艺术手段,改善住宅的室内物理环境,根据室内空间的使用要求进行子空间的分割和调整,并进行装饰和艺术性陈列,创造出功能合理、舒适美观、符合居住者生理、心理要求的内部空间环境,以满足人们的物质与精神的双重需求。

进行住宅室内设计,应当先考虑如何满足人们在物质层面上的需要。例如:进门处如何换鞋,餐厅必须能容纳几个人同时进餐,小孩有无安静的学习场所,冰箱和洗衣机放在哪里,家里有没有足够的储物空间,哪些地方需要装上电源插座等等。只有把人们当前的和潜在的各种使用功能的要求都考虑到了,才能最大限度地增加人们生活的舒适感。

住宅室内设计又一定不能忘记自己在精神层面上的使命,即创造使居住者身心愉悦、具有文化价值的室内环境。住宅空间内部的色彩、装饰、界面材质、家具款式、光线、绿化和空间造型等,既折射出居住者的精神世界和文化品位,又无不以微妙的方式影响着居住者的心情和健康,是住宅室内设计的更高层次。

因此,住宅室内设计通常涉及环境设计与装饰设计两大方面。在环境设计中,主要考虑空间规划(室内平面功能分析与布置以及在此基础上进行的室内空间的组织、调整和再创造)、人机工程学原理的运用(室内空间尺寸、室内用品尺寸的把握)、室内环境设备(水电、通风、采暖、电器)、室内声光环境(采光、照明和音质效果)、室内建材(室内空间各界面装饰材料的选用);在装饰设计中,主要思考室内色彩(根据所选择的风格确定室内主色调和色彩配置)、室内家具与陈设品(家具、灯具、艺术品、绿化等)、装饰元素(室内界面的装饰方法)和装饰纹理(装饰材料的纹饰和肌理)。在实际的设计过程中,这两大部分往往又相互交织。

住宅室内设计方案一般不是由室内设计师单方面决定的,它必然受到建筑技术、使用功能、社会环境、居住者的行为心理和经济条件等因素的制约(什么样的房子、做什么用途、当前流行时尚如何、业主的文化水平和审美倾向如何、能投资多少等),尊重并研究这些制约条件,是住宅室内设计取得成功的前提。

在国际上,室内空间设计的基本定位是 SHCB 原则:即 safety(安全)、health(健康)、comfort(舒适)、beauty(美观)。在这一梯阶顺序结构中,安全是至高无上的,因此室内设计师必须有强烈的安全意识,熟悉相关的限制性法规(如《住宅室内装饰装修管理办法》)并对建筑构造原理有一定的了解。室内设计师还应当有强烈的环境意识,以防止和减少装修污染,改善室内的通风透光条件,保障居住者的身体健康。室内设计是一门涉及许多知识领域的边缘性应用学科,设计师要善于把相关学科的新思想、新观念、新技术、新材料及时运用到室内设计中来。经常关注材料市场、家具市场、装饰品和配件市场是提高设计水平的必要前提。

室内设计的更高目标是对室内空间意境的营造。"意境"是艺术品的灵魂,具有可以意会而难以言传的特点,在中国传统美学思想中占有非常重要的地位。在住宅室内设计中营造意境,就是要在满足居室使用功能要求的同时,调动各种艺术和技术的手段来营造居室的空间气氛、空间格调和空间情趣,使之充满诗意。

1.2　室内设计的概念

住宅建筑是住宅空间的场所。住宅建筑室内设计是对住宅建筑室内环境所进行的装潢、修饰及综合设计,以使其与建筑物的使用功能更加贴切,更能满足使用者生理和心理上的需求。

采用各种材料和相应的施工工艺,根据美学规律和其他相关的科学原理,对建筑室内空间的构件——墙、柱、顶棚、地面等表面进行修饰,并在空间中配上适宜的家具和饰物,以及在不同光源的照射下,人们即可通过视觉感观感受到一种环境氛围,这就是建筑室内设计的效果。由此也可得知,建筑室内设计是由空间、物质等多种因素通过一定手段综合构成的。

装潢、装修和设计的定义是有区别的。装饰或装潢着重从外表的视觉艺术的角度来探讨及研究问题。装修着重于工程技术、施工工艺和构造做法等方面,主要指土建施工完成之后,对各界面、门窗、隔断等最终的装修工程。设计是建立在现代艺术要领的基础上的完善,它既包括解决视觉环境和工程技术方面的问题,也包括对声光热等物理环境及氛围意境等心理和文化内涵等内容的再度改善。

课题 2　室内设计的设计流程

著名设计教育家王受之曾经指出:设计的核心内容包括三个方面,即计划——构思的形成;把计划、构思、设想、解决问题的方式利用视觉的方式传达出来;计划经过传达之后的具体应用。室内设计的理想程序,正是包括这样三个方面的典型过程。

2.1　设计准备阶段

设计准备阶段的主要工作是与客户进行充分的交流和细致的现场分析。

设计项目的取得可能来自客户的上门咨询,也可能是公司得到某一小区要向业主交付住宅的信息而主动与业主进行联系。无论是哪一种情况,从一开始就与客户建立良好的感情联络并进而取得客户的信任,这对于真正拿到这个项目都是非常重要的。

家装设计是为人服务的工作,要深切理解客户的需要和担忧,有诚意地向他们介绍情况,主动为他们出主意、想办法,可以采用邀请客户参观公司的样板工程或走访已经装修完工的客户住宅,建立他们对设计师水平和公司工程质量的信任,同时摸清客户对住宅使用功能的具体要求和投资能力,争取尽早进入现场测量。

现场分析主要包括资料分析和场地实际测量两个方面。资料分析主要是对建筑图纸进行分析,看懂图纸上与项目相关的方方面面(如哪些墙可以拆,哪些墙不能拆),场地实测要对现场的各种空间关系现状进行详细的测量记录,对建筑质量、空间布局、基础设施以及配套设施进行充分的了解(如窗户和窗台的高度、梁的位置和高度、空调外机的安放位置、煤气管和排气孔的位置),测量结束后要制作成规范的"原有建筑测量图"。还要实地感受场地的空间氛围、周边环境氛围等。通过现场分析,明确重点和难点(如有无足够的安放餐桌的空间,餐厅的采光情况如何,电源箱、信息箱和可视电话是否恰好在需要安放鞋柜的位置)。此阶段要与客户尽可能多的交流,通过交流,了解客户的家庭情况、审美倾向,共同探讨在实现各个子空间的功能要求的同时,如何创造室内环境氛围、地域特色、文化内涵和艺术风格等,只有明确了需要做什么,才能明白应该如何去做,由此产生设计的构思和计划方案。另外,在此基础上通过对设计资料和文件的收集与了解,制定出项目计划书,计划书必须对已知的任务进行内容安排,从内部分析到工作实施,形成一个工作内容的总体框架,还要对市场行情结合投资规模进行分析,估算利润空间。

2.2　平面布局方案设计阶段

平面布局方案的设计是最基本的空间规划,设计得合理与否对于客户非常重要。合理的平面布局方案设计不仅建立在仔细研究建筑平面图的基础上,而且要建立在设计人员对客户充分了解的基础上。这一阶段的工作一定要细致周到,要主动启发客户思考一些他们可能暂时没有想到的问题:如备用客房如何解决? 卫生间的台盆要不要带柜? 厨房的橱柜要 L 形还是 U 形? 书橱的容量应当有多大? 子女房的书桌以后要放电脑吗? 有没有旧家具要继续使用? 把这些问题都考虑周到了才能避免今后的返工,并且进一步取得客户的信赖。

设计平面布局实际上是根据室内空间的使用要求对子空间进行的分割和调整,这种分割既要富于艺术想象,又要科学合理。例如许多样板房都爱套用欧美模式把厨房处理成开放式,当时看着确实美观,但中国人的烹调方式与欧美很不一样,开放式厨房使用 5 年以后,客厅、餐厅的家具都粘上了薄薄的油腻,给客户带来了不小的烦恼。

设计平面布局时要把整个室内空间看成一个完整的系统,精心地处理每一部分,不应当仅仅专注于客厅,对卧室则敷衍了事。对同一住宅最好作 2～3 套方案,使客户有更大的选择余地。

平面布局设计完成以后,可在电脑上用 AutoCAD 文件与客户交换意见,以便在相互探讨的过程中可以随时测量各种尺寸,确保对布局方案所作的修改合理可行。与此同时,要尽可能细地摸准客户的审美倾向,为下一步的深入设计作好准备(如鼓励客户从网上下载一些他们喜欢的室内设计效果图)。

2.3　三维效果设计阶段

三维效果设计应当在平面布局完全确定后进行,在设计的过程中,也可以对原平面布局进行必要的修改。

在开始效果设计以前一定要摸清客户喜欢什么样的室内设计风格:现代的还是传统的,欧式的还是中式的,简约的还是复杂的,清雅的还是豪华的,浅色的还是深色的,有时客户本身也没有定见,家庭内部也需要一个统一意见的过程。此时应使用直观、形象的材料去启发他们,例如建议他们去家具商场走走看看。更好的方法是准备好一个包含各种风格的效果图库去进行"火力侦察",看看他们比较喜欢什么风格。

在多数情况下，客户夫妇二人的审美倾向并不一致，此时要留心谁是真正说了算的人。还要善于寻找二人的共同点，引导他们相互靠拢。

在开始设计以前，要明确哪些家具要做，哪些家具要买，两者之间要风格统一，如果客户有继续留用的旧家具，还要考虑如何使新家具和界面装饰与旧家具统一风格。由客户向装潢公司定制的家具和装饰部件在设计时要考虑木工、油漆工的能力限度。

设计三维效果是费时费力的工作，在设计工作中最大限度地使用三维模型库可以提高效率、争取时间，但家具款式的风格更新很快，如果不是因为客户的偏爱，不宜采用落后，过时的家具款式。

三维设计完成后，要多角度地向客户展示设计构思，让客户看清楚每一个子空间的每一界面。不应当自欺欺人，只展示精彩部分，隐匿平庸部分；更不应当在每一个子空间只设一个摄影机，只做这个摄影机能反映的区域的设计，不做摄影机里见不到的部分。

2.4　制作工程图纸阶段

完成三维设计并与客户取得一致意见后，要做哪些工程和使用哪些材料均已明确，接下来就可以制作工程图纸和报价了。

在这个阶段应完成一整套设计文件，包括墙体改建图、地面布置图、顶面布置图、立面图、立面索引图、剖面图等水路布置图、电路布置图和开关布置图，需要制作的家具和装饰部件的三视图(有时还要剖面图、大样图)。这些图纸要让施工人员看懂，而且要尽可能做得漂亮，尺寸标注应清楚无误。同时，要认真撰写设计说明和编制工程造价概算。设计说明要以图纸为依据，对设计的各种要求以及可能实现的状况明确记录下与客户所达成的共识，工程造价概算可以依据各个装潢公司内部掌握的预算表并结合工程量编制计算。

工程造价概算中要明确哪些材料由客户自行采购(称为"甲供材")，哪些材料由装潢公司提供。由装潢公司提供的装饰材料要提供室内装饰材料实样版(墙纸、地毯、窗帘及其他室内装饰纺织面料、墙地砖及石材、木材等均用实样，家具、灯具、设备等采用照片)，公共场所装饰工程因为工程量大，装饰材料实样板一般要留给客户；家装工程量小，可留存装潢公司备查，但木料的油漆工艺是否达到了设计效果是在验收时容易发生争议的问题，最好主动做好样板交客户保存，以备对照。编制设计文件要符合设计的各项法律法规，还要明确施工过程中各方的责任，保证合同文件的正确，杜绝疏漏。

以上文件完成后，要及时与业主进行磋商，取得认同并制订出时间计划，然后就可以与客户签订合同了。实际上，任何一个设计阶段结束以后，设计师最好都请客户以书面签字的方式予以批准，形成一个实际的合同，如今后客户有所改动，就应该承担由此增加的一切费用，因为改动计划是设计师提供的附加服务。

2.5　设计的实施阶段

设计的实施阶段即施工阶段，设计师在这一阶段的主要任务是：

(1)在施工前向施工单位进行技术交底并作设计意图说明(尽量争取客户在场)。

(2)在施工期间按图纸核对设计方案的实施情况，有时还需要根据现场的实际情况提出对图纸的局部修改和补充(应出具修改通知书)。

(3)施工结束时，会同施工质检部门和客户进行工程验收。

项目 2
住宅设计空间测量

课题 1　度量现场的工作要点

1.1　核准现场是设计成功的先决条件

在承接室内设计项目时通常有两种情况：一是建筑框架墙体已基本完成，业主委托室内设计师介入设计工作；二是对旧房进行改造，重新进行设计。在建筑方案阶段建筑师或业主邀请室内设计师早期介入，一起对即将开展的建设项目进行设计探讨。

第二种情况往往对设计构思创作的综合能力要求较高，一些具有预见性的建议会对建筑的结构应用以及设备协调有着非常重要的影响，能减少许多由建造环节不协调或不当所造成的无效成本，它是建筑设计组合的最佳创作方式，能创作出相对完美的空间及细节，值得推广。不管图纸深度进行到何种阶段，当建筑现场真正具备时，第二种情况仍需认真核对现场尺寸，检查图纸尺寸与建筑现场的误差，及时修正与现场不符的设计。

室内设计所实施的所有表面装饰工程质量的好坏都源于对建筑现有条件的了解和对隐蔽工程的合理处理上，所有图纸必须充分考虑各种管线梁柱的因素，选用合理的方式、工艺、材料进行包覆及装饰，能避免纸上谈兵式的无谓劳动。核准现场对以后所有以核对现场图纸为基础派生出来的设计图纸有着重要的保证和可实施性，是整个设计过程中最重要的一环，不能掉以轻心，无疑它是设计成功的先决条件。

1.2　度量现场之前应与委托方进行初步沟通

度量现场之前应与委托方沟通初步的设计意向，取得详细的建筑图纸资料（包括建筑平面图、建筑结构图、已有的空调图、管道图、消防箱和喷淋分布图、上下水图、强弱电总箱位置等）。了解业主的初步意向及对空间、景观取向的修改期望，包括墙体的移动、卫生间位置的改变、建筑门窗的改变等，记录并在现场度量工作中检查是否可行。

1.3　度量现场的工作要点

接到设计任务后，首先要熟读建筑图纸，了解空间建筑结构，只要有机会到现场就必须第一时间进行现场的核准。难免现场尺寸及实际情况与建筑图纸会有不符的地方应认真的复核，并做好详细记录，不可粗心大意，以避免反复改图及控制设计成本最有效的保证。核准现场是设计成功的先决条件。

1.准备工作

（1）设计师需带本组其他成员一并到现场。

（2）有条件的话可预先准备好硬图板一块和支承图纸的活动支架。

（3）复印好1：1 00或1：50的建筑框架平面图2张，一张记录地面情况，一张记录天花情况（小空间可一张完成），并尽可能带上设备图（梁、管线、上下水图纸）。

（4）备带硬卷尺、皮拉尺、铅笔、红色笔、绿色笔、橡皮、涂改液、数码相机、电子尺等相关工具。

（5）穿着行动方便的运动服装或耐磨式服装，穿硬底或厚底鞋（因工地会有许多突发的因素，避免受伤）。

（6）进入现场必须戴工地安全帽。

2.度量顺序及要点

（1）放线以柱中、墙中为准，测量梁柱、梯台结构落差与建筑标高的实际情况，通常室内空间所得尺寸为净空。

（2）测量现场的各空间总长、总宽、墙柱跨度的长、宽尺寸，记录清楚现场尺寸与图纸的出入。记录现场间墙工程误差（如墙体不垂直，墙角不成90度）。

（3）测量混凝土墙、柱的位置尺寸，见下图。

（4）测量空间的净空及梁底高度、实际标高、梁宽尺寸等（以平水线为基准来测，现场设有平水线则以预留地面批荡厚度后的实际尺寸为准来测量）。

（5）标注门窗的实际尺寸、高度、开合方式、边框结构及固定处理结构，记录户外景观的情况。

（6）记录雨水管、排水管、排污管、洗手间下沉池、管井、消防栓、收缩缝的位置及大小，尺寸以管中为准，要包覆的则以检修口外最大尺寸为准。

（7）地平面标高要记录现场实际情况并预计完成尺寸，地面、抬高完成的尺寸控制在50～80mm以下。

（8）现场平水线以下的完成面尺寸，平水线以上的天花实际标高。

（9）记录中庭结构情况，消防卷闸位置，消防前室的位置、机房、控制设备房的实际情况。

（10）结构复杂地方测量要谨慎.精确，如水池要注意斜度、液面控制；中庭要收集各层的实际标高、螺旋梯的弧度、碰接位和楼梯转折位置的实际情况、采光棚的标高、光棚基座的结构标高等。

(11)复检外墙门窗的开合方式、落地情况。幕墙结构的间距、框架形式、玻璃间隔,幕墙防火隔断的实际做法,以及记录外景的方向、采光等情况,并在图纸上用文字描述采光、通风及景观情况。

(12)用红色笔标出管道、管井具体位置,最有效的包覆尺寸,用绿色笔标注尺寸、符号、尺寸线,用红色笔描画出结构出入的部分,用黑色笔、铅笔进行文字记录、标高。

课题2　提交现场测量成果的要求

(1)要求完整清晰地标注各部位的情况。

(2)尺寸标注要符合制图原则,标注尽量整齐明晰,图例要符合规范。

(3)梁高标注例:h=350mm 或在附加立面标注相对标高。

(4)要有方向坐标指示,外景简约的文字说明,尤其是大厅景观、卧室景观、卫生间景观。

(5)天花要有梁、设备的准确尺寸、标高、位置。

(6)图纸须由全部到场设计人员复核后签署,并请委托方随同工程部人员签署,证明测量图与现场无误。

(7)现场测量图应作为设计成果的重要组成部分(复印件)附加在完成图纸内,以备核对翻查。

(8)现场测量图原稿则应始终保留在项目文件夹中,以备查验,不得遗失或损毁。

(9)工地原始结构的变更亦应作上述测量图存档更新,并与原测量图对照使用。

(10)测量好的现场数据是以后设计扩初的重要依据,到场人员应以务实仔细的态度完成上述工作,并对该图纸真实确切地签名负责。如下图所示。

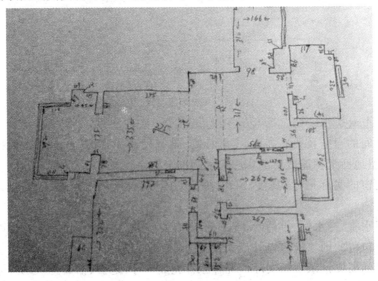

项目 3
设计方案的形成与构思

课题 1 分析住宅室内的功能分区

住宅的空间一般多为单层、别墅(双层或是三层)、公寓(双层或是错层)的空间结构。住宅室内设计就是根据不同的功能需求,采用众多的手法进行空间的再创造,使居室内部环境具有科学性、实用性、审美性,在视觉效果、比例尺度、层次美感、虚实关系、个性特征方面达到完美的结合,使业主在生理及心理上获得团聚、舒适、温馨、和睦的感受。现基于人的活动特征对住宅室内功能分区展开分析如下:

(1)玄关。玄关是公共生活区,是房门入口的区域,其主要功能体现:室内和室外的过渡空间。也是客人进门第一眼就看到的地方,最能体现主人品位。

(2)客厅。客厅是群体生活区,其主要功能体现:谈聚、音乐、电视、娱乐、会客等。

(3)餐厅。餐厅是群体生活区,其主要功能体现:用餐、交流等。

(4)厨房。厨房是家务活动区,其主要功能体现:配膳清洗、储藏物品、烹调等。

(5)主卧室。主卧室是私密生活区,其主要功能体现:睡眠、梳妆、阅读、视听、嗜好、储藏等。

(6)次卧室,可做客房、保姆房、老人房。次卧室是私密生活区,其主要功能体现:接待亲朋睡眠。

(7)儿童房。儿童房是私密生活区,其主要功能体现:睡眠、书写、娱乐活动、储藏等。

(8)书房。书房是私密生活区,其主要功能体现:阅读、书写、嗜好等。

(9)休闲、娱乐房。休闲、娱乐房是群体生活区,其主要功能体现:游戏、健身、琴棋、电视等。

(10)卫生间。卫生间是私密生活区,其主要功能体现:沐浴、盥洗、更衣等。

(11)走廊及楼梯。走廊及楼梯是公共生活区,其主要功能体现:水平空间和垂直空间的相互连接。

(12)阳台。阳台是公共生活区,其主要功能体现:观景、凉衣等。

(13)储藏间。储藏间是家务活动区,其主要功能体现:储藏物品、洗衣等。

课题 2 设计方案的形成

1.设计构思的形成与表达是一个互动的过程

室内设计师用形象来表达自己的思维成果,用形象与客户沟通思想,进行室内设计所使用的思维主要是形象思维。在深入进行具体设计之前,设计师应对客户的各种要求和建筑的制约条件进行分析,对所遇到的问题进行分解,依靠自己的经验和优秀范例的启发找出求解方案,确定大的设计方向。分析和求解的过程中必然有大量的形象想象和尺度权衡,采用的方法常常是边思考、边画草图。画草图既是进行设计构思,又是设计方案的初步表达,是将抽象的思考化为具体的形象的过程。设计师也可以边与客户交流,边引导客户参观样板房或浏览相关图片,参观与浏览也包含了对设计构思的寻求与局部的初步表达。一个好的设计构思开始时并不是非常完备的,往往只是一个粗略的想法,随着设计的深入,思考才能不断地深化和完善起来。

2. 固有观念是设计创意形成的首要因素

艺术思维的形成都受周边环境的影响,如教育方式.文字认知.社区环境等,这些都是设计师个人风格形成的得要因素。所以,固有观念是设计创意形成的首要因素。

观念的因时而异也是影响设计的得要因素。譬如唐朝以胖为美,到现代喜好纤腰曲线。

3. 临摹是创意的最初成因

真正好的设计方案的形成是对前人优秀作品的充分理解和完善,当我们使用该种设计手法已经得心应手时,创新自会翩然而至,所以,设计师只有完成扎实的基础训练,才能创作出优秀的设计方案。

课题 3 设计方案的确定

1. 风格元素的收集与研究

根据风格要求,搜集设计要求相关的风格实例图片,如搜集各种风格所涵盖的历史风情图片、造型特点、纹样资料、肌理质感、配色习惯,所有资料尽量用自己的理解作旁注,记在笔记本中,加以归类贮存,以便记忆及事后翻查。

如果是多种风格的混合设计时,就要研究不同风格的共性特征,并用某种元素作为主导,使之统一协调。例如,中国清朝的圆明园,就是东方宫廷风格与西方装饰元素的巧妙结合,两种极度繁琐的装饰风格,通过卷草纹样为元素,将中西方的文化融合在一起,形成一种新的宫殿建筑,展示了惊人的艺术;又如现代简约风格下的中西式风格相衬,就是在极简的装饰背景前,将平直简约的西式沙发与流畅舒展的明式家具相衬,在简约的线条趣味中形成统一,将两样不同时空的特质提炼出来,得到形神合一的风韵。

设计师在翻查大量的参考书籍时,常常会将与方案设计相关的图片或做法进行收集或归类,以备在设计决定时,进行辅助性的甄别。在一个概念未得到完全的落实的时候,我们时常在几个参考案例中左右,为了能更有效地认可参考的文件,设计师应养成良好的图片收集习惯。

2. 设计定位及市场因素

相对于带有商业诉求的室内设计来说,这是极其重要的考虑因素。首先要考虑空间使用者的使用习惯及审美标准;再者就是现有建筑空间的尺度特征,这种具有针对性的判断是设计取得成功的关键,这需要设计师在生活当中就应仔细留意该类空间有市场走向及潮流趋势,掌握并理解该空间的属性,才能设计出引领潮流的作品;再次,要考虑委托方本身对设计创意的接受程度,因为不是所有的业主都受过设计美学教育,设计师在解说时应细心引导业主去理解设计的意图,让他看清设计市场因素与设计方案结合带来的利弊,才是设计提案作用所在。这是双方对设计方案肯定的前提条件,而不只是设计师唯美诉求的一厢情愿。

对于私家住宅来说,设计还应与委托方的实际承受能力联系起来,为委托方作出相对合理而符合业主个性品味的设计,设计师不能单方面地将自己的喜好强加在业主的身上,这是不符合设计以"别人"为本的原则。

3. 物料特性与造价控制

(1)积累物料的知识。首先考虑的是主材的物理我,合理的物料应用是设计经受时间考验的得要技术因素。

(2)物料的尺寸在设计中的实际应用。我们除了要透彻理解设计所使用的物理特性外,还要进一步了解物料本身的出材率和标准规格。以市面上的木材为例,夹心板材或饰面板出厂规格(1220×2440mm),而实木板一般不超过 3.5m(受出材率等原因限制),当我们的设计中出现了超规格的应用时,就需要及早考虑该物料的纹理或接缝收口方式,设计的实施才能在合理的条件下得以开展。

(3)物料肌理的运用。室内设计的终饰最终体现在物料的肌理的对比上。同一物料所选取的纹样或表面质感不同,表现出来的效果或者说空间表情是截然不同的。地面的石材肌理的表现有高光面、哑光面、荔枝面、龙眼面、火烧面、斧劈面、自然面、仿古面、拉比面、蘑菇面、艺术面等。其他的木材、玻璃、漆面、布艺、金属、防火板、塑铝板、陶瓷等等材料都各自有五花八门的肌理质感。

(4)材料纹样的提取与应用。首先是纹样的提取,如各种木材本身就有不同的木质、色泽和纹理,再通过不同的切割方式,又产生不同的纹样效果。

(5)材料运用的最终目的是为了创造空间美感。新的设计并不意味着选用新的材料,但选用新的材料必然要承担高昂的成本风险,一方面是由于加工订作的原因,成本自然不如批量的低,另一方面是由于新材料新上市,必然蕴含高昂的前期推广费用,加大了建造的成本。而造价与物料、工艺是密不可分的,设计师可多与供应商沟通请教,用心积累,才能把握好物料与设计实施的关系。

4. 灵感源自生活的启悟

(1)简单元素的组合与变化。无论多么复杂的造型或是图案,都是由简单的基础造型元素组成的:圆形、方形、三角形或多边形。如果我们从造型的角度用立体的思维去想象它们便会转化成球形、圆柱形、方体、椎体或者是多面体。

色彩的使用用原理也一样,由三原色演变而丰富。

(2)微观与宏观的转化不自参照物的差异。可以试着用不同的比例看同样的事物,不同的参照尺度就让原本平凡的一切事物都变和特别。

(3)"一花一世界,一叶一如来"的华严境界(出自佛教经书《华严经》)。要用心去体会自然界的多姿多彩,善于总结美。

5. 空间布置构思方案分析

课题 4　设计方案提交的成果规范

设计师应在充分了解设计委托要求的前提下进行创意构思,创意成果的提交要求如下:

(1)在准确的建筑框架图的基础上按规范画出具体而详细的平面图,平面图图例应严格按比例绘制,不得小于1∶50～1∶100。平面图应明确表达各砌体或附加结构位置、装饰摆设的具体尺寸或特别意图。

(2)提交与创意要求相似的参考图片,参考图片可采用类似项目的图片资源,图片应整理成一个文件,并提交每张图片的来源代码、序号,方便翻查。

(3)提交本案的主题配色构思方案。主色、衬色、补色应提交色样或色标,应与选用的参考图片相协调。

(4)提交特殊家饰摆放索引图、重要空间里摆设特殊物品的参考图片或构思图等(超长尺寸的沙发、特殊造型雕塑、灯具、需特殊订做造型工艺或心中已选好的特别艺术品及陈设等)。

(5)提交创意所需的与整体本色概念一致的材质肌理样板(无样板应提供该系列材质的清晰照片),所选材料应考虑工程造价控制因素。

(6)提交该案的灯光照度参数、色温参数及特殊照明方式的具体实施方案。

(7)提交该案预设使用对象有关的方案描述(粗犷大气、严谨细腻、中规中矩、注重耐用扎实、室外应用、气候可能、使用失误、检修方式)。

课题 5　方案草图的表现

方案草图是平面立体构思的延伸,是设计师与客户沟通的最有效的表达手段之一。能够熟练地掌握好手绘草图,等于随时随地带着一个设计工作室,不管是在工地或进行业务洽谈,都可马上将自己的构思充分地表达出来,是设计师表达能力的必修课,也是高效完成设计工作的有力保证。如下图所示。

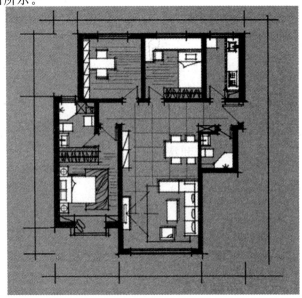

方案草图的具体表现方式有铅笔素描、钢笔淡彩、麦克笔、彩色铅笔描绘或草图加皂膛修饰等，许多设计师在学期间都已进行过一些具体的训练，在此，我就不作详述。值得提出的是，画方案草图时应注意的一些工作习惯如下：

（1）方案草图可以表现空间一角或节点局部，除了空间本身尺寸比例要表达准确之外，应在草图未着色前进行复印留底，并在复印件中用彩色笔将图中各个空间局部的大体尺寸、物料标示清楚，图中特殊做法大样的初步构思也要附加草图说明，便于立面设计制作或效果图制作时使用。

（2）将原有的线稿复印后，再进行着色表现，由设计师绘画出材料质感及氛围情景或在设计师指导下用电脑对色调、质感等方面进行润饰，可作为效果图的制作参考，与效果参考对比可加速与客户前期方案的沟通。

方案草图的表达是基于设计师对空间完全理解的情况下，将设计构思用立体的形式表达出来的一个总过程，许多言语无法表达的空间关系、空间美感都在这一画面里得到优化，是设计思维概念转化成实际成果的重要手段，有着不可替代的作用，设计师只有掌握好草图方案的表现能力，才能随时随地捕捉闪现的灵感。而衡量一个设计师的实际构思能力的标准就是设计师的手绘草图表达能力，好的设计师必然具备良好的草图表达能力，这是无庸置疑的。

项目 4
室内主要子空间的尺寸分析及布局设计

课题 1 玄 关

玄关与屏风的区别在于,玄关是门厅的另一种称呼,不能把它简单地想像是一个特定的个体,而是一个区域。而事实上,屏风只能起我们往常建筑中所称的照壁的作用。

1. 玄关的类型

玄关的类型有独立式、通道式、虚拟式三种。

2. 玄关的两种方式

(1)硬玄关。硬玄关又包括全隔断玄关和半隔断玄关。

①全隔断玄关:处理要点是考虑采光通风和空间感。

②半隔断玄关:是指玄关可能是在 x 轴或者 y 轴方面上采取一半或近一半的设计。半隔断的玄关在透明的部分也可能用玻璃,虽然是由地至顶,由于在视觉上是半隔断的,所以仍划入半隔断的范畴。如鞋柜的划分,可以通过它在 x 轴方向横摆拦断和 y 轴方向伸延的长短来界定门厅的位置(其主要作用:存放鞋和伞,要主要考虑防污和清洁)。

(2)软玄关。软玄关是指在是在材质等平面基础上进行区域处理的方法。

①按天花划分,可以通过天花造型的区别来界定门厅的位置。

②按垂直面划分,可以通过墙面、柱面或是家具隔断面的处理方法与其他相邻墙面的差异来界定门厅的位置。

③按地面划分,可以通过地面材质、色泽或者高低的差异来界定门厅的位置。

课题 2　客　厅

1. 客厅的基本尺寸

客厅的总面积:20~40m²。

(1)电视的尺寸单位换算:1英寸(in)＝2.5399998cm。

(2)电视组合柜的参考尺寸:200×50×180cm。柜体厚度至少要保持30cm,下部摆放电视的柜体厚度则至少要保持50cm。

(3)长沙发或是扶手沙发的靠背应该有高度:85~90cm。

(4)用29英寸的电视时,扶手沙发与电视机之间应该预留的距离:3m左右。

(5)长沙发与摆在它面前的茶几之间的正确距离是30cm。在一个(240×90×75cm)的长沙发面前摆放一个(130×70×45cm)的长方形茶几是非常舒适的。

(6)摆在沙发边上茶几的理想尺寸是方形:70×70×60cm;椭圆形:70×60cm。

(7)两个对角摆放的长沙发,它们之间的最小距离应该是10cm。如果不需要留出走道的话,这种情况就能允许再放一个茶几了。

2. 客厅的绿化

以角落的摆设来说,采取大型组合方式时,以下列植物为主:高大的马拉巴栗、巴西铁树、黄椰子等,高度都在五尺左右;也可再搭配些白鹤芋、万年青、鹅掌藤等。其他还可放置一些矮小的蕨类植物。

3. 客厅设计的思路分析

(1)搜集并分析客厅的设计风格图片,在清楚客厅的基本尺寸的前提下选定客厅设计风格。

(2)地面布置首先要把电视柜、沙发、活动等空间位置锁定,然后再确定电视机与柜式空调的位置,柜式空调要尽可能靠近空调外机,以免管道横穿客厅。

(3)家具和家电的选择,要明确客户喜欢分体式沙发还是连体式沙发,电视要用普通、超薄还是背投式的。

(4)天棚用几级吊顶,吊顶的形式,使用的整体.局部和重点照明类型。

(5)墙面设计应选用哪种材料和色彩。

(6)陈设品和植物的点缀。根据客厅设计的风格,选择适合空间设计的小饰品和盆栽。

课题3 餐 厅

1.餐厅的基本尺寸

餐厅总面积:10~25m²。

(1)760mm×760mm 的方桌和 1070mm×760mm 的长方形桌是常用的餐桌尺寸。760mm 的餐桌宽度是标准尺寸,至少也不宜小于 700mm,否则,对坐时会因餐桌太窄而互相碰脚。桌高一般为 710mm~790mm,配 450mm~500mm 高度的坐椅。桌面低些,就餐时可对餐桌上的食品看得清楚些。根据人数的不同餐桌大小的参考尺寸:二人 700×850(mm),四人 1350×850(mm),八人 2250×850(mm)。

(2)圆桌一般用在中小型住宅,可订做一张直径 1140mm 的圆桌,可坐 8~9 人,如果用直径 900mm 以上的餐桌,虽可坐多人,但不宜摆放过多的固定椅子。如直径 1200mm 的餐桌,放 8 张椅子,就很拥挤。可放 4~6 张椅子。根据人数的不同,圆桌直径的参考尺寸有:二人 500mm,三人 800mm,四人 900mm,五人 1100mm,六人 1100~1250mm,八人 1300mm,十人 1500mm,十二人 1800mm。

(3)六人餐桌选 1400×700mm 左右的比较合适。对于长方形和椭圆形的餐桌这个尺寸是最合适的。餐桌转盘直径;700—800mm。

(4)开合桌又称伸展式餐桌,可由一张 900mm 方桌或直径 1050mm 圆桌变成 1350~1700mm 的长桌或椭圆桌(有各种尺寸),很适合中小型单位平时和客人多时使用。这种餐桌从 15 世纪开始流行,至今已有 500 年的历史,是一种很受欢迎的餐桌。

（5）餐桌离墙的距离 800mm 左右比较好。这个距离是包括把椅子拉出来，以及能使就餐的人方便活动的最小距离。

（6）餐椅坐位及靠背要平直（即使有斜度，也以 2°～3°为妥）坐垫约 20mm 厚，连底板也不过 25mm 厚。

2.常见的餐厅结构

（1）厨房兼餐厅。由于面积的限制，相当一部分人在餐厅设计时往往把厨房的隔断墙打掉，做成开放式或用推拉门代替；整体空间就相对来说比较开阔。

（2）客厅兼餐厅。这种格局的餐厅装饰性重于机能性，以美观为主，同时这里的主空间是客厅，餐厅的装修格调必须与客厅统一，否则两个相连的空间会给人一种不协调的感觉。客厅的用途较多，占用面积也较大，餐厅往往只占其中一隅，设计上必须注意分隔技巧，可从地板着手，将地板的形状、色彩、图案、质料分成两个不同部门，餐厅与客厅以此划分，形成两个格调迥异的区域，也可通过色彩和灯光来划分，在视觉上轻而易举地造成两个不同区域，给人带来视觉上的美感，又保持空间的通透性和整体性 。

（3）书房兼餐厅。最好各占一半，或者各占侧重的一半，以显各司其职，，餐桌旁还可以放置一个小台桌，用来放置一些暂时未上桌的酒瓶、饮料之类，便于随时取用，渲染气氛。

（4）独立餐厅。这种形式是最为理想的。一般对餐厅的要求是便捷、卫生、安静、舒适，家居设备主要是桌椅和酒柜等，照明应集中在餐桌上面，光线柔和，色彩应素雅，墙壁上可适当挂些风景画，餐厅位置应靠近厨房。

3.餐厅的常规设计思路

（1）餐厅的构图（点、线、面、体的运用）。餐厅的构图应考虑以下方面：①协调统一。②比例与尺度。③均衡与稳定。④节奏与韵律（产生韵律感的方法：连续、渐变和交错）。

（2）餐厅色彩：有距离、温度、重量和体积感。

（3）餐厅的照明：首先是吊灯的大小和形式需与餐厅的整体风格和餐桌的形式搭配；其次是吊灯亮度的可变性；再者是考虑吊灯的高低位置是否可以任意调整；最后考虑吊灯的材质和质感，以及清洁和保养的难易程度（玻璃灯罩吊灯最好，其次才是塑胶灯罩吊灯）。

（4）餐厅的家具、陈设。

课题 4　厨　房

1.厨房的基本尺寸

厨房的总面积 7m² 左右。

（1）厨柜可以通过调整脚底座来使工作台面达到适宜的尺度。工作台面到吊柜底，高的尺寸是 600mm，低的尺寸是 500mm。厨柜布局和工作台的高度应适合主妇的身高。

（2）用双头炉的灶台高 600mm，灶台放上双头炉后，再加上 150mm 或 200mm，就与 810mm 高的工作台面大致水平。若用平面炉（四头炉、炉柜），炉面的高宜为 890mm，工作台与灶台深 10mm。

（3）排油烟机的高度应使炉面到机底的距离为 750mm。冰箱如果是在后面散热的，两旁要留 50mm 空间，顶部要留 250mm 空间，否则散热慢，将会影响冰箱的功能。至于吊柜深度，

在同一个厨房内,最好采用 300mm 及 350mm 两种尺寸,才能置放大盘碟。

(4)家庭主妇站立时,应垂手可开柜门,举手可伸到吊柜第一格,在这 600～1830mm 的水平空间中,放置常用物品,叫"常用品区"。

2.厨房常见的四种布局

(1)"一"字式。"一"字式是一种靠墙的条式建筑模式,它把储存、洗涤和烹调的三个工作区,配置在一面墙内。一般都是狭长的建筑空间中不得已而采用的一种模式。由于贴墙设计,可以达到节约空间的效果,缺点是过于狭长,工作效率低下和劳动强度加大。

(2)"二"字式。"二"字式也叫走廊式或并列式。这种房型的开间宽度相对"一"字式,要宽一些,最少不低于 2m,或者是以阳台门为基础分两边建厨。这种模式可把锅碗瓢盆储存区设置于一边。而在另一边设置烹调和洗涤工作区。

(3)"L"式。"L"式这种样式是把储存、洗涤和烹调的三个工作区,按照顺序设置于两墙壁相接的呈 90 度设计。此类房的开间约为 1.8m 左右,且有一定的深度,采用此模式较好。优点是可以有效利用空间,操作的效率高。这种模式比较普遍。

(4)"U"式。"U"式这是比较理想的样式。它就是把储存、洗涤和烹调的三个工作区,按照"U"字的形状依次设置,这种要求房间的开间必须达到 2.2m 以上,基本上呈正方形的房型。其优点是操作方便省力,有多人操作的回旋余地。

3.厨房空间组织的考虑

(1)主妇通常的操作包括三个主要设备:炉灶、电冰箱和洗涤槽。专家建议其三角形三边之和应不超过 6.7m,并以 4.5～6.7m 为宜。

(2)厨房和卫生间的渗水和通风如何解决方法:一个渗水的厨房柜,大约只可用 1～2 年,不渗水的柜,则可用 10 年以上,所以,一定要注意厨房的防水措施。近来流行做 100mm 的石地台,然后将柜身放在上面(不用垫板),工作柜靠墙的地方可用挡水板。现在已有一些台面板是与挡水板"一气呵成"的,这种台面叫企口合面板,有很好的防水能力。

(3)厨房灯具选择,除安装散射光的吸顶灯或吊灯外,可根据自己居室的整体布局,选择相宜的多头、单头、升降式灯具等,使用起来较为方便,价格也较为低廉。至于柜内灯、壁灯,可根据厨房面积大小和空间利用情况自行选择。

（4）厨柜的选择应适合主妇的身高并合理考虑业主的个人爱好。

课题5　主卧室

1. 主卧室的基本尺寸

主卧室总面积：12～30m²。

（1）一个双开门的衣柜：1200×600mm，大衣柜的高度：2400mm左右。这个尺寸考虑到了在衣柜里能放下长一些的衣物：1600mm，并在上部留出了放换季衣物的空间800mm。

（2）如果想容纳得下一张双人床、两个床头柜和衣柜的侧面的话，那么一面墙的距离该有4000或4200mm（这个尺寸的墙面可以放下一张1600mm宽的双人床和侧面宽度为600mm的衣柜，还包括床两侧的活动空间，每侧600至700mm，以及柜门打开时所占用的空间600mm）。

2. 主卧室设计思路

（1）卧室应根据住户的年龄、个性和爱好选择色彩。

（2）卧室里的家具不外乎床、大衣柜、床头柜等。首先地面布置要合理，再则卧室的地面宜用地毯、木地板等材料。

（3）卧室的墙面装饰宜用墙纸或涂料，颜色花纹应根据住户的年龄、个人喜好来选择。

（4）卧室的顶面装饰宜用涂料、墙纸或做吊顶。

（5）卧室的窗户位置不得随意改变，人工照明应考虑整体照明和局部照明，卧室的照明光线宜柔和。

（6）卧室应有良好的通风，对原有建筑通风不良的应适当改进。卧室的空调器送风口布置不宜对着人长时间停留的地方。

（7）卧室的饰件应与家具相协调。

课题6 儿童房

1.儿童房的设计构思

根据给定的原始平面图,分析在一个家庭中有两个年龄段相同但性别不同的儿童房的设计思路。

(1)0至3岁儿童房的设计要点:父母对婴幼儿的陪同及照顾。其主要的功能区域有睡眠区和贮物区。

(2)3至6岁儿童房的设计要点:注重童趣的培养。其主要的功能区域有睡眠区、娱乐区和贮物区。

(3)6至15岁儿童房的设计要点:儿童的学习空间要求较高。其主要的功能区域有睡眠区、学习区和贮物区。

(4)15岁以上儿童房的设计要点:独立空间的要求显著,空间喜好感明确。

课题7 书 房

书房设计要追求:明、静、雅、序。

①明——照明与采光;

②静——修心养性之必需;

③雅——清新淡雅气氛以怡情;

④序——工作效率的保证。

课题8　卫　生　间

1.卫生间的基本尺寸和图识

2.卫生间的设计构思

上面是常见的两种卫生间布置。无论是哪种设计，在布置的时候都要考虑设计的基本尺度关系和人的心理、视觉要求，再就是设计好卷架、毛巾架、香皂架、口杯架、置物架、浴衣钩的位置。

（1）卫生间的设计思路。

①应综合考虑盥洗、沐浴和厕所的使用功能。

②地面应采用防水、耐脏、防滑的地砖或花岗岩等材料。

③墙面要采用光洁素雅的瓷砖并用防水涂料装饰，电路要安全。

④顶棚宜用塑料、玻璃和半透明板材，要防潮遮挡不足。

⑤卫生间应有冷热水龙头，浴缸或淋浴宜用活动隔断分隔。

（6）卫生间的地坪应向排水口倾斜。

（7）洁具的选用应与整体布置协调，适度添置绿化。

课题9　阳　　台

阳台空间中可以设置成洽谈区、休闲区、观景区、读书区或者是厨房空间。

课题10　楼梯、走廊

（1）楼梯的设计思路。楼梯是家中"上"与"下"之间的一个连接，楼梯的装修不仅关系到住宅环境的安全与美观，更能看出主人的品位和个性。楼梯的样式有直梯、弧梯、折梯、旋梯。楼梯装修中，关键是扶手的设计，它是楼梯设计的重中之重。室内的扶栏设计最忌讳用镜面不锈钢或其他银亮面金属。如果的确想用不锈钢来做，建议用亚面的不锈钢。根据经验，做楼梯扶栏的最理想材料是煅钢，其次是铸铁，再次是木，最后是瓷。最理想的扶手材料是木，其次是石。楼级往往是在建筑中已经定型的，但也有很多业主拆除重装。而无论何种造型，如果想重新设计，最理想的材料是用水泥混凝土，其次是钢结构，接下来才是木质。这主要从楼梯在人行走时尽量少发出声响来考虑。

（2）走廊的设计思路。走廊是内部空间点线面丰富地结合，注重流线组织，一方面给使用者以明确的空间划分和功能分区，同时要让使用者在室内行走时不感到单调和枯燥。所以在室内产生了几种不同空间形式的走道，它在最大限度上满足了自然采光、通风、视野等的需求。

①单纯的走廊:着重考虑走道灯光节能问题,在门档旁增加了一片磨砂玻璃,即可以把房间的光线引到走道中,又变化了门的形式。

②带有围栏的走廊:着重考虑在尺度和视觉上统一和协调。

③幕墙封闭的走廊:可以考虑做吧台等作用。

与庭园直接相连的走廊,通过抬高或是降低界面,使室内产生趣味。

项目 5

制作工程施工图图纸

可运用CAD软件进行基本绘图操作,绘制室内设计平面图、立面图、顶面图、电路图等全套施工图。

课题 1 制作平面布置图

(1)正确画出土建结构框架、柱网。

(2)正确标出轴线、分轴尺寸、总长尺寸,若上下或左右轴线相同,只留上或左轴线。当建筑图没有提供轴线时,要增加轴线自编号。

(3)图中标明功能区名称、地面主要材质,字体原则上应标注在图中,但亦可根据实际情况将字体标注在图外或尺寸标注之内,注意引线尽量避免与其他图墙线、尺寸线相交,避免引线过长。

(4)标出相对地面标高及坡度走向。

(5)平面图中的图例要根据不同性质的空间,选用图库中的规范图例。

(6)家居必须标出各个空间的平面面积,图标图纸名称后面标注该套间的建筑外框面积或实用面积。

(7)在进行创意样板房制作时,要在平面的右下角加上本单元原建筑平面小样,方便业主对照。

(8)图标须按比例标出层数和空间比例字样。

(9)准备一张半透明的描图纸打印的天花平面图覆盖此平面上,以方便核对灯位及灯光设置的对应。

(10)指北针的标注需清晰、准确地放在图框右上角。

注:设计师要清楚其设计单位的坐向,这很重要。要避免一些自然环境中不利因素对人体造成的伤害,并有效利用一些自然通风及日照采光等天然资源。

课题 2 制作地面布置图

(1)图例规范:分别标出剪力墙、原有间墙、新建间墙、玻璃间墙,既方便设计师从不同表示方法中一眼看出哪些墙身能进行拆改,亦方便工程预算。

(2)应标明新建墙体厚度及材质,标出起间位置及尺寸。这是图纸深化阶段必须体现的,尺度功能使用是否合理,是按图施工的重要依据(原有墙体不须标注尺寸)。

(3)标明平面完成地面的高度,为立面、施工图及以后的施工操作提供看图的便利(用专用符号标高)。

（4）标明预留门洞尺寸，先将门洞预留，避免以后施工中不必要的凿墙。常用门洞规范：入口大门宽度为 900～1200～1500mm，高度为 2100～2400mm；普通房门宽度为 800～900mm，高度为 2100～2400mm；卫生间门宽度为 650～800mm，高度为 2100～2400mm，超规范尺寸应作明确标注。在大型项目门型较多时，要独立制定门表，并将各种门的代号（D1、D2 等）标注在图纸上。

（5）标明预留管井及维修口位置.尺寸，为装修设计的合理性打下基础。

（6）保留原有平面小图，便于施工单位核对需拆除的墙身及核算施工成本。

（7）图纸上要注明："现场间墙放线需由设计师审核确认"。现场与图纸始终存在着误差，现场间墙放线结束由设计师审核再确认，可将出错率降至最低。

（8）间墙平面图往往是建筑模数应用的根本保证，设计组应派专员进行间墙验线的复核工作，以确定实际模数应用的精确性。

课题3　制作地面布置图

（1）用不同的图例表示出不同的材质，并在图面空位上列出图例表。

（2）标出材质名称、规格尺寸、型号及处理方法。

（3）标出起铺点，确定起铺方法及依据，注意地面石、波打线、地脚线应该尽量做到对线对缝（特殊设计除外）。

（4）标出材料相拼间缝大小、位置。

（5）标出完成面标高（用专用标高符号）。

（6）地面铺砌形式可参照图库的地花、波打、铺砌方法。

（7）地面材质铺砌方法、规格应考虑出材率，尽量做到物尽其用。

（8）特殊地花的造型需加索引指示，另作放大详图，并配比例格子放线详图，以方便订货。

（9）当出现有造型的地面拼花时要注明："现场地花放线需由设计师审核确认。"

（10）地花图的技术含量最高，甚至会影响墙身铺贴的材料，在审地花图时，应与大样对照审

课题4　制作顶面布置图

1.天花平面布置图（主要表示天花标高、材质、各设备内容等）

（1）天花表面处理方法、主要材质、天花平面造型。

（2）天花灯具布置形式。

（3）空调的主机及出回风位置、排气设备位置。

（4）窗帘盒位置及做法。

（5）消防卷闸位置。

（6）伸缩缝、检修口的位置，文字注明其装修处理方式。

（7）中庭、中空标高位置。

（8）根据特定的智能系统资料，给天花安装的设备定位。

（9）消防系统设施（背景音箱、喷淋、烟感、通道指示牌——这里只表示安装在天花上的指

示牌)位置。

(10)以地面为基准标出天花各标高(用专用标高符号)。

(11)造型的天花需标出施工大样索引和剖切方向。

2.天花安装尺寸施工图(主要表示天花造型尺寸,各设置坐标位置)

(1)天花平面造型。

(2)天花灯具布置形式及标出主要灯具布置定位、灯孔距离(以孔中心为准)。

(3)标出造型天花的尺寸。

(4)空调的主机及出回风位置、排气设备位置。

(5)窗帘盒位置。

(6)消防卷闸位置。

(7)伸缩缝、检修口的位置及距离。

(8)中庭、中空位置。

(9)当出现有特殊天花造型时要注明:"现场天花放线需由设计师审核确认"。

课题 5　制作立面图

根据平面图利用投影原理绘制立面图。

(1)根据土建所提供的建筑资料及现场实际情况画出整个空间,包括空间的间墙厚度、门窗位置、天花楼板的厚度、梁的位置及大小,标明空间所在位置轴线。

(2)根据平面图画出各空间墙身的主要造型,在图的下方或图中标出造型尺寸。

(3)尽量在同一张图纸上画齐同一空间内的各个立面,并于右下角插入该空间的分平面图,让看图者清晰了解该立面所处的位置。

(4)当一个空间需要用多张立面图完成时,所有的立面比例要统一,并且编号尽量按顺时针方向排列。

(5)单面墙身不能在一个立面完全表达出来时,应优先选择造型工艺最简单的地方用折断符号在同一个地方断开,并用直线连接两段立面。

(6)在立面的左侧标出立面的总尺寸及大的分尺寸。

(7)在立面的上方或右侧标注材料的位置、编号及名称(较长的立面可以在下方标注材料);标高用标高专用符号。

(8)立面要根据天花平面画出其造型剖面(若天花造型低于墙身立面造型的顶点时,为不影响立面饰面的如实反映,天花造型轮廓用虚线表示)。

(9)立面的暗装灯具用点划线表示,门的开启符号用虚线表示。

(10)图纸布置要比例合适、饱满,序号应按顺时针方向编排。

(11)标出剖面、大样索引(索引为双向)。

(12)注意线形的运用——前粗后细。

(13)立面图的常用比例为 1∶20,1∶25,1∶30,1∶50。

(14)立面编号用圈框着的英文大写字母表示。

课题6 制作电路布置图

1.开关平面图（家居平面使用）

(1)电器说明及系统图放在开关平面图的前面。

(2)根据平面、立面、天花光源所示的位置画出电气结线图。

(3)普通开关的通常高度为1300mm,在图标上方应注明开关的高度(以开关中线为准)。

(4)用点划线表示,注意线路结线要与灯具图例有明显的区分。

(5)感应开关、电脑控制开关的位置要注意其使用说明及安装方式。

(6)开关的位置选择要从墙身及摆设品作综合的考虑,尤其是长期裸露的开关位,其位置的美观性要详加考虑(要与立面图对应)。

(7)开关横放和竖排都应按实际使用再作调整,与墙体达到美观协调。

2.插座平面图

(1)在平面图上用图例标出各种插座,并标出各自的高度及离墙尺寸。

(2)普通插座(如床头灯、角几灯、清洁备用插座及备用预留插座)高度通常为300mm。

(3)台灯插座高度通常为750mm。

(4)电视、音响设备插座通常高度为500～600mm(以所选用的家具为依据)。

(5)冰箱.厨房预留插座通常高度为1400mm。

(6)分体空调插座的高度通常为2300～2600mm,交楼标准板房高度为2500mm;通常安装在天花底以下200mm位,如做暗装空调,高度须按此处造型高度另定。

(7)若预留的插座附近有开关时,应说明与此位置的开关高度相同,统一为1400mm。

(8)弱电部分插座(如电视接口、宽带网接口、电话线接口),高度和位置与插座相同。

(9)平面家具摆设应以浅灰色细线表示。

(10)强弱电分管分组预埋,请参见强弱电施工用料规范。

课题7 制作水路布置图

绘制给排水平面图:

(1)给排水说明放在给排水平面图前面。

(2)按国家给排水设计相关规定进行编写设计规范。

(3)根据平面标出给水口,排水口位置及高度,根据所选用的洁具.厨具定出标高(操作台面的常规度为780～800mm;明档收银台面为1050～1100mm,较方便操作,特殊设计除外)。

(4)地漏的位置要注意原有排水管位置,要考虑排水效果。

(5)要标出空调的排水走向。

(6)给排水位的设定要注意原有建筑所提供的水管位置,要注意考虑去水位的坡度及地面填充台高度标注。

(7)若因设计所需改动的排污位置,要充分考虑好排污斜度及现实可行性,再作出肯定的修改措施。

课题8 制作详图

绘制大样图类：

(1)天花墙身剖面根据平面、立面方案画出剖面，详细标注尺寸、材料编号、材质及做法。

(2)独立造型和家具等需在同一图纸内画出平面、立面、侧立面、剖面及节点大样，必要时画立体轴测图。

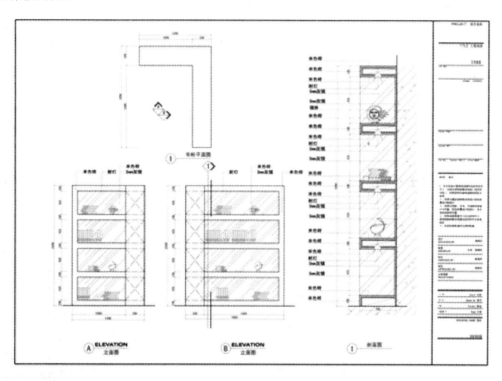

(3)有特殊造型的地花、立面、天花均要画局部放线图及大样图。

(4)若非本图剖切图，其立面及施工图均须双向索引。

(5)大样图比例采用常用比例(如1∶20、1∶10、1∶5、1∶2、1∶1)。

(6)剖面及节点标注编号等用英文小写字母表示。相对标高使用专用符号。

(7)留意所有的剖切符号方向均要与其剖面大样图相一致。

项目 6
住宅室内效果图制作

  方案草图的实际表现技法需要更多的美学基础技能支持,并不是所有的设计师都能完全把握,由此便派生了专业的建筑插图师,建筑插图包括手绘建筑插图师及电脑效果图制作师两种,各有着不同的表现方式,虽然两者所用的工具不同(手绘以纸和笔为主,电脑以 3Dmax、Lightscape、Photoshop、VIz 等软件为主),但他们都是以美学法则为原则、以室内设计规范为依据的最终表现,需要建筑插图师具有丰富的创作经历及实际经验,才能创作出令人满意的效果图。

  1. 效果图的定义与目的

  效果图是设计构思的虚拟再现,是为了表现设计方案的空间效果而作的一种三维阐述。通过立体影像模拟真实设计效果的情景,比较直观明了,对于委托方来说,效果图是理解图纸的其中一种方式。效果图难免与实施后的现实效果会有出入,这是设计师应该预先向委托方提醒的,避免委托方只依赖效果图来评判设计的好坏。

  在实际的业务沟通中,效果图只是设计师表现方案的其中一种手法,并不是设计工作的全部,让委托方能直观了解设计构思的综合表现,便是效果图的目的。效果图中所标示的色调、用料及气氛只表达了该空间某一时空的情景,与现实因材质、光线等原因有很大的差距,因此,效果图不可作为委托方验收的对照标准,它不能全部表现空间的所有立面或内在的工艺,要真正实施工程项目及结算,必须严格按施工图来一一落实。

  效果图的审美素养及手绘透视图的基本功是设计师务必掌握的两项基本技能,对设计表达水平的提高起着举足轻重的作用。效果图包括电脑效果图、喷绘图、手绘透视图三种。

  2. 效果图的制作过程

  效果图作为项目成功的敲门砖,有着直观的沟通作用,它传递设计师的意图及对空间创作的深刻感悟,它的表现技巧须结合美学基础的课程才能获得深度的提升。现以电脑效果图制作为例简述效果图的制作过程。

  (1)3Dmax 制作住宅空间建筑主体。最直接、快捷、准确的方法是,将 Auto CAD 图形导入 3Dmax 中,通过挤压给出建筑墙外框架,再用盒

子拉出地面和顶面。

（2）制作住宅空间建筑附件。可能过布尔运算和放样等方式建立窗户、柱子和门。

（3）合并家具、灯具和装饰品模块。运用文件下拉菜单中的合并,把需要的家具、灯具及装饰配件合并进来,并按比例关系调整好其大小。

（4）材质编辑。根据设计风格和材料、质地的选择给室内的地面、顶面、垂直界面上的内容赋予材质。

（5）设置照明。处理好室内光和室外光,通过打不同的虚拟灯光并对参数进行设置尽可能地模拟出真实的光照效果。用前置光源强调前景的吸引力,将背景虚化物虚化或弱对比处理,降低周边环境明度,突出主体、突出前亮点。

（6）打摄像机及渲染出图画面效果的控制。效果图是理想化的产物,允许有夸张的成分存在,它的特点是主题突出、影像美观。画面效果的控制要注意以下问题:

首先以夸张视点的应用,让画面产生奇特的新鲜感,富有视觉冲击力。营造画面的进入感,良好的空间感,让观者体会到画面的舒适尺寸。再则就是营造气氛要与空间相匹配,强化主观物体或主体,虚化次要物件。

上述方法需按特定的场景画面而设,没有既定形式,应有所选择地运用。

项目 7

最终设计成果的提交

课题 1 图纸的审核程序

为确保一份设计成果的质量,必须严格经过一定的审核程序才能正式提交。设计成果包括施工图纸、材料样板及材料清单、家具、家饰图片及物料清单。

图纸的审核操作程序顺序为:

(1)制图员在确认无错漏时进行黑白打印,所打印的平面类图纸比例不小于1:100,立面类不小于1:30,中庭及长走廊除外。打印后用铅笔把自审的错误修正,包括图示是否符合公司内部图纸规定的各项规范,以及是否符合设计师初稿。修正签署后的图纸再连同设计师初稿一起交项目组审核。

(2)设计助理用红色笺审阅修正,内容包括审核图示是否符合公司内部图纸规定的各项规范,是否符合设计师初稿;对材料、尺寸的标注是否正确;标准规范图例表达及制图的机械性错误完整等,同时相应进行修改或标注,签署后提交设计师审阅。

(3)设计师用蓝色笺审阅修正,在设计助理审核的基础上进行审核,并对材料搭配,尺度比例,图纸的平面、立面、剖面关系,节点大样及方案等相应进行系列修改或标注,签署后提交项目经理审阅。

(4)项目经理应同设计组主要成员(设计师、设计助理)一并到现场进行详尽的校对修改图纸,现场校对是检验设计成果的最有效方法,项目经理应认真地安排充足及有效的时间,在现场记录所有图纸与核对现场的偏差,减少二次失误的发生,并用绿色笔在图纸上作出谨慎详尽的修改。如项目现场暂不存在,应以原有建筑结构图作为现场度量尺寸图,详细审阅设计师前期创意成果、创作手稿复印件,并重点检查设计空间的功能合理性、设计技术的合理化应用、图纸图例的准确性应用、绘图的机械性失误、图纸的整体关联性错误等,审核后提交设计总监终审。

(5)设计总监用绿色笔对图纸的最终可实施性进行审核,对项目的总体出品进行总控。

(6)初稿审阅完成,项目经理组织有关人员进行技术研讨,并进行相应地修改制作。

注意事项:

(1)以上图纸作为项目成果文件收入档案文件夹,中途不能遗失。设计师原手稿由项目组收集保管,以备核对,当项目制作完成时应存档。

(2)所有的审图、修改、制作图时均应认真严谨,不能草率马虎。

(3)参与审核图纸的人员最后都要签名并署上日期。

(4)初稿审阅工作是最重要的环节,是减少出品失误最有效的措施,各级成员应充分重视。

课题 2 材料样板及材料清单的制作要求

1.材料清单制作规范

(1)材料清单要有封面、项目名称、制作时间。

(2)材料清单编制目录要按清单内的材料分类列出所有材料的类型排列。

(3)清单内页要用专用格式(可参照范本)。

(4)清单内容包括材料编号、名称、品牌、型号、规格、等级、位置、数量、参考价、供应商、地址、联系人及联系方式。

(5)填写清单时,供应商资料的提供要注意与所提供的材料样板对号。

2.材料样板制作规范

(1)材料样板由设计师负责定板,可由设计助理配合安排制作。

(2)材料样板底板要统一,提交时须清晰附上项目名称。

(3)材料样板的标签贴在材料的右下角,当材料样板太小时,标签贴在样板的下方。

(4)材料标签要有统一的固定格式,内容必须打印齐全。

(5)材料样板提交之前,必须用数码相机将每块样板拍照,保存到电脑项目文件夹中以作存档。

(6)为了让客户更好地了解用材,可增加材料的参考彩图。

课题 3 家具、家饰及物料清单的成果要求

在各功能平面用不同代码标出家具、洁具及装饰品各自的索引符号。

家具、洁具、五金配件、装饰物及配画索引平面图及各自的说明清单(可参照范本)。可在同一平面上标注,亦可在不同平面上标注。

物料清单要有索引代号、名称、型号、位置、尺寸、颜色、参考编号、供应商、供货期等内容。

物料清单按空间将各自的物料参考图片根据编排顺序进行分类和编排。

课题 4 成果展示

1.喷绘展示

将设计师完成的方案草图、成品效果图、方案平面图等具有技术含量的图纸及相关图片,以喷绘方式装裱成 A0～A3 的展板或图册,向委托方展示说明,完成展板或图册制作需,要与平面设计师配合,对相关的内容进行设计和编排,方可完成。喷绘展示方式是最常用、必不可少的方式,方便了甲乙双方的直接沟通及翻查,尤其是方案图册(A3),让委托方易于阅读及携带,广为委托方所接受。喷绘展示往往存在色差变化的问题,不能完全准确地表达设计构思的最终效果,需要设计师紧密跟进。

2.电脑投影展示

电脑展示利用电脑软件对相关图纸及图片编辑制成的方案展示文件,如 PS.LP.VIS.3D

动画场景模拟展示,优点在于利用高流明的投影仪形成接近现场的灯光效果,尤其是 3D 动画的展示通过模拟摄像机镜头的移动,再现空间的次序及相互的衔接关系,让观者更直接地感受到设计方案的真实场景,还以配上与作品内容相协调的背景音乐及解说,进行气氛的渲染,真正达到声色辉映的展示效果,对设计方案的陈述起到很好的作用。利用电脑投影进行展示演绎,常常需要设计师提前解说预演练习,熟悉自己的展示程序和节奏,才能做出令人满意的效果。由于 3D 动画制作往往局限于现有软件,而且对硬件配置要求较高,故存在制作成本相对昂贵、制作技术要求较高、所需时间较长等方面的缺点,选择其为展示方式一定要有充分的时间及成本的投入,方可实施。

3. 立体模型展示

某些房地产项目或商业空间偏好立体模型展示的方式,按一定比例缩小的模型能立体再现一些空间交错复杂的设计构思(如商场中庭、特别风格的舞厅的共享空间,特别造型较多的展场等),而且可以安装灯光或喷泉,使委托方更加直观地感受空间穿插的变化,起到很好的展示效果。如要更加精确的话,则需在方案已非常成熟的前提下,但由于模型展示修改麻烦,携带不便,难以表达一些精彩细节,受缩小比例的限制而影响展示效果。上述列举的三种展示方式各有利弊,可以相互补充使用,设计师可以根据实际情况选择,力争使自己的方案作品得到最充分的展现。

第三篇　公共空间设计实务

1.实训目的

"公共空间设计实务"课程的实践性教学是通过层进式的项目实训,使学生熟悉公共空间设计的工作流程,掌握公共空间设计思维方式和设计方法,并熟练运用各类表现工具进行公共空间设计方案的表达与呈现,从而培养其职业岗位核心能力和职业综合素质。

2.实训内容组织与安排

本课程的实训教学分为任务实训和拓展实训两部分,要求所有学生必须完成任务性实训,掌握常见各类公共空间的设计综合技能。通过层进式的项目实训,完成实训任务书中所有项目的设计方案和图纸制作任务,使学生逐渐熟悉岗位工作流程和工作任务,从而具备作为职业设计师的岗位核心技能和职业素质;鼓励有能力的学生进行拓展实训,进一步锻炼和提高自己的自主学习能力和可持续发展能力。

任务实训和拓展实训都要求学生按照实训项目任务书的要求完成设计方案和图纸、标书制作任务,并进行设计实训PPT汇报。

实训内容组织与安排表

序号	实训单元	实训项目			实训场地	性质
		项目名称	项目内容	项目训练要点		
1	单元一:项目设计工作流程	项目设计工作流程	公装设计师工作任务	1.工程承接阶段工作任务 2.资料收集阶段工作任务 3.方案设计阶段工作任务 4.图纸制作阶段工作任务 5.施工过程中的工作任务	某装饰有限公司设计部	必做
2	单元二:项目勘与测分析	项目勘测与分析	公装工地现场勘测	1.项目现场勘察与测量 2.项目设计分析	装饰工程工地现场(每年有所变化)	必做
3	单元三:方案设计	酒店空间方案设计	某宾馆设计	1.平面布局与人流路线 2.界面处理与材料选择光、色的氛围创造 3.软装饰品选择与搭配 4.设计表现手法和效果	手绘工作室	必做
4		餐饮空间方案设计	某西餐厅设计	1.服务类型、顾客的数量、所需的设备等因素分析 2.空间组织方法与面积分配方案的分析方法 3.流线方式与尺度的合理分配原则 4.餐饮的精神取向和文化品位的确立	手绘工作室	必做

序号	实训单元	实训项目			实训场地	性质
		项目名称	项目内容	项目训练要点		
5		办公空间方案设计	高新区IT产业知识经济总部B6.B8	1.建筑原有的结构及空间特征、使用者工作流程分析方法 2.各部门人员工作的性质、特点和内在联系分析方法 3.交通流线与空间分布确定原则 4.各接口的装饰处理确定原则 5.独用办公室、半独用办公室和开放办公室深入设计方法	手绘工作室	必做
6		商业空间方案设计	服装专卖店设计	1.业主的营销理念和商品的特性的分析方法 2.商业空间四项基本功能的切入方式 3.客流动线与视觉引导方式的确定原则 4.商品陈列方式与视觉效果的关系 5.广告位置与导卖功效的关系	手绘工作室	必做
7		娱乐休闲酒店空间方案设计	KTV包间设计	1.总体布局和流线分布的原则 2.娱乐休闲空间的气氛的表达要点 3.KTV娱乐休闲空间中防灾要求 4.KTV娱乐休闲空间中声学要求与处理 5.KTV独特的风格(装饰主题)的确定	手绘工作室	必做
8		展示空间方案设计	某展厅设计	1.参观流线科学的科学性与空间安排的合理性 2.展品的陈列与人的视觉生理习惯的关系 3.照明方式与展品的展示效果的关系 4.展品陈列的方式与陈列的顺序	手绘工作室	必做

序号	实训单元	实训项目			实训场地	性质
		项目名称	项目内容	项目训练要点		
9	单元四：设计图纸制作	效果图制作	某宾馆设计	3Dmax、LS、PS等设计软件的掌握	设计实训室	必做
10		施工图制作	某宾馆设计	AutoCAD软件的掌握	设计实训室	必做
11		标书制作	某宾馆	标书制作规范	设计实训室	必做
12	单元五：方案演示与表达	项目文字说明	某宾馆	文字组织能力	多媒体教室	必做
13		项目设计演示讲解	某宾馆		多媒体教室	必做
14	拓展实训	公共空间家具设计	虚拟项目	1.室内家具设与室内使用功能的一致性 2.室内家具的大小、形式与室内尺度的比例关系 3.家具的色彩、材质与装修的整体关系 4.室内家具的布置部位的选择方式	手绘工作室 设计实训室 多媒体教室	选做
15		公共空间后期配饰设计	虚拟项目	1.室内陈设与室内使用功能的一致性 2.室内陈设品的大小、形式与室内尺度的比例关系 3.陈设品的色彩、材质与家具、装修的整体关系 4.室内陈设的布置部位的选择方式	手绘工作室 设计实训室 多媒体教室	选做
合　　　　计						

3.实训成绩评定

以考核参加实训的学生完成的实训作品为主,以实训指导书的要求为主要考核依据,并结合学生实训的态度和考勤情况。设计综合实训考核满分为60分,其中实训态度和过程表现占20分,实训方案(作业)占40分,实训成绩由校企专兼职教师根据实训综合表现评定。

项目 1 项目设计流程

1.项目来源

某装饰设计有限公司

2.实训目的

(1)熟悉公共空间的组织方式与原则。

(2)掌握公共空间设计的特征与思维方法。

(3)掌握思公共空间维与特征,着重掌握图形思维。

3.实训要求

(1)了解公共空间设计的程序。

(2)对空间的功能划分、尺度要求和各类型设计风格有一定的认知。

(3)培养与客户交流沟通的能力及与项目组同事的团队协作精神。

(4)在训练中发现问题及时咨询实训指导老师,与指导老师进行交流。

(5)训练过程中注重自我总结与评价,以严谨的工作作风对待实训。

4.辅导要求

(1)以项目组为单元组织实训,组建项目组时注重学生自身专业能力优势的搭配。

(2)项目设计及制作过程中注重集体辅导与个体辅导相结合。

(3)在实训指导过程中除了共性问题的解决与分析外,还应该注重发挥学生的特长,突出个人的创作特点和风格。

(4)围绕的创作风格、特点以及创作处理手法进行重点指导。

(5)针对学生的制作流程和方法,作品的内容与项目要求等方面分阶段进行点评。

5.实训指导

(1)方案设计前期准备。

①与客户前期的沟通。

②项目现场的研究。

(2)方案的设计分析与定位。

①客户信息与设计要求分析。

②设计风格与理念定位。

(3)方案的设计。

①确定设计方案。

②方案草图设计。

(4)方案设计效果的表达。

①绘制手绘效果图。

②绘制计算机效果图。

③利用口头和文字两种方式表述方案设计思维。

(5)施工图纸的制作。本阶段要求各项目组利用工程制图软件完整地将设计施工图制作出来,在制作过程中注意调整尺度与形式,着重考虑方案的实施性。

①绘制平面图。

②绘制天花图。

③绘制立面图。

④制节点大样图。

(6)审查图纸。本阶段要求各项目组从图纸的规范性和方案的实施性角度,对设计施工图进行审查和修改。

(7)交付实施。本阶段要求通过组织客户和评委通过设计竞标方式对各项目组完成的设计方案进行挑选,选出满意的方案,在实训老师的指导下与施工人员进行技术交底,然后交与施工队进入装修实施阶段。

6.总结

通过这个模块的学习是利用真实设计项目的演练使学生了解生活空间的设计的程序,掌握生活空间的设计原则和理念。培养学生与客户交流沟通的能力、与项目组同事的团队协作精神和自主创新的能力,同时培养学生的方案表达和绘图能力,帮助学生复习装饰材料和装饰施工技术。

项目 2
项目勘测与分析

1. 项目来源

某装饰设计有限公司

2. 实训目的

(1)了解公共空间的项目勘测内容。

(2)掌握公共空间设计项目勘测方法。

(3)掌握思公共空间项目分析方法。

3. 实训要求

(1)了解公共空间设计的勘察内容。

(2)会进行公共空间项目的实地测量方法。

(3)培养项目设计分析能力。

(4)在训练中发现问题及时咨询实训指导老师,与指导老师进行交流。

(5)现场勘测过程中注重自我总结与评价,以严谨的态度对待实训。

4. 实训指导

5. 总结

通过这个模块的学习是学会进行真实设计项目的工程勘查和测量,并根据现场勘测内容,搜集项目信息,记录详细尺寸,绘制原始图纸并完成项目分析书,从而培养学生的实际动手能力。

项目 3

酒店空间室内设计

1.项目来源

某装饰有限公司的某宾馆设计

2.实训目的

(1)掌握酒店空间设计的科学性与空间安排的合理方法。

(2)掌握空间的功能需求和根据功能划分空间的原则。

(3)掌握设计风格.色彩与材质的选择方法。

(4)掌握依据客户的要求,融入设计师的理念进行设计作品创作的方法。

(5)掌握多种设计表现的方法。

(6)掌握规范绘制工程施工图的方法。

3.实训要求

(1)了解公共空间的设计的程序,掌握公共空间的设计原则和理念。

(2)对空间的功能划分.尺度要求有一定的认知。

(3)培养与客户交流沟通的能力及与项目组同事的团队协作精神。

(4)设计中注重发挥自主创新意识。

(5)在训练中发现问题及时咨询实训指导老师,与指导老师进行交流。

(6)训练过程中注重自我总结与评价,以严谨的工作作风对待实训。

4.辅导要求

(1)以项目组为单元组织实训,组建项目组时注重学生自身专业能力优势的搭配。

(2)项目设计及制作过程中注重集体辅导与个体辅导相结合。

(3)在实训指导过程中除了共性问题的解决与分析外,还应该注重发挥学生的特长,突出个人的创作特点和风格。

(4)围绕的创作风格、特点以及创作处理手法进行重点指导。

(5)针对学生的制作流程和方法,作品的内容与项目要求等方面分阶段进行点评。

5.实训内容

(1)方案设计前期准备。

①与客户前期的沟通。本阶段要求各项目组与客户进行前期沟通,沟通中要掌握的信息主要有:展示类型及设计要求;参观流线要求与展品陈列要求。

②实地勘查现场情况。本阶段要求各项目组对现场进行实地勘查,勘查的内容包括现场的建筑构造和周边环境两个方面,并将实地勘查的情况客观详细的记录于原始建筑图中。

A.现场的建筑构造包括:梁柱所在的位置及相互关系,承重墙和非承重墙的位置及关系,电、水、气、暖等设施的规格、位置和走向等。

B.现场的周边环境包括所在地理位置、外部交通情况、与周围建筑的关系等。

(2)方案的设计分析与定位。

①客户信息与设计要求分析。本阶段要求各项目组将方案设计前期准备所收集的信息进行列表分析,并抓住主要信息作为设计定位依据。结合客户主要竞争对手的信息分析客户的营销理念、经营定位及设计要求。

②场所实际情况的分析。本阶段要求各项目组将方案设计前期准备所收集的实地勘查资料进行列表分析,分析现场条件的利与弊,相应地考虑处理方式,并抓住主要信息作为设计定位依据。

A.分析电、水、气、暖等设施的规格、位置、走向及建筑结构关系。

B.分析外部交通情况.与周围建筑的关系及配套设施情况与位置。

③设计风格与理念定位。本阶段要求各项目组与客户一起反复讨论、分析、论证、规划,以达成设计定位的共识。

(3)方案的设计。

①确定设计方案。本阶段要求各项目组将设计风格与理念定位贯穿于方案设计之中,初步确定解决技术问题的方案:

A.根据本项目的设计分析与定位,确定其设计的风格、功能关系。

B.根据酒店空间功能区域的相互关系,解决功能区之间的相互关联、过渡和协调呼应的关系。

C.安排休闲衣柜和各种设施。

D.考虑各种线路、各种管道的位置与功能,考虑运用不同材料的特点与装饰效果。

E.考虑装修风格、色彩效果、材料的质地等。

F.按照酒店空间要求进行灯光照明设计。

②方案草图设计。本阶段要求各项目组将设计方案以方案草图的形式表现出来:

A.以功能分区图表现空间类型划分。

B.以活动流线图表现空间组合方式。

C.以透视图形式表现空间形态。

D.做好色彩配置方案。

(4)方案设计效果的表达。本阶段要求各项目组在方案草图的基础上将方案完整地用效果图的形式表现出来,并利用口头和文字两种方式表述方案设计思维。

①绘制手绘效果图。

A.透视方式及视角的选择与绘制。

B.空间感、光影关系的表达与再表现。

C.色彩的处理和表现。

D.质感的表现。

E.饰品、植物的表现。

F.氛围的表现。

②绘制计算机效果图。

A.AutoCAD 软件绘制建模尺寸图。

B.3Dsmax 软件三维建模。

C. Lightscape 软件光能传递与渲染。

D. Photoshop 软件后期处理与出图。

③利用口头和文字两种方式表述方案设计思维。

A. 以设计说明形式表述方案。

B. 与客户沟通并利用口头形式表述方案,将自己的设计意图,设计效果告知客户,以得到客户的认可与赞同。

(5)施工图纸的制作。本阶段要求各项目组利用工程制图软件完整地将设计施工图制作出来,在制作过程中注意调整尺度与形式,着重考虑方案的实施性。

①绘制平面图。

②绘制天花图。

③绘制立面图。

④绘制节点大样图。

(6)审查图纸。本阶段要求各项目组从图纸的规范性和方案的实施性角度,对设计施工图进行审查和修改。

(7)交付实施。本阶段要求通过组织客户和评委通过设计竞标方式对各项目组完成的设计方案进行挑选,选出满意的方案,在实训老师的指导下与施工人员进行技术交底,然后交与施工队进入装修实施阶段。

6. 总结

酒店空间设计是室内设计的主要模块之一,通过项目分组实题实做的方式使学生掌握酒店空间照明方式。

项目 4
餐饮类空间室内设计

1. 项目来源

某装饰工程有限公司的某西餐厅。

2. 实训目的

(1)掌握餐饮空间服务类型、顾客的数量、所需的设备等因素分析方法。

(2)掌握餐饮空间组织方法与面积分配方案的关系。

(3)掌握餐饮空间流线方式与尺度的合理分配方式。

(4)掌握餐饮的精神取向和文化品位的定位方法。

(5)掌握依据客户及行业的要求,融入设计师的理念进行设计作品创作的方法。

(6)掌握多种设计表现的方法。

(7)掌握规范绘制工程施工图的方法。

3. 实训要求

(1)了解餐饮空间的设计的程序,掌握餐饮空间的设计原则和理念。

(2)对餐饮空间的功能划分、精神取向和文化品位定位有一定的认知。

(3)培养与客户交流沟通的能力及与项目组同事的团队协作精神。

(4)设计中注重发挥自主创新意识。

(5)在训练中发现问题及时咨询实训指导老师,与指导老师进行交流。

(6)训练过程中注重自我总结与评价,以严谨的工作作风对待实训。

4. 辅导要求

(1)以项目组为单元组织实训,组建项目组时注重学生自身专业能力优势的搭配。

(2)项目设计及制作过程中注重集体辅导与个体辅导相结合。

(3)在实训指导过程中除了共性问题的解决与分析外,还应该注重发挥学生的特长,突出个人的创作特点和风格。

(4)围绕的创作风格、特点以及创作处理手法进行重点指导。

(5)针对学生的制作流程和方法,作品的内容与项目要求等方面分阶段进行点评。

5. 实训指导

(1)方案设计前期准备。

①与客户前期的沟通。本阶段要求各项目组与客户进行前期沟通,沟通中要掌握的信息主要有:

A.客户的经营定位、投资数额及文化定位。为了目标定位更趋完美,设计切入更加准确,我们在设计构思方案时必须要与餐厅业主、有关部门的管理人员、施工人员之间,就功能、形式、使用、经济、材料、技术等问题进行讨论,征求意见,采纳他们合理的意见和建议,调整完善设计内容。如功能需求与实际空间的矛盾问题；各部门使用之间的协调问题；成本投入与经营回报问题；材料技术与设计效果问题；等等，都需要我们去分析处理。

B. 客户主要竞争对手的文化定位与经营定位。

C. 服务类型、顾客的数量、所需的设备和所针对的消费群的特性。

D. 该餐饮空间的 CI 设计方案。

②实地勘查现场情况。本阶段要求各项目组对酒店选址进行实地勘查，勘查的内容包括选址的建筑构造和周边环境两个方面，并将实地勘查的情况客观详细的记录于原始建筑图中。

A. 酒店选址的建筑构造包括梁柱所在的位置及相互关系，承重墙和非承重墙的位置及关系，电、水、气、暖等设施的规格、位置和走向等。

B. 酒店选址的周边环境包括所在地理位置、外部交通情况、与周围建筑的关系等。

C. 酒店选址所在楼盘的配套设施情况与位置。

(2)方案的设计分析与定位。

①客户信息与设计要求分析。本阶段要求各项目组将方案设计前期准备所收集的信息进行列表分析，并抓住主要信息作为设计定位依据：

A. 根据客户的经营定位、投资数额及文化定位，结合主要竞争对手的文化定位与经营定位确立主要装饰公共。

B. 结合服务类型、顾客的数量、所需的设备和所针对的消费群的特性确立空间功能划分。

②场所实际情况的分析。本阶段要求各项目组将方案设计前期准备所收集的实地勘查资料进行列表分析，分析现场条件的利与弊，相应考虑处理方式，并抓住主要信息作为设计定位依据。

A. 分析电、水、气、暖等设施的规格、位置、走向及建筑结构关系。

B. 分析外部交通情况与周围建筑的关系及所在楼盘的配套设施情况与位置。

③设计风格与理念定位。本阶段要求各项目组与客户一起分析论证，达成设计定位的共识。

A. 综合品牌形象与文化定位信息进行设计理念定位。

B. 综合消费群特性和场所实际情况进行设计风格定位。

(3)方案的设计。

①确定设计方案。本阶段要求各项目组将设计风格与理念定位贯穿于方案设计之中，初步确定解决技术问题的方案。

A. 根据本项目的设计分析与定位，确定其设计的风格、功能关系与平面布局方式。在进行餐饮空间设计时明确设计是以人为中心的。在餐厅顾客和设计者之间的关系中，应以顾客为先，而不是设计者纯粹的"自我表现"。如餐厅的功能、性质、范围、文件次、目标、原建筑环境、资金条件以及其他相关因素等，都是必须要考虑的问题。

B. 根据餐饮空间功能区域的相互关系，解决功能区之间的相互关联.过渡和协调呼应的关系。按照定位的要求，进行系统的、有目的设计切入，从总体计划、构思、到决策、实施，都需设计者发挥创造能力。从空间形象展开构思，确定空间形状、大小、覆盖形式、组合方式与整体环境的关系。利用各种设计资源，从各个角度寻找构思灵感，利用各种技术手段完善设计构思。

C. 安排客流动线、传菜动线和服务流线。

D. 考虑各种线路、各种管道的位置与功能，考虑运用不同材料的特点与装饰效果。

E. 考虑装修风格、色彩效果、材料的质地等。

②方案草图设计。本阶段要求各项目组将设计方案以方案草图的形式表现出来：

A. 以功能分区图表现空间类型划分。

B. 以活动流线图表现空间组合方式。

C. 以透视图形式表现空间形态。

D. 做好色彩配置方案。

（4）方案设计效果的表达。本阶段要求各项目组在方案草图的基础上将方案完整地用效果图的形式表现出来，并利用口头和文字两种方式表述方案设计思维。

①绘制手绘效果图。

A. 透视方式及视角的选择与绘制。

B. 空间感、光影关系的表达与再表现。

C. 色彩的处理和表现。

D. 质感的表现。

E. 饰品、植物的表现。

F. 氛围的表现。

②绘制计算机效果图。

A. Autocad 软件绘制建模尺寸图。

B. 3Dsmax 软件三维建模。

C. Lightscape 软件光能传递与渲染。

D. Photoshop 软件后期处理与出图。

③利用口头和文字两种方式表述方案设计思维。

A. 以设计说明形式表述方案。

B. 与客户沟通并利用口头形式表述方案，将自己的设计意图、设计效果告知客户，以得到客户的认可与赞同。

（5）施工图纸的制作。本阶段要求各项目组利用工程制图软件完整地将设计施工图制作出来，在制作过程中注意调整尺度与形式，着重考虑方案的实施性。

①绘制平面图。

②绘制天花图。

③绘制立面图。

④绘制节点大样图。

（6）审查图纸。本阶段要求各项目组从图纸的规范性和方案的实施性角度，对设计施工图进行审查和修改。

（7）交付实施。本阶段要求通过组织客户和评委通过设计竞标方式对各项目组完成的设计方案进行挑选，选出满意的方案，在实训老师的指导下与施工人员进行技术交底，然后交与施工队进入装修实施阶段。

6. 总结

通过餐饮空间项目分组实题实做的方式，使学生掌握按照功能进行餐饮空间平面的划分方法，了解空间组织方法、面积分配方案及人流动向分析方法，掌握餐饮的精神取向和文化品位的定位分析方法，培养学生与客户交流沟通的能力、与项目组同事的团队协作精神和自主创新的能力，同时培养学生的方案表达和绘图能力。

项目 5

办公类空间室内设计

1. 项目来源

某装饰装饰工程有限公司的高新区 IT 产业知识经济总部

2. 实训目的

(1)掌握对建筑原有的结构及空间特征、使用者工作流程分析方法。

(2)掌握对办公空间各部门人员工作的性质、特点和内在联系分析方法。

(3)掌握办公空间交通流线与空间分布确定原则。

(4)掌握符合办公空间要求的各接口的装饰处理确定原则。

(5)掌握独用办公室、半独用办公室和开放办公室深入设计方法。

(6)掌握多种设计表现的方法。

(7)掌握规范绘制工程施工图的方法。

3. 实训要求

(1)了解办公空间设计的程序,掌握办公空间的设计原则和理念。

(2)对办公空间空间的功能划分.尺度要求和设计风格有一定的认知。

(3)培养与客户交流沟通的能力及与项目组同事的团队协作精神。

(4)设计中注重发挥自主创新意识。

(5)在训练中发现问题及时咨询实训指导老师,与指导老师进行交流。

(6)训练过程中注重自我总结与评价,以严谨的工作作风对待实训。

4. 辅导要求

(1)以项目组为单元组织实训,组建项目组时注重学生自身专业能力优势的搭配。

(2)项目设计及制作过程中注重集体辅导与个体辅导相结合。

(3)在实训指导过程中除了共性问题的解决与分析外,还应该注重发挥学生的特长,突出个人的创作特点和风格。

(4)围绕创作风格、特点以及创作处理手法进行重点指导。

(5)针对学生的制作流程和方法,作品的内容与项目要求等方面分阶段进行点评。

5. 实训指导

(1)方案设计前期准备。

①与客户前期的沟通。本阶段要求各项目组与客户进行前期沟通,沟通中要掌握的信息主要如下:

A.充分了解客户的工作性质。由于业务性质不同,在就有不同的设计要求,如房产公司需要较好的展示与洽谈大厅,而银行则要求设有豪华的门面、气派的大厅和牢固安全的营业柜台,而一些外贸和技术服务公司则常把客户接待室和业务室看得同样重要。另外,不同的单位还会有不同的资料存储方式（如文件柜、软件柜、图纸柜等）和工作方式（如营业柜台、工作台、展台柜等），对于这些情况，设计师应作好详细的记录。

B.了解客户的审美倾向。与客户交谈的过程，既是了解用户审美情趣的过程，同时也是因势利导、发挥设计师设计想象力和说服力、影响和提高客户审美的过程。

C.了解客户的预计投资、设计意图和审美倾向。

D.对某些特殊处理要与客户达成共识。

在交谈的过程中，设计师应该与客户对现场的特殊环境处理进行讨论，如有些梁位过低，柱子过粗且布满了管道。对此，设计师预见到在安排电器布线和空调管道后的实际情况，并事先告诉客户，征求他们的意见。

②施工现场的研究。本阶段要求各项目组对现场进行实地勘查，勘查的内容包括建筑环境的各个方面，并将实地勘查的情况客观详细地记录于原始建筑图中。

A.应记录下各窗户的外部环境。记录下各窗户的外部环境以便使某些办公室（如领导办公室、接待室、会议室等）有较好的朝向和景观，对一些不适于光照的设备和空间（如计算机房、影视室等）则应安排在光照少的朝向。

B.应仔细考察建筑的结构，考虑将来装修结构的固定和连接方式。

C.应检查楼板和天花是否裂缝或漏水，窗户的接合处是否紧密，窗户的开关是否顺畅。如果这方面有问题，应记录好，提前告知客户，商讨解决方法。

D.应在现场对一些较特殊的位置和结构（如特别低的梁和设施、妨碍空间的排污管道等）进行装饰处理的构思。

（2）方案的设计分析与定位。

①客户信息与设计要求分析。本阶段要求各项目组将方案设计前期准备所收集的信息进行列表分析，并抓住主要信息作为设计定位依据。

A.结合设计项目各部门人员工作的性质.特点和内在联系分析空间组织关系。

B.结合工作流程确定交通流线与空间分布。

C.结合所进行工作性质确定空间功能关系。

②场所实际情况的分析。本阶段要求各项目组将方案设计前期准备所收集的实地勘查资料进行列表分析，分析现场条件的利与弊，相应考虑处理方式，并抓住主要信息作为设计定位依据。

A.分析电、水、气、暖等设施的规格、位置、走向及建筑结构关系。

B.综合分析建筑内部情况与周围建筑的关系及配套设施情况与位置。

③设计风格与理念定位。

A.综合整理所得信息进行设计理念定位。

B.综合办公空间设计要求和场所实际情况进行设计风格定位。

（3）方案的设计。

①确定设计方案。本阶段要求各项目组将设计风格与理念定位贯穿于方案设计之中，初步确定解决技术问题的方案。

A.进行空间的平面设计。空间的平面布局需要统筹划分。首先要定出需要多少部门和公共空间，以及领导需要多少面积和需要怎样的设施等。一般是把空间从大到小划分，然后再逐步调整，直到合适为止。可以先计算出全体员工基本工作面积，再权衡全面积进行划分。

B.进行功能区域的安排。功能区域的安排,首先要符合工作和使用的方便。从业务的角度考虑,通常平面布局顺序应是:门厅→接待→洽谈→工作→审阅→业务领导→高级领导→董事会。此外,每个工作程序还需有相关的功能区辅助和支持,如接待和洽谈,有时需要使用样品展示和资料介绍的空间;工作和审阅部门,也许要计算机和有关设施辅助。而领导部门常常又需办公、秘书、调研、财务等部门为其服务,这些辅助部门应根据其工作性质,放在合适的位置。在功能区域分配时,除了要给予足够的空间之外,还要考虑其位置的合理性,如餐饮和卫生区域的设置。

a.门厅。门厅处于整个办公空间的最重要位置,是给客人第一印象的地方,需重点设计、精心装修,平均面积装饰花费也相对高,需认真统筹计划,过大会浪费地方和资金,过小会显小气而影响单位形象。所以办公室门厅面积要适度,一般在几十至一百余平方米较合适。在门厅范围内,可根据需要在合适的位置设置接待秘书台和等待的休息区,面积允许而且讲究的门厅,还可安排一定的园林绿化小景和装饰品陈列区。

b.接待室。接待室是洽谈和客人等待的地方,往往也是展示产品和宣传单位形象的场所,装修应有特色,面积不宜过大,通常在十几至几十平方米之间,家具可选用沙发、茶几组合,也可用桌椅组合,必要时可以两者同用,只要分布合理即可。要预留陈列柜、摆设镜框和宣传品的位置。

c.工作室。工作室即员工办公室,根据工作需要和部门人数,并参考建筑结构而设定面积和位置。应先平衡室与室之间的大关系,然后再作室内安排。布置时应注意不同工作的使用要求;如对外接洽的,位置应靠近门厅和接待室门口,搞研究和统计的,则应有相对安静的空间。注意人和家具、设备、空间、信道的关系,办公台多为横竖向摆设,若有较大的办公空间,作整齐的斜向排列,也颇有新意,但一定要使用方便、合理、安全,还要注意与整体风格协调。

d.管理人员办公室(或独立空间)。通常为部门主管而设,一般应紧靠所管辖的部门员工。可作独立或半独立的空间安排,面对员工的方向应设透明壁或窗口,以便监督员工工作。

e.领导办公室。领导办公室应选择采光条件好、方便工作的位置,面积要宽敞,家具型号也较大,办公椅后可设装饰柜或书柜,来增加文化气氛和豪华感。

f.会议室。会议室的面积大小取决于使用人数的多少,如果使用人数在20到30人之内的,可用圆形或椭圆形的大会议台,若人数较多,可以考虑用独立两人桌,以便多种排列和组合使用。

g.设备和资料室。设备和资料室面积和位置除要考虑使用方便外,还应考虑保安和保养,维护的要求。

h.信道。信道是不可少也不宜多的地方,应尽量减少和缩短信道的长度,但信道的宽度要足够宽,主信道要在1800mm以上,次信道不要窄于1200mm。

C.进行办公空间的天花设计。办公空间的天花设计应简洁,如果办公室内是平吊天花,作为一种装饰的补偿在门厅、会议室和信道,则最好设计别致的造型天花,这样避免过于单调。可以提高装饰的档次,有利于塑造该单位的形象。

②方案草图设计。本阶段要求各项目组将设计方案以方案草图的形式表现出来:

A.以功能分区图表现空间类型划分。

B.以活动流线图表现空间组合方式。

C.以透视图形式表现空间形态。

D. 做好色彩配置方案。

(4)方案设计效果的表达。本阶段要求各项目组在方案草图的基础上将方案完整地用效果图的形式表现出来,并利用口头和文字两种方式表述方案设计思维:

①绘制手绘效果图。

A. 透视方式及视角的选择与绘制。

B. 空间感.光影关系的表达与再表现。

C. 色彩的处理和表现。

D. 质感的表现。

E. 饰品、植物的表现。

F. 氛围的表现。

②绘制计算机效果图。

A. AutoCad 软件绘制建模尺寸图。

B. 3Dsmax 软件三维建模。

C. Lightscape 软件光能传递与渲染。

D. Photoshop 软件后期处理与出图。

③利用口头和文字两种方式表述方案设计思维。

A. 以设计说明形式表述方案。

B. 与客户沟通并利用口头形式表述方案,将自己的设计意图、设计效果告知客户,以得到客户的认可与赞同。

(5)施工图纸的制作。本阶段要求各项目组利用工程制图软件完整地将设计施工图制作出来,在制作过程中注意调整尺度与形式,着重考虑方案的实施性。

①绘制平面图。

②绘制天花图。

③绘制立面图。

④绘制节点大样图。

(6)审查图纸。本阶段要求各项目组从图纸的规范性和方案的实施性角度,对设计施工图进行审查和修改。

(7)交付实施。本阶段要求通过组织客户和评委通过设计竞标方式对各项目组完成的设计方案进行挑选,选出满意的方案,在实训老师的指导下与施工人员进行技术交底,然后交与施工队进入装修实施阶段。

6. 总结

办公空间设计是室内设计的主要模块之一,这个模块的学习是通过真实设计项目的演练使学生了解办公空间的设计的程序,掌握建筑原有的结构及空间特征.使用者工作流程的分析方法,掌握办公空间交通流线与空间分布确定原则,深入了解独用办公室、半独用办公室和开放办公室设计方法。培养学生与客户交流沟通的能力.与项目组同事的团队协作精神和自主创新的能力,同时培养学生的方案表达和绘图能力。通过这个项目的操作希望学生今后能更好地理解办公空间的划分和设计,为成为合格的设计师奠定相应的基础。

项目 6
商业类空间室内设计

1. 项目来源

虚拟"某服装品牌专卖店"

2. 实训目的

(1) 掌握业主的营销理念和商品特性的分析方法。

(2) 了解商业空间四项基本功能的切入方式。

(3) 掌握客流动线与视觉引导方式关系。

(4) 掌握商品陈列方式与视觉效果的关系。

(5) 掌握商业空间中广告位置与导卖功效的关系。

(6) 了解商业空间设计的流程与要求。

(7) 掌握多种设计表现的方法。

(8) 掌握规范绘制工程施工图的方法。

3. 实训要求

(1) 了解商业空间的设计的程序,掌握商业空间的设计原则和理念。

(2) 对商业空间的功能划分、尺度要求和各类要求有一定的认知。

(3) 培养与客户交流沟通的能力及与项目组同事的团队协作精神。

(4) 设计中注重发挥自主创新意识。

(5) 在训练中发现问题及时咨询实训指导老师,与指导老师进行交流。

(6) 训练过程中注重自我总结与评价,以严谨的工作作风对待实训。

4. 辅导要求

(1) 以项目组为单元组织实训,组建项目组时注重学生自身专业能力优势的搭配。

(2) 项目设计及制作过程中注重集体辅导与个体辅导相结合。

(3) 在实训指导过程中除了共性问题的解决与分析外,还应该注重发挥学生的特长,突出个人的创作特点和风格。

(4) 围绕学生的创作风格、特点以及创作处理手法进行重点指导。

(5) 针对学生的制作流程和方法,作品的内容与项目要求等方面分阶段进行点评。

5. 实训指导

(1) 方案设计前期准备。

① 与客户前期的沟通。本阶段要求各项目组与客户进行前期沟通,沟通中要掌握的信息主要有:

A. 客户的营销理念、经营定位及设计要求;

B. 客户主要竞争对手的营销理念与经营定位;

C. 所售商品的特性、品质与消费群;

D. 所售商品的 CI 设计方案。

②实地勘查现场情况。本阶段要求各项目组对某玩酷服装专卖店门面选址进行实地勘查。勘查的内容包括门面选址的建筑构造和周边环境两个方面,并将实地勘查的情况客观详细地记录于原始建筑图中。

A. 门面选址的建筑构造包括梁柱所在的位置及相互关系,承重墙和非承重墙的位置及关系,电、水、气、暖等设施的规格、位置和走向等。

B. 门面选址的周边环境包括所在地理位置、外部交通情况、与周围建筑的关系等。

C. 门面选址所在商业区的配套设施情况与位置。

(2)方案的设计分析与定位。

①客户信息与设计要求分析。本阶段要求各项目组将方案设计前期准备所收集的信息进行列表分析,并抓住主要信息作为设计定位依据:

A. 结合客户主要竞争对手的信息分析客户的营销理念.经营定位及设计要求。

B. 结合客户所售商品的特性与品质确定商品陈列方式。

C. 结合所售商品面对的消费群和 CI 设计方案定位设计风格。

②场所实际情况的分析。本阶段要求各项目组将方案设计前期准备所收集的实地勘查资料进行列表分析,分析现场条件的利与弊,相应考虑处理方式,并抓住主要信息作为设计定位依据。

A. 分析电、水、气、暖等设施的规格、位置、走向及建筑结构关系。

B. 分析外部交通情况、与周围建筑的关系及所在商业区的配套设施情况与位置。

③设计风格与理念定位。本阶段要求各项目组与客户一起反复地讨论、分析、论证、规划,以达成设计定位的共识。

A. 综合客户品牌信息进行设计理念定位。

B. 综合消费群诉求和场所实际情况进行设计风格定位。

(3)方案的设计。

①确定设计方案。本阶段要求各项目组将设计风格与理念定位贯穿于方案设计之中,初步确定解决技术问题的方案:

A. 根据本项目的设计分析与定位确定其设计的风格、功能关系与商品陈列展示方式。

B. 根据商业空间功能区域的相互关系,解决功能区之间的相互关联、过渡和协调呼应的关系。

C. 安排商品陈列柜、展示架和各种设施。

D. 考虑各种线路、各种管道的位置与功能,考虑运用不同材料的特点与装饰效果。

E. 考虑装修风格、色彩效果、材料的质地等。

F. 按照商品陈列要求进行灯光照明设计。

②方案草图设计。本阶段要求各项目组将设计方案以方案草图的形式表现出来:

A. 以功能分区图表现空间类型划分。

B. 以活动流线图表现空间组合方式。

C. 以透视图形式表现空间形态。

D. 做好色彩配置方案。

(4)方案设计效果的表达。本阶段要求各项目组在方案草图的基础上将方案完整地用效果图的形式表现出来,并利用口头和文字两种方式表述方案设计思维。

①绘制手绘效果图。

A.透视方式及视角的选择与绘制。

B.空间感、光影关系的表达与再表现。

C.色彩的处理和表现。

D.质感的表现。

E.饰品、植物的表现。

F.氛围的表现。

②绘制计算机效果图。

A. Autocad 软件绘制建模尺寸图。

B. 3Dsmax 软件三维建模。

C. Lightscape 软件光能传递与渲染。

D. Photoshop 软件后期处理与出图。

③利用口头和文字两种方式表述方案设计思维。

A.以设计说明形式表述方案。

B.与客户沟通并利用口头形式表述方案,将自己的设计意图、设计效果告知客户,以得到客户的认可与赞同。

(5)施工图纸的制作。本阶段要求各项目组利用工程制图软件完整地将设计施工图制作出来,在制作过程中注意调整尺度与形式,着重考虑方案的实施性。

①绘制平面图。

②绘制天花图

③绘制立面图

④绘制节点大样图

(6)审查图纸。本阶段要求各项目组从图纸的规范性和方案的实施性角度,对设计施工图进行审查和修改。

(7)交付实施。本阶段要求通过组织客户和评委通过设计竞标方式对各项目组完成的设计方案进行挑选,选出满意的方案,在实训老师的指导下与施工人员进行技术交底,然后交与施工队进入装修实施阶段。

6.总结

商业空间设计是室内设计的主要模块之一,通过项目分组实题实做的方式使学生掌握业主的营销理念和商品的特性分析方法,了解商业空间四项基本功能的切入方式,掌握客流动线与视觉引导方式、商品陈列方式与视觉效果的关系,掌握商业空间中广告位置与导卖功效的关系。

项目 7
娱乐休闲类空间室内设计

1. 项目来源

虚拟"某 KTV 店"

2. 实训目的

(1)掌握娱乐休闲空间总体布局和流线分布的原则。

(2)了解娱乐休闲空间气氛的表达方式。

(3)掌握娱乐休闲空间防灾要求与规范。

(4)掌握娱乐休闲空间声学要求与处理方法。

(5)掌握独特的风格(装饰公共)的确定方法。

(6)了解娱乐休闲空间设计的流程与要求。

(7)掌握多种设计表现的方法。

(8)掌握规范绘制工程施工图的方法。

3. 实训要求

(1)了解娱乐休闲空间的设计的程序,掌握娱乐休闲空间的设计原则和理念。

(2)掌握娱乐休闲空间的总体布局原则、气氛的表达和独特的风格的确定方法。

(3)培养与客户交流沟通的能力及与项目组同事的团队协作精神。

(4)设计中注重发挥自主创新意识。

(5)在训练中发现问题及时咨询实训指导老师,与指导老师进行交流。

(6)训练过程中注重自我总结与评价,以严谨的工作作风对待实训。

4. 辅导要求

(1)以项目组为单元组织实训,组建项目组时注重学生自身专业能力优势的搭配。

(2)项目设计及制作过程中注重集体辅导与个体辅导相结合。

(3)在实训指导过程中除了共性问题的解决与分析外,还应该注重发挥学生的特长,突出个人的创作特点和风格。

(4)围绕学生的创作风格、特点以及创作处理手法进行重点指导。

(5)针对学生的制作流程和方法、作品的内容与项目要求等方面分阶段进行点评。

5. 实训指导

(1)与客户前期的沟通。本阶段要求各项目组与客户进行前期沟通,沟通中要掌握的信息主要有:

　　A.客户的经营定位、投资数额及装饰公共定位。与业主和有关部门的管理人员就功能、形式、使用、经济、成本投入与经营回报等问题进行探讨。

　　B.客户主要竞争对手的经营定位与装饰公共定位。

C. 娱乐休闲活动进行的方式与相应的功能要求。

D. 该娱乐休闲空间的 CI 设计方案。

(2)实地勘查现场情况。本阶段要求各项目组对 KTV 步行街店选址进行实地勘查,勘查的内容包括选址的建筑构造和周边环境两个方面,并将实地勘查的情况客观详细的记录于原始建筑图中。

A. KTV 选址的建筑构造包括梁柱所在的位置及相互关系,承重墙和非承重墙的位置及关系,电、水、气、暖等设施的规格、位置和走向等。

B. KTV 选址的周边环境包括:所在地理位置.外部交通情况.与周围建筑的关系等。

C. KTV 选址所在楼盘的配套设施情况与位置。

(2)方案的设计分析与定位。

①客户信息与设计要求分析。本阶段要求各项目组将方案设计前期准备所收集的信息进行列表分析,并抓住主要信息作为设计定位依据:

A. 根据客户的经营定位、投资数额及装饰公共定位,结合主要竞争对手的经营定位与装饰公共定位确立主要装饰公共。

B. 结合成本投入与经营回报、娱乐休闲活动进行的方式与相应的功能要求确立空间功能划分。

②场所实际情况的分析。本阶段要求各项目组将方案设计前期准备所收集的实地勘查资料进行列表分析,分析现场条件的利与弊,相应考虑处理方式,并抓住主要信息作为设计定位依据:

A. 分析电、水、气、暖等设施的规格、位置、走向及建筑结构关系。

B. 分析外部交通情况.与周围建筑的关系及所在楼盘的配套设施情况与位置。

③设计风格与理念定位。本阶段要求各项目组与客户一起分析论证,达成设计定位的共识。

A. 综合品牌形象与装饰公共定位信息进行设计理念定位。

B. 综合娱乐休闲活动进行的方式与目标消费群进行设计风格定位。

3. 方案的设计

(1)确定设计方案。本阶段要求各项目组将设计风格与理念定位贯穿于方案设计之中,初步确定解决技术问题的方案:

A. 根据本项目的设计分析与定位确定其设计的风格、功能关系。

B. 根据娱乐休闲空间功能区域的相互关系,解决功能区之间的相互关联、过渡和协调呼应的关系。

C. 考虑各种声学处理。

D. 考虑各种线路、各种管道的位置与功能,考虑运用不同材料的特点与装饰效果。

E. 考虑装修风格、色彩效果、材料的质地等。

(2)方案草图设计。本阶段要求各项目组将设计方案以方案草图的形式表现出来:

A. 以功能分区图表现空间类型划分。

B. 以活动流线图表现空间组合方式。

C. 以透视图形式表现空间形态。

D. 做好色彩配置方案。

（3）方案设计效果的表达。本阶段要求各项目组在方案草图的基础上将方案完整地用效果图的形式表现出来，并利用口头和文字两种方式表述方案设计思维。

①绘制手绘效果图。

A. 透视方式及视角的选择与绘制。

B. 空间感、光影关系的表达与再表现。

C. 色彩的处理和表现。

D. 质感的表现。

E. 饰品、植物的表现。

F. 氛围的表现。

②绘制计算机效果图。

A. Autocad 软件绘制建模尺寸图。

B. 3Dsmax 软件三维建模。

C. Lightscape 软件光能传递与渲染。

D. Photoshop 软件后期处理与出图。

③利用口头和文字两种方式表述方案设计思维。

A. 以设计说明形式表述方案。

B. 与客户沟通并利用口头形式表述方案，将自己的设计意图、设计效果告知客户，以得到客户的认可与赞同。

（4）施工图纸的制作。本阶段要求各项目组利用工程制图软件完整地将设计施工图制作出来，在制作过程中注意调整尺度与形式，着重考虑方案的实施性：

①绘制平面图。

②绘制天花图

③绘制立面图

④绘制节点大样图

（5）审查图纸。本阶段要求各项目组从图纸的规范性和方案的实施性角度，对设计施工图进行审查和修改。

（6）交付实施。本阶段要求通过组织客户和评委通过设计竞标方式对各项目组完成的设计方案进行挑选，选出满意的方案，在实训老师的指导下与施工人员进行技术交底，然后交与施工队进入装修实施阶段。

6. 总结

娱乐休闲空间设计是室内设计的主要模块之一，通过项目分组实题实做的方式使学生掌握 KTV 独特的风格（装饰公共）的确定方法，了解 KTV 娱乐休闲空间中声学处理与 KTV 娱乐休闲空间中防灾要求，掌握娱乐休闲空间的气氛的表达方式。

项目 8

展示类空间室内设计

1. 项目来源

某装饰工程有限公司的文化展览馆

2. 实训目的

(1)掌握参观流线科学的科学性与空间安排的合理方法。

(2)掌握空间的功能需求和根据功能划分空间的原则。

(3)掌握设计风格、色彩与材质的选择方法。

(4)掌握依据客户的要求,融入设计师的理念进行设计作品创作的方法。

(5)掌握多种设计表现的方法。

(6)掌握规范绘制工程施工图的方法。

3. 实训要求

(1)了解展示空间的设计程序,掌握展示空间的设计原则和理念。

(2)对空间的功能划分、尺度要求和展品陈列的方式与陈列的顺序有一定的认知。

(3)培养与客户交流沟通的能力及与项目组同事的团队协作精神。

(4)设计中注重发挥自主创新意识。

(5)在训练中发现问题及时咨询实训指导老师,与指导老师进行交流。

(6)训练过程中注重自我总结与评价,以严谨的工作作风对待实训。

4. 辅导要求

(1)以项目组为单元组织实训,组建项目组时注重学生自身专业能力优势的搭配。

(2)项目设计及制作过程中注重集体辅导与个体辅导相结合。

(3)在实训指导过程中除了共性问题的解决与分析外,还应该注重发挥学生的特长,突出个人的创作特点和风格。

(4)围绕的创作风格、特点以及创作处理手法进行重点指导。

(5)针对学生的制作流程和方法、作品的内容与项目要求等方面分阶段进行点评。

5. 实训内容

(1)方案设计前期准备。

①与客户前期的沟通。本阶段要求各项目组与客户进行前期沟通,沟通中要掌握的信息主要如下:

A. 展示类型及设计要求;

B. 参观流线要求与展品陈列要求。

②实地勘查现场情况。本阶段要求各项目组对现场进行实地勘查,勘查的内容包括现场的建筑构造和周边环境两个方面,并将实地勘查的情况客观详细的记录于原始建筑图中。

A.现场的建筑构造包括梁柱所在的位置及相互关系,承重墙和非承重墙的位置及关系,电、水、气、暖等设施的规格、位置和走向等。

B.现场的周边环境包括所在地理位置、外部交通情况、与周围建筑的关系等。

(2)方案的设计分析与定位。

①客户信息与设计要求分析。本阶段要求各项目组将方案设计前期准备所收集的信息进行列表分析,并抓住主要信息作为设计定位依据:

A.结合客户主要竞争对手的信息分析客户的营销理念、经营定位及设计要求。

B.结合客户所售商品的特性与品质确定商品陈列方式。

C.结合所售商品面对的消费群和 CI 设计方案定位设计风格。

②场所实际情况的分析。本阶段要求各项目组将方案设计前期准备所收集的实地勘查资料进行列表分析,分析现场条件的利与弊,相应考虑处理方式,并抓住主要信息作为设计定位依据:

A.分析电、水、气、暖等设施的规格、位置、走向及建筑结构关系。

B.分析外部交通情况、与周围建筑的关系及配套设施情况与位置。

③设计风格与理念定位。本阶段要求各项目组与客户一起反复讨论、分析、论证、规划,以达成设计定位的共识。

A.综合陈列品类型和性质进行设计理念定位。

(3)方案的设计。

①确定设计方案。本阶段要求各项目组将设计风格与理念定位贯穿于方案设计之中,初步确定解决技术问题的方案:

A.根据本项目的设计分析与定位,确定其设计的风格、功能关系与商品陈列展示方式。

B.根据商业空间功能区域的相互关系,解决功能区之间的相互关联、过渡和协调呼应的关系。

C.安排商品陈列柜、展示架和各种设施。

D.考虑各种线路、各种管道的位置与功能,考虑运用不同材料的特点与装饰效果。

E.考虑装修风格、色彩效果、材料的质地等。

F.按照商品陈列要求进行灯光照明设计。

②方案草图设计。本阶段要求各项目组将设计方案以方案草图的形式表现出来:

A.以功能分区图表现空间类型划分。

B.以活动流线图表现空间组合方式。

C.以透视图形式表现空间形态。

D.做好色彩配置方案。

(4)方案设计效果的表达。本阶段要求各项目组在方案草图的基础上将方案完整地用效果图的形式表现出来,并利用口头和文字两种方式表述方案设计思维。

①绘制手绘效果图。

A.透视方式及视角的选择与绘制。

B.空间感、光影关系的表达与再表现。

C.色彩的处理和表现。

D.质感的表现。

E. 饰品、植物的表现。

F. 氛围的表现。

②绘制计算机效果图。

A. AutoCad 软件绘制建模尺寸图。

B. 3Dsmax 软件三维建模。

C. Lightscape 软件光能传递与渲染。

D. Photoshop 软件后期处理与出图。

③利用口头和文字两种方式表述方案设计思维。

A. 以设计说明形式表述方案。

B. 与客户沟通并利用口头形式表述方案,将自己的设计意图、设计效果告知客户,以得到客户的认可与赞同。

(5)施工图纸的制作。本阶段要求各项目组利用工程制图软件完整地将设计施工图制作出来,在制作过程中注意调整尺度与形式,着重考虑方案的实施性。

①绘制平面图。

②绘制天花图。

③绘制立面图。

④绘制节点大样图。

(6)审查图纸。本阶段要求各项目组从图纸的规范性和方案的实施性角度,对设计施工图进行审查和修改。

(7)交付实施。本阶段要求通过组织客户和评委通过设计竞标方式对各项目组完成的设计方案进行挑选,选出满意的方案,在实训老师的指导下与施工人员进行技术交底,然后交与施工队进入装修实施阶段。

6. 总结

展示空间设计是公共空间设计的主要模块之一,通过项目分组实题实做的方式使学生掌握参观流线科学的科学性与空间安排的合理性、展品的陈列与人的视觉生理习惯的关系,掌握照明方式与展品的展示效果的关系,了解展品陈列的方式与陈列的顺序。

参考文献

［1］（美）伊兰娜·弗兰克尔.办公空间设计秘诀［M］.张颐,译.北京:中国建筑工业出版社,2004.

［2］（美）玛丽莲·泽林斯基.新型办公空间设计［M］.黄慧文,译.北京:中国建筑工业出版社,2005.

［3］汪建松.商业展示与设施设计［M］.北京:中国建筑工业出版社,1999.

［4］洪麦恩,唐颖.现代商业空间艺术设计［M］.北京:中国建筑工业出版社,2006.

［5］张翰,王波.室内空间设计［M］.北京:科学出版社,2008.

［6］曹干,高海燕.室内设计［M］.北京:科学出版社,2007.

［7］邱晓葵,等.建筑装饰材料［M］.北京:中国建筑工业出版社,2009.

［8］于洋,张晓韩.色彩构成［M］.北京:北京理工大学出版社,2009.

［9］闫佳月,等.家居空间设计［M］.西安:西安交通大学出版社,2013.

［10］阴振勇.建筑装饰照明设计［M］.北京:中国电力出版社,2006.

［11］李光耀.室内照明设计与工程［M］.北京:化学工业出版社出版,2007.

［12］高祥生.室内陈设设计［M］.南京:江苏科学技术出版社,2004.

［13］文健,周可亮.室内软装饰设计教程［M］.北京:清华大学出版社,北京交通大学出版社,2011.

［14］林长武,阎超室.内绿化与水体设计［M］.北京:中国建筑工业出版社,2010.

图书在版编目(CIP)数据

建筑装饰设计.室内篇/孙来忠,金玲,段晓伟主编.—西安:西安交通大学出版社,2017.5
ISBN 978-7-5605-9756-0

Ⅰ.①建… Ⅱ.①孙…②金…③段… Ⅲ.①建筑装饰—建筑设计—高等职业教育—教材②室内装饰设计—高等职业教育—教材 Ⅳ.①TU238

中国版本图书馆 CIP 数据核字(2017)第 137254 号

书　　名	建筑装饰设计(室内篇)
主　　编	孙来忠　金　玲　段晓伟
责任编辑	李逢国
出版发行	西安交通大学出版社
	(西安市兴庆南路 10 号　邮政编码 710049)
网　　址	http://www.xjtupress.com
电　　话	(029)82668357　82667874(发行中心)
	(029)82668315　82669096(总编办)
传　　真	(029)82668280
印　　刷	陕西奇彩印务有限责任公司
开　　本	787mm×1092mm　1/16　　**印张** 21.5　　**字数** 523 千字
版次印次	2017 年 8 月第 1 版　2017 年 8 月第 1 次印刷
书　　号	ISBN 978-7-5605-9756-0
定　　价	45.00 元

读者购书、书店添货,如发现印装质量问题,请与本社发行中心联系、调换。
订购热线:(029)82665248　(029)82665249
投稿热线:(029)82668133
读者信箱:xj_rwjg@126.com